天地一体

卫星通信与5G/6G的融合之路

万 屹 李侠宇 徐冰玉 刘 硕 马玉娟◎编著

人民邮电出版社
北京

图书在版编目（CIP）数据

天地一体 ： 卫星通信与5G/6G的融合之路 / 万屹等
编著. -- 北京 : 人民邮电出版社, 2025. -- ISBN 978
-7-115-65241-6

Ⅰ. TN92

中国国家版本馆CIP数据核字第2024SM1770号

内 容 提 要

本书沿着卫星互联网和5G/6G的发展脉络，从技术标准的角度对二者融合的情况进行介绍和分析：介绍了全球卫星互联网、5G/6G的发展情况及二者融合应用的发展现状；从3GPP的角度，分析了卫星互联网和 5G/6G 融合的网络架构、接口协议、空中无线技术和协议设计；探讨了现阶段卫星互联网测试的情况及卫星物联网相关技术；展望了卫星互联网与5G/6G融合发展的场景和潜在技术。

本书适合从事卫星互联网和手机直连卫星相关行业的技术人员阅读。

◆ 编　　著　万　屹　李侠宇　徐冰玉　刘　硕　马玉娟
　责任编辑　孙馨宇
　责任印制　马振武

◆ 人民邮电出版社出版发行　　北京市丰台区成寿寺路11号
　邮编　100164　　电子邮件　315@ptpress.com.cn
　网址　https://www.ptpress.com.cn
　固安县铭成印刷有限公司印刷

◆ 开本：787×1092　1/16
　印张：14　　　　　　　　2025年5月第1版
　字数：331千字　　　　　2025年5月河北第1次印刷

定价：99.90元

读者服务热线：(010)53913866　印装质量热线：(010)81055316
反盗版热线：(010)81055315

前言

传统意义上的卫星通信产业是一个相对封闭的生态系统。一方面，卫星通信产业有专业的运营商、信关站制造商和终端制造商；另一方面，在卫星产业内部，不同信关站制造商和终端制造商之间也并非完全互联互通。这种封闭性导致卫星通信产业规模小且碎片化严重，难以形成规模效应，极大限制了卫星通信产业的发展潜力。

随着星链（Starlink）系统的推出，这一局面正在发生变化。Starlink通过火箭回收技术和使用工业级器件代替宇航级器件等，显著降低了卫星通信系统的成本，使卫星通信服务更加普及。

手机直连卫星通信是卫星通信产业的一个重大突破。手机直连卫星通信将卫星通信功能嵌入地面移动通信终端，使卫星通信产业获得了庞大的用户基础，极大地促进了卫星通信产业的规模化和商业化。另外，卫星通信也可以通过较为成熟的地面移动通信标准协议体系，有效降低研发成本。

3GPP从R14阶段开始对卫星通信工作进行研究，开展了天地融合应用场景的研究；在R17阶段，开展了卫星接入关键技术的研究，重点研究了无线接口层2和层3针对卫星接入的优化方案；在R18阶段，进一步开展了两个卫星通信相关议题，即面向宽带通信的NR NTN增强，以及面向窄带物联网通信的IoT NTN增强。

ITU也是支持天地融合发展的核心国际组织。ITU对IMT的定义中包含了相辅相成的地面组件和卫星组件，IMT-2000、IMT-Advanced和IMT-2020均延续了这个概念。为推动5G卫星通信标准化工作，我国向ITU提交了多篇文稿，开启了新一轮的5G卫星技术研究工作。我国提交的关于5G卫星无线电接口愿景与需求报告书的立项建议获批通过，标准名称确定为《5G卫星无线电接口愿景、需求和评估方法》，成为5G卫星发展史上里程碑式的成果。

2023年6月30日，ITU-R通过了首个面向6G卫星研究项目的立项《卫星IMT未来技术趋势》，计划于2026年上半年完成。该项目涉及手机直连卫星通信、星上处理、星间链路、高低轨道卫星协同、星地频谱共享技术等重点技术方向，标志着当前天地融合卫星技术发展的重大进展。

本书首先介绍了卫星互联网和6G的发展现状，接着探讨了卫星互联网和地面移动通信网络融合发展的基本思路和理论，在此基础上，重点介绍了3GPP NTN技术标准化情况，包括架构和接口协议等方面的内容。需要特别说明的是，3GPP的标准是动态演进的，NTN技术也会随着整体标准的升级而不断发展。最后，本书展望了天地融合通信的发展趋势。

希望本书能够对从事卫星互联网和手机直连卫星相关行业的技术人员有所帮助。

万屹

2024年12月

目录

第1章

全球卫星互联网发展情况

1.1 卫星通信概述

卫星通信是指地球上（包括地面和低层大气中）的无线电通信站之间利用卫星作为中继而进行的通信。卫星通信的特点是：通信范围大，只要在卫星发射的电波所覆盖的范围内，任意两点之间都可以进行通信；可靠性高，不易受陆地自然灾害的影响；开通电路迅速，只要设置地球站电路即可开通；可同时在多处接收，实现广播、多址通信；电路设置灵活，可随时分散过于集中的话务量；同一信道可用于不同方向或不同区间。

从轨道高度区分，卫星可分为高轨道地球卫星（HEO）、中轨道地球卫星（MEO）和低轨道地球卫星（LEO）。其中，运行轨道在距离地面 500 ～ 2000km 的为 LEO，运行轨道在距离地面 2000 ～ 22000km 的为 MEO，运行轨道在距离地面 22000km 以上的为 HEO，而位于 36000km 的卫星又被称为地球静止轨道（GEO）卫星。

从业务种类区分，卫星业务可分为固定卫星业务（FSS）、移动卫星业务（MSS）、广播卫星业务（BSS）、卫星间业务（ISS）。

从技术系统区分，卫星可分为宽带通信卫星、移动通信卫星、固定通信卫星、广播卫星、电视直播卫星及数据中继卫星。

1.1.1 传统卫星通信体制

卫星通信各个系统之间相互独立，不同系统的地面设施及卫星终端均无法实现互联互通，卫星通信的标准化程度较低。目前主要的卫星通信标准包括静止轨道移动无线接口（GMR）系列标准、数字视频广播（DVB）系列标准等。

（1）GMR 系列标准

GMR 最初是制定基于地面全球移动通信系统（GSM）标准的地球静止轨道（GEO）卫星移动通信系统的空中接口技术规范，分为 GMR-1 和 GMR-2，其中 GMR-1 标准主要应用于中东地区的 Thuraya 系统，GMR-2 标准主要应用于太空原子钟系统（ACES）。

随着地面蜂窝 GSM 到 GPRS[1] 再到 3G 标准的演进，GMR-1 标准也在不断演进，发布了 GMR-1 Release 1、GMR-1 Release 2（GMPRS）和 GMR-1 Release 3（GMR-1 3G）等标准。

其中，GMR-1 Release 1 基于 GSM 标准，支持基本的电路语音和传真业务，卫星无线接入网与核心网接口为 GSM 的 A 接口；GMR-1 Release 2 基于 GPRS 标准，支持分组数据业务，卫星无线接入网与核心网接口为 GPRS 的 Gb 接口；从 GMR-1 Release 2 到 GMR-1 Release 3 的演进过程中还推出了一些增强版本，其数据速率由 60kbit/s 提升到 144kbit/s 并进而提升

1 GPRS（General Packet Radio Service，通用分组无线业务）。

到 444kbit/s；GMR-1 Release 3 基于 3G 标准，支持分组数据业务，卫星无线接入网与核心网接口为 3G 的 Iu-PS 接口，其最高速率可达 592kbit/s。另外 GMR-1 Release 1 到 GMR-1 Release 3 是向前兼容的，支持 GMR-1 Release 3 的系统可以具备 A 接口、Gb 接口和 Iu-PS 接口的任意组合方式。同时，这些接口上的协议栈结构是符合相应的 GSM 或 3G 相关标准的。

GMR-1 3G 标准是面向地面的 3G 标准，为实现 GEO 卫星移动通信系统与地面 3G 核心网互联而制定的，相比前两个版本的 GMR-1 标准，GMR-1 3G 标准支持更高的数据速率，支持 VoIP[1]、IP 多媒体子系统（IMS）和全 IP 核心网。值得注意的是，虽然 GMR-1 3G 标准是面向地面的，但其空口并没有采用与地面 3G 系统相同的 WCDMA[2]/FDD[3] 体制，而是保留了在卫星系统中成熟的 TDMA[4]/FDD 体制，这可能是基于卫星系统信道和业务特点以及前向兼容的考虑，其空口标准基本与地面的 EDGE[5] 标准相当。此外，为了实现与当前及未来的 3G 地面核心网互联，其无线接入网与核心网间的接口又支持 3GPP R6 中的 Iu-PS 接口，之所以支持 3GPP R6，是为了支持 IMS，可见对全 IP 核心网的支持是宽带卫星移动通信系统的发展趋势。

GMR 系统与 GSM 系统不同，只需要通过单个对地静止卫星提供移动业务。在卫星上使用这个标准，能够将新一代小型便携式卫星终端推向市场，允许用户根据个人喜好和网络覆盖在 GSM 地面网络和卫星网络之间实现漫游。

（2）DVB 标准

20 世纪 90 年代初，为适应卫星广播电视的快速发展，欧洲电信标准组织（ETSI）提出了 DVB 标准。1993 年，ETSI 发布了 DVB-S 标准，即第一代数字卫星广播系统标准。1994 年，国际电信联盟（ITU）建议数字卫星电视使用 DVB-S 标准。随着通信业务需求的快速变化，DVB 标准不断更新，为了满足客户的业务需求，例如传输速率更高、能够传输高清电视信号、进行 IP 组网等。2004 年，DVB-S2、DVB-H 相继出现。2006 年，ITU 建议使用 DVB-S2 标准。2008 年，DVB-T2 标准出现。2010 年，世界上第一个 DVB-T2 服务在英国推出。目前，DVB-S 作为广播电视领域的主流卫星传输标准已经在世界范围内得到广泛应用。

2015 年，ETSI 发布了最新版的 DVB 数字广播规范，提出了新的数字广播的应用场景：通过 DVB 网络进行简单的非同步的端到端传输和以流媒体为导向的同步或非同步的端到端传输数据的数据广播服务。通过 DVB 网络进行通信协议数据传输和数据广播服务，DVB 接收机完全可以自调谐地从一个或者多个传输流中接收到 IP/MAC[6] 业务流，实现数据的周期性传输的数据广播服务。

1　VoIP 是指基于 IP 的语音传输。
2　WCDMA（Wideband Code Division Multiple Access，宽带码分多路访问）。
3　FDD（Frequency-Division Duplex，频分双工）。
4　TDMA（Time Division Multiple Access，时分多路访问）。
5　EDGE 是一种基于 GSM/GPRS 网络的，数据速率增强型的移动通信技术。
6　MAC（Medium Access Control，介质访问控制）。

2018 年 3 月，DVB 在 DVB World 大会上提出未来 DVB 将在目标广告、HBBTV[1]、高帧率、TTML[2] 字幕和 ABR[3] 多播上发展，还提出了着眼于客厅电视机以外的 DVB 规范应用，包括紧急警报系统、虚拟现实和增强现实等，以及将 5G 技术与广播结合使用等。

1.1.2 卫星通信产业发展概况

从在轨卫星数量来看，全球在轨卫星数量稳步增长。2021 年，全球发射卫星 1713 颗，同比增长 40%。其中，通信卫星占比 78.8%，地球遥感卫星占比 10.2%，导航定位卫星占比 0.8%，科学验证卫星占比 6.3%。

2021 年，全球航天经济规模达 3860 亿美元，同比增长 4%。其中，商业卫星产业总收入为 2790 亿美元，占全球航天经济规模的 72%。商业卫星产业收入中，占比最大的是地面设备，总计 1420 亿美元；其次是卫星服务，总计 1180 亿美元；最后是卫星制造和发射，市场规模分别为 137 亿美元和 57 亿美元。卫星服务中，以卫星电视、卫星广播、卫星个人宽带业务为主，收入约 984 亿美元；面向个人用户的业务收入约为 172 亿美元；遥感收入为 27 亿美元。

太空与卫星应用市场研究机构欧洲咨询公司于 2020 年发布了首份《普及宽带接入》报告，认为到 2029 年，全球卫星宽带服务收入将达到 127 亿美元。

1.2 国际卫星互联网发展进展

近年来，互联网卫星星座的发展突飞猛进，典型的代表系统包括 O3b、铱星（Iridium）、一网（OneWeb）和星链（Starlink）等。其主要特征包括：多集中在中、低轨道，相较于同步轨道卫星，互联网卫星星座可以大幅降低往返传输时延，使卫星传输的体验能够与地面光纤相比；采用几十甚至几百颗小卫星星座组网实现大范围覆盖，通过模块化设计大幅降低卫星的生产成本，进而降低通信资费，为用户提供价格适中通信服务；多采用 Ka 波段或 Ku 波段，系统容量大幅提高，例如，O3b 的单波束可以提供 1.6Gbit/s 的传输速率，每颗星 70 个波束，OneWeb 单星容量 5 ～ 8Gbit/s，系统总容量超过 7Tbit/s，可以为 0.36m 口径天线的终端提供 50Mbit/s 的互联网接入服务，从而为传统互联网架设成本过于昂贵的地区提供高速宽带互联网接入服务。

以前，大型卫星星座组建门槛较高，主要以中国、美国、俄罗斯、欧洲为主。随着卫星发射和制造成本的降低，越来越多的国家或地区意识到频段和轨位是不可再生资源，陆续向 ITU 提交建设卫星星座的申请。

1 HBBTV 是一种与 DVB 兼容的内容发布平台。
2 TTML 是一种基于 XML 的时序文本标记语言。
3 ABR（Available Bit Rate，可用比特率）。

（1）OneWeb

OneWeb 建立于 2012 年，计划星座总共包括 650 颗位于 18 个圆形轨道平面上的卫星，卫星重量 150kg，轨道高度 1200km，已获得 ITU 正式授权的部分 Ku、Ka、V、E 波段资源。2023 年 3 月，印度运载火箭 LVM-3 将 OneWeb 的最后 36 颗卫星送入轨道。目前 OneWeb 在轨卫星达到 634 颗，已完成了第一阶段的组网，正在提供相关的商业服务。

（2）Starlink

Starlink 分两个阶段建设：第一阶段计划部署 1.2 万颗低轨卫星；第二阶段计划部署 3 万颗低轨卫星。Starlink 卫星轨道高度为 300 ～ 1100km，分布在 32 个轨道平面上。卫星通信采用 Ku 波段和 Ka 波段，倾角为 53°，单颗卫星重量 260kg，天线覆盖范围 64 万平方千米，卫星在轨寿命为 1 ～ 5 年。

截至 2024 年 8 月，Starlink 累计发射近 7000 颗（含试验星）卫星，用户数量从 2021 年的 10 万快速攀升到 300 万，呈现出加速增长的趋势。

（3）Kuiper

2019 年，亚马逊公司推出一项名为“柯伊伯（Kuiper）”的全球卫星宽带服务，旨在为无法获得基本接入宽带互联网的用户提供服务。Kuiper 星座包括 3236 颗卫星，其中 784 颗卫星位于 590km 的高度，1296 颗卫星位于 610km 的高度，1156 颗卫星位于 630km 的高度。2020 年，Kuiper 星座已获得美国联邦通信委员会（FCC）批准。

（4）Telesat

Telesat 提出的低轨道卫星系统 Lightspeed 预计拥有 298 颗卫星，2017 年获得 FCC 的批准并发射了两颗试验卫星。Telesat 低轨道卫星系统的商业模式主要包括宽带数据传输、通信服务，以及专业的咨询服务。该系统卫星和地面基础设施支持回程和集群服务，使电信运营商能够高效、低成本地接入互联网。

1.3　我国卫星互联网发展进展

目前，我国开展卫星通信业务的企业主要包括中国星网、中国电信、中国卫通、中信网络、亚太卫星和亚洲卫星等，低轨道通信卫星呈快速发展态势。

（1）“虹云”星座

“虹云”星座是我国提出的第一个低轨道宽带互联网星座计划，由中国航天科工集团有限公司于 2014 年开始筹建，致力于构建一个星载宽带全球移动互联网络。2018 年 12 月 22 日 7 时 51 分，“虹云”星座的首颗卫星在酒泉卫星发射中心搭乘长征 11 号火箭成功发射，进入预定轨道；次日 17 时，首次通联试验获得成功。该卫星是我国第一颗低轨道宽带通信技术验证卫星，标志着我国打造天基互联网迈出了实质性的一步。计划“十四五”后期在距地 1000km 轨道上，实现全部 156 颗卫星组网运行，单星容量 4Gbit/s，系统总容量超过 600Gbit/s。

（2）“鸿雁”星座

2018年12月29日，“鸿雁”星座首颗试验卫星“重庆号”搭乘长二丁/远征三火箭在酒泉卫星发射中心成功发射，标志着“鸿雁”星座系统的建设全面启动。“鸿雁”星座计划一期在距地面1100km的轨道上，部署54颗低轨道卫星，提供互联网接入和导航增强等应用服务，实现全天候、全时段及在复杂地形条件下实时双向通信，为用户提供全球无缝覆盖的数据通信和综合信息服务。二期系统卫星数量扩展到324颗，提升系统容量和宽带接入能力。

（3）卫星互联网星座

2021年4月28日，中国卫星网络集团有限公司成立。其经营范围不仅包括卫星开发、设计和发射等常规卫星业务，更是扩展到基础电信、卫星通信、广播、导航等服务层面，作为增值业务进行经营。其战略使命包括“保障国家安全”“引领科技创新”“带动产业发展”，目前正加速开展卫星互联网星座建设，并成功发射数颗卫星互联网技术试验卫星。

（4）天启星座

北京国电高科科技有限公司成立于2015年，建设并运营我国首个低轨道卫星物联网星座——天启星座。天启星座由38颗低轨道卫星组成，2017年完成首颗试验星研发设计和发射。随着2022年2月天启星座15颗卫星成功发射，目前完成第一阶段组网。天启星座已取得特高频（UHF）的卫星频率许可和工业和信息化部颁发的第二类增值电信业务许可，主要用于运输、海事、飞行器通信、重型装备、工业、远端资产和政府服务等领域。

（5）Galaxy星座

银河航天（北京）科技有限公司成立于2018年，采用5G标准的“银河Galaxy”低轨道宽带星座，预计在1200km左右的轨道上发射上千颗5G卫星。该星座首颗5G试验卫星“银河一号”于2020年1月发射成功，成为我国首颗通信能力达到24Gbit/s的低轨道宽带通信卫星。2022年3月15日，第二批6颗宽带批量生产卫星成功进入预定轨道，单星容量平均40Gbit/s，具备单次30分钟左右的不间断、低时延宽带通信服务能力。

1.4 国内外卫星互联网推进政策和产业布局

1.4.1 国外

近年来，多个国家和地区根据自身特点与发展优势，出台一系列政策，加速推动卫星通信产业创新和商业航天发展，支撑卫星互联网建设。

（1）美国

2018年3月，美国政府发布《国家航天战略》，主要包括修订军事航天方针和策略、改革商业航天监管等举措，强调加强军事航天、商业航天和民用航天之间的合作，简化国家对航天监管的政策、框架和流程，更好地发挥企业作用，推动产业蓬勃发展。

2021年12月，美国发布《美国太空优先框架》，概述了其太空政策的优先事项。2022年4月，美国提出以太空域感知、指挥和控制为目标，开发太空域感知框架，整合商业卫星通信能力，更好地填补能力差距。同月，美国商务部发布《2022—2026年战略计划》，计划之一是“推进美国在全球商业航天工业中的领导地位”。

2023年3月，美国国家科学技术委员会发布《国家近地轨道研究与发展战略》，提出将由美国国家航天局组建低地球轨道国家实验室，加强包括卫星网络安全等多项前沿研究。2023年11月，美国国防部声明正在制定首份《国防部商业太空集成战略》，以推动商业技术整合，确保在竞争、危机、冲突期间拥有可行的商业太空解决方案。

（2）英国

2021年9月，英国发布国家太空战略，愿景是打造“世界上最具创新性和吸引力的太空经济体之一，发展前沿科技”。根据该战略，英国计划通过释放私人融资促进英国太空企业的创新和发展，通过前沿领域研究激励下一代并促进英国在空间科学和技术方面的发展。

2023年，英国政府启动了一项1.6亿英镑的基金，以支持基于卫星的通信解决方案，填补英国5G网络的空白。英国农村地区的企业和个人往往难以接入高速移动网络，行业人士认为SpaceX的Starlink或OneWeb提供的卫星互联网连接可能会有所帮助。卫星通信被英国政府视为向农村地区用户提供宽带连接的一种方式。在该基金启动之际，Virgin Media成为英国首家为企业网络推出“即插即用”5G交换机的电信公司，加速了5G覆盖。

（3）欧盟

2016年10月26日，欧盟委员会发布《欧洲航天战略》，明确推进航天应用、强化航天能力、确保航天自主、提升航天地位四大战略目标。《欧洲航天战略》于2017年实施，旨在引领2030年前欧洲航天发展。

2022年2月，欧盟委员会宣布了一项总投资60亿欧元的卫星互联网项目，旨在构建基于空间的安全通信系统。该计划包括多个阶段，预计在2025年前开始启动首批在轨量子加密服务和测试，并在2027年前全面投入使用。此外，欧盟还计划在2024年着手建设名为“卫星弹性、互联和安全基础设施”的卫星互联网系统，计划于2027年前发射170颗卫星。此外，欧盟委员会还达成了协议，将建设和运营一个价值60亿欧元的卫星互联网系统，以减少对国外供应商的依赖并确保安全。

（4）日本

2019年，日本提出《防卫计划大纲》，提出要提高应对太空、网络等“新领域”威胁的能力，将太空列为关键战略领域。

（5）俄罗斯

2016年，俄罗斯颁布《2016—2025年俄联邦太空计划》，对俄罗斯未来10年用于空间活动的地面基础设施建设、载人航天工程及中继卫星通信系统等进行了全面规划，明确指出了俄联邦航天发展的主要目标、优先方向、实施阶段和主要任务等。

2020年，俄罗斯颁布《2021—2030年俄联邦太空计划》。计划中提到俄罗斯将于

2021 年开始建设“球体”卫星星座，星座规模约 600 颗。这些卫星将发挥定位、雷达探测地球、提供通信服务等功能。

1.4.2 国内

2012 年起，我国出台了一系列政策性文件支持卫星互联网产业发展，详见表 1–1。

表 1–1 我国卫星互联网产业相关政策

年份	政策	主要内容
2012 年	《“十二五”国家战略性新兴产业发展规划》	卫星及应用是高端装备制造业的重点发展产业之一
2013 年	《国家卫星导航产业中长期发展规划》	强调市场主导，政策推动
2014 年	《国务院关于创新重点领域投融资机制鼓励社会投资的指导意见》	鼓励民间资本研制、发射和运营商业遥感卫星
2015 年	《国家民用空间基础设施中长期发展规划（2015—2025 年）》	支持和引导社会资本参与国家民用空间基础设施建设和应用开发
2016 年	《“十三五”国家战略性新兴产业发展规划》	加快构建以遥感、通信、导航卫星为核心的国家空间基础设施，加强跨领域资源共享与信息综合服务能力建设
2016 年	《2016 中国的航天》	完善航天多元化投入体系，大力发展商业航天
2016 年	《信息通信行业发展规划（2016—2020 年）》	建成较为完善的商业卫星通信服务体系
2016 年	《关于加快推进“一带一路”空间信息走廊建设与应用的指导意见》	积极推进以企业为主体、市场为导向的商业航天发展新模式
2019 年	《关于促进商业运载火箭规范有序发展的通知》	引导商业航天规范有序发展，促进商业运载火箭技术创新
2021 年	《“十四五”信息通信行业发展规划》	推进卫星通信系统与地面信息通信系统深度融合，初步形成覆盖全球、天地一体的信息网络。积极参与卫星通信国际标准制定。鼓励卫星通信应用创新，在航空、航海、公共安全和应急、交通能源等领域推广应用
2022 年	《“十四五”数字经济发展规划》	提出建设高速泛在、天地一体、云网融合、智能敏捷、绿色低碳、安全可控的智能化综合性数字信息基础设施

各个地方政府也纷纷将卫星互联网纳入政策支持范围。仅 2021 年，就有北京市、上海市、天津市、湖南省、云南省、浙江省、江苏省、江西省、四川省、广东省等地发布相关政策支持卫星互联网产业发展。

第 2 章

全球 6G 发展情况

2.1 6G发展愿景及特征

为响应“十四五”规划中对6G网络技术前瞻性布局的要求，IMT-2030(6G)推进组组织产学研用各方力量，在6G愿景需求、潜在关键技术等方面形成一批研究成果。

2022年7月24日，IMT-2030(6G)推进组发布了《6G典型场景和关键能力》，在2021年发布的《6G总体愿景与潜在关键技术》的基础上，进一步分析了6G发展驱动力、典型特征和市场趋势，将6G潜在应用业务进一步凝练为五大典型场景，并全面分析了6G关键能力指标。

2.1.1 总体愿景

随着5G应用的快速渗透、科学技术的创新突破、新技术与通信技术的深度融合，移动通信将从“移动互联”到“万物互联”，再到“万物智联”，6G将推动人类社会迈入智能化的时代，开启智慧化的生产与生活，推动构建普惠智能的社会。

与5G移动通信系统相比，6G将提供更加极致的性能，在各项关键技术指标上也将得到极大的提升。6G通过与大数据、大规模机器学习、人工智能等信息技术融合，实现通信与感知深度耦合，为未来的万物智联奠定坚实的基础。6G将充分利用低、中、高全频谱资源，实现空天地海全场景一体化覆盖，满足万物智联下随时随地安全可靠的无线连接需求。

6G将构建一个万物互联、智能高效的分布式网络，能够提供通信、计算、人工智能、感知等多维能力一体化服务，具备泛在互联、智慧内生、安全内生、绿色低碳等特点，通过实现“网络无所不达、算力无处不在、智能无所不及”，带来数字经济与实体经济的全面融合，推动社会普惠智能、绿色健康可持续发展，助力人类社会开启虚拟与现实相互融合的全新时代。

2.1.2 网络架构

未来的6G网络应融合大数据、控制、信息和通信技术，以满足多样化的需求。6G网络将呈现出很强的跨学科和跨领域发展趋势，并且，随着网络规模的不断扩大和复杂性的不断增加，无线接入网体系结构将进行简化，以实现功能最强、体系结构最简单、即插即用的目标。此外，支持原生人工智能的无线接入网功能可用于提高网络性能，降低成本，实现资源管理中的智能决策。

2.1.3　典型特征

6G 作为新一代智能化综合数字信息基础设施，将与人工智能、大数据、先进计算等信息技术交叉融合，实现通信与感知、计算、控制的深度耦合，具备泛在互联、普惠智能、多维感知、全域覆盖、绿色低碳、内生安全等典型特征。一是泛在互联，6G 将从支持人与人、人与物的连接，进一步拓展到支持智能体的高效连接，构建智能全连接世界。二是普惠智能，人工智能将助力 6G 实现网络性能跃升，融合通信、计算、感知等能力支持各类智能化服务。三是多维感知，6G 将具有原生的感知能力，可以利用通信信号实现对目标的定位、检测、成像和识别等感知功能，来获取周围物理环境信息，挖掘通信能力，增强用户体验。四是全域覆盖，6G 将融合地面基站、中高空飞行器、卫星等各类网络节点，实现空天地网络融合及全球无缝地理覆盖。五是绿色低碳，6G 将以绿色低碳作为网络设计的基本准则，通过在技术创新、系统设计、网络运维等多个环节融入节能理念，降低 6G 自身能耗，同时赋能行业低碳发展。六是内生安全，6G 将通过构建内生安全机制、增强设备安全能力等，有效提升网络安全与数字安全。

2.1.4　关键能力

6G 作为新一代关键信息基础设施，将引领产业数字化、网络化、智能化、绿色化发展，促进数字经济和实体经济深度融合。为了支撑全新应用场景以及全方位的需求，6G 的峰值速率、用户体验速率、空口时延、连接数密度、频谱效率、网络能效、移动性、定位能力等关键指标相较于 5G 都有了明显的提升。6G 关键能力指标见表 2-1。

表 2-1　6G 关键能力指标

指标	6G
峰值速率	100 Gbit/s ～ 1 Tbit/s
用户体验速率	Gbit/s 级别
空口时延	0.1 ～ 1ms，接近实时处理
连接数密度	最大可达 10^6/km²
频谱效率	200 ～ 300 bit/(s·Hz)
网络能效	可达 200bit/J
移动性	约 1000km/h
定位能力	室外 1m，室内 10cm

2.2　全球6G总体发展现状

2.2.1　6G发展总体规划

ITU 是联合国负责信息通信技术事务的专门机构，也是开展国际协调确立 5G/6G 等电信技术全球通用标准的重要组织。2020 年 2 月，在瑞士日内瓦召开的第 34 次国际电信联盟无线电通信部门 5D 工作组（ITU-RWP5D）会议上，面向 2030 年及未来的研究工作正式启动，6G 是其中最为核心的一部分。此次会议形成了初步的 6G 研究时间表，包含未来技术趋势研究报告、未来技术愿景建议书等重要计划节点。

ITU 的 6G 计划分 3 个阶段：2023 年完成场景与需求研究，2026 年完成性能要求与技术评估，2030 年完成标准化与方案评估，实现商用。

2022 年 11 月，ITU-R SG5 WP5D 完成了地面 IMT-2030 系统的未来技术趋势报告书“*Future technology trends of terrestrial IMT systems to-wards 2030 and beyond*”。该报告书从关键新兴业务、应用趋势和相关驱动因素的角度，对 2030 年及以后地面 IMT 系统的未来技术方面进行了展望。该报告书所描述的技术是未来可能应用的潜在技术的集合，包括地面 IMT 系统的技术，以及 IMT 通过其他技术的演变。新服务和应用程序的用户在面向 6G 移动通信系统及以后的移动通信技术发展中发挥着重要作用，用户将获得所需的服务、设备，以及使用这些服务的知识。6G 移动通信系统可以被认为是一个普遍的通用系统，而不是一项简单的使能技术。

6G 移动通信系统的作用是将许多设备、流程和人类认知连接到全球信息网络，从而为各个垂直行业提供新的机会。6G 将拥有更高的数据速率，室内峰值数据速率可能接近 Tbit/s，同时需要较大的可用带宽，产生太赫兹（THz）通信。同时，垂直数据流量的很大一部分将是基于测量或与驱动相关的小数据。在大多数情况下，这将要求在紧凑的控制循环中具有极低的时延，即需要较短的空中时延，以便有时间进行计算和决策。同时，许多垂直应用程序的可靠性和服务质量要求也将提高，以便在需要服务的地方提供所需的服务。工业设备、流程和未来的感知应用，包括多流全息应用，都需要严格的定时同步并对时间抖动有严格要求。

5G 移动通信系统中描述的 3 种使用场景仍然适用，即增强移动宽带（eMBB）、海量机器类通信（mMTC）和超高可靠与低时延通信（uRLLC）。同时，6G 应该考虑新的用例和应用程序来持续演进，特别是那些驱动技术开发和反映未来需求的用例及应用程序。

（1）全息通信

全息通信是多媒体体验的下一个发展方向，将 3D 图像从一个或多个来源传送到一个或多个目的地，最终为用户提供沉浸式 3D 体验。网络中的交互式全息功能将需要非常高的数据速率和超低时延的组合。

（2）触觉互联网应用

操作人员可以通过虚拟现实或全息通信来监控远程机器，并由触觉传感器辅助，触觉传感器还可能涉及通过运动反馈进行的驱动和控制。

（3）网络与计算融合

移动边缘计算将继续部署在未来的 6G 网络中。当客户端请求低时延服务时，网络可以将其定向到最近的边缘计算节点。

（4）极高速率接入

交通节点、购物中心和其他公共场所的接入点可以形成信息接入点。这些信息接入点将提供类似光纤的速度，还可以满足毫米波小型电池的回程需求。

（5）万物互联

万物互联的场景主要包括对建筑物、城市、环境、汽车和交通、道路、关键基础设施、水和电力等的实时监控，通过智能可穿戴设备实现的生物物联网，以及通过植入传感器实现的体内通信。这些场景对连接的需求将远远超过 mMTC。

专用网络、应用程序或垂直特定网络、物联网传感器网络的数量将在未来几年快速增加。在这样一个无处不在的连接和计算环境（智能环境）中，互操作性是重要的挑战之一。

（6）交互式沉浸式体验

交互式沉浸式体验用例将无缝融合虚拟和现实环境，并为用户提供新的多感官体验，而这需要更高的分辨率、更大的视野、更高的每秒帧数等。

（7）多维传感

基于测量和分析无线信号的传感技术将为高精度定位、超高分辨率成像、测绘和环境重建、手势和运动识别提供机会，这要求网络具有高传感分辨率、高精度和高检测率。

（8）数字孪生

数字孪生是物理世界实体的数字副本，需要依靠实时、高精度的感知来保证准确性，需要低时延、高数据传输速率来保证虚拟世界与物理世界的实时交互。它可以根据历史数据和在线网络数据的收集产生感知和认知智能，还能够预先寻找物理网络的最佳状态，并相应地执行管理操作。

（9）机器类通信

实现高效的机器类通信仍然是未来 6G 移动通信系统的重要驱动力。它将允许机器和设备在没有人类直接参与的情况下相互通信。机器类通信是物联网和未来经济和社会数字化的重要驱动力。

（10）高效智能

智能机器人之间的实时分布式学习、联合推理和协作需要重新思考通信系统和网络设计。

（11）空天地一体化

为了连接尚未处于移动通信网络下的人，并在各个地区持续提供高质量的移动宽带服务，预计需要组合多种技术解决方案。此外，地面网络和地面网络的互联有助于提供高质量的移动宽带服务。

（12）终端多样化

到目前为止，人类一直是数据的主要消费者，然而，智能机器的出现，也产生了大量的数据。此外，可穿戴设备、皮肤贴片、生物植入物、外骨骼等终端也有望与手势、触觉、大脑传感器等人机界面结合，从而成为新的产业。虽然智能手机仍然存在，但具备多感官集成和智能功能的汽车、无人驾驶飞机系统、船舶和机器人等非便携终端，预计将在未来社会的各个领域发挥越来越重要的作用。

2.2.2 国家和地区6G布局

（1）美国：建立联盟，加快关键核心技术研究

2020 年 10 月，美国电信行业解决方案联盟牵头组建了 NextG 联盟（一个专门管理北美 6G 发展的贸易组织）。联盟确定的战略任务主要包括建立 6G 战略路线图、推动制定 6G 相关政策及预算工作、6G 技术和服务的全球推广等。目前，全球已有高通、苹果、三星、诺基亚等 30 多家信息通信企业加入。

FCC 于 2019 年 3 月全球首先开放 95GHz ～ 3THz 频段作为 6G 实验频谱，发放为期 10 年、可销售网络服务的实验频谱许可。FCC 太赫兹频谱研究的主要内容包括 95 ～ 275GHz 频段政府与非政府共享使用问题，275GHz ～ 3THz 电磁干扰问题，非许可频谱问题（包括 116 ～ 123GHz、174.8 ～ 182GHz、185 ～ 190GHz、244 ～ 246GHz）。

此外，美国着力开展的未来 6G 核心技术研究，研究方向包括支持人工智能的高级网络和服务、多接入网络服务技术、智能医疗保健网络服务、多感测应用、触觉互联网和超高分辨率 3D 影像等。

（2）欧洲：统一战线，合力推进 6G 研发

欧洲 6G 研究初期以各大学和研究机构为主体，积极组织全球各区域研究机构共同参与 6G 技术研究探讨。2020 年，欧盟委员会发布的《全面工业战略的基础》报告中提出对包括 6G 在内的新技术进行大量投资。2021 年，欧盟的旗舰 6G 研究项目 Hexa-X 正式启动。Hexa-X 是将欧盟关键的行业利益相关者聚集到一起，共同推进 6G 的重要一步。项目目标包括创建独特的 6G 用例和场景、研发 6G 基础技术并为整合关键 6G 技术使能因素的智能网络结构定义新的架构，愿景是通过 6G 技术搭建的网络连接人、物理世界和数字世界。此外，欧洲国家还积极与亚洲国家开展 6G 研究合作。例如，英国 GBK 国际集团组建了 6G 通信技术科研小组，并与马来西亚科技网联合共建 6G 新媒体实验室；芬兰、瑞典也分别与韩国达成 6G 合作协议等。

（3）韩国：重点聚焦，强化产业生态构建

6G 顶层设计与战略合作走在全球前列。2020 年 8 月，韩国发布《引领 6G 时代的未来移动通信研发战略》，提出重点布局 6G 国际标准并加强产业生态系统建设，目标是确保在 5G 之后继续成为全球首个 6G 商用国家，并明确了数字医疗、沉浸式内容、自动驾驶汽车、智慧城市和智慧工厂 5 个试点领域。韩国将在超高性能、超大带宽、超高精度、超空间、超智能和超信任 6 个关键领域推动 10 项战略任务。

韩国通信与信息科学研究院在 2019 年 4 月正式组建了 6G 研究小组。同年，三星电子、LG、SK 电信等韩国通信企业均组建了企业 6G 研究中心或实验室，韩国 SK 电信还表示将与爱立信和诺基亚共同研发超高可靠、低时延无线网络和多输入多输出天线技术等 6G 技术。2021 年 3 月，韩国 LG 电子公司与韩国先进科学技术研究院与是德科技公

司签署了一项有关“共同开发下一代6G无线通信网络技术”的合作协议，重点是太赫兹无线通信技术。韩国信息和通信技术促进研究所的6G研发计划还包括卫星通信、量子密码和通信等6G转换技术。韩国电信与首尔国立大学新媒体传播研究所开展合作，就6G通信和自主导航业务展开研究。此外，韩国科学与信息通信技术部把用于6G的100GHz以上超高频段无线器件研发列为14个战略课题中的首要课题，引导企业加大研发实验力度。

（4）日本：出台战略，启动多项6G试验

2020年4月和6月，日本相继发布全球首个以6G作为国家发展目标和倡议的6G技术综合战略计划纲要和路线图，提出要在2025年实现6G关键技术突破，2030年正式启用6G网络，日本掌握的6G技术专利份额要超过10%等目标。日本的战略明确了“公私部门实现战略合作的重要性”，提出政府将通过财政支持、税制优惠、放宽监管和资金支持等方式推动6G研发工作，促进关键技术尽早确立。日本将组建更多的合作机构，与海外企业联手构建国际合作机制。

2005年，日本将太赫兹技术列为“国家支柱技术十大重点战略目标”之首。日本电报电话公司、日本国家信息通信技术研究所、广岛大学等企业和科研机构已开展多项太赫兹通信技术研发试验。2021年3月，日本通信企业软银和日本大型光学仪器制造商尼康宣布两家公司合作研发的应用于移动通信的光学无线电技术“跟踪光学无线通信技术”实验成功。此技术广泛融合了人工智能、图像处理和精密控制技术，以创建在双向通信设备上的新使用场景。

（5）中国：总体部署，统筹推进

2019年6月，工业和信息化部、科学技术部、国家发展和改革委员会成立IMT-2030（6G）推进组，下设中国6G无线技术组，负责组织成员单位围绕6G技术开展一系列工作。IMT-2030（6G）推进组对协调我国参与6G研究主要单位力量、聚焦6G无线技术关键创新点，以及推动我国6G技术研究发挥了重要作用。

2019年11月，科学技术部、国家发展和改革委员会、教育部、工业和信息化部、中国科学院、国家自然科学基金委员会成立了国家6G技术研发推进工作组和总体专家组。6G技术研发推进工作组的职责是推动6G技术研发工作实施；总体专家组由来自高校、科研院所和企业的专家组成，主要负责提出6G技术研究布局建议与技术论证，为重大决策提供咨询与建议。

第3章

卫星互联网与5G/6G融合发展应用

3.1 发展需求

（1）顺应未来网络演进趋势

6G 将实现空天地一体化的全球无缝覆盖，星地一体融合组网技术将是 6G 重要的潜在技术之一。手机直连卫星是实现天地一体化组网、解决通信问题的必然选择。

（2）推动移动通信产业升级

手机产业与卫星互联网产业的融合发展，开启了手机行业新的发展方向，这也是抢占未来手机产业制高点的重要布局。实现卫星产业和地面蜂窝通信融合，有助于扩大我国 5G 产业规模和影响力，促进我国移动通信产业升级。

（3）构建未来信息消费新空间

手机直连卫星通信将开辟手机产业新市场，进一步做大做强国内手机产业，有助于进一步激发国内超大规模市场优势和内需潜力，拓展数字经济范畴，丰富信息消费应用场景，促进数字经济发展。

（4）服务我国“一带一路”倡议

卫星互联网与 5G/6G 融合是服务我国“一带一路”倡议，支撑我国驻外重要部门通信保障，企业实现“走出去”，保障海外资产、人员、业务安全稳定运行的重要基础设施，也是拓展“一带一路”共建国家，建设信息丝绸之路的有力抓手。

3.2 应用场景

3.2.1 3个维度

根据业务种类，卫星互联网与 5G/6G 融合应用场景可以分为空中、海洋和陆地 3 个维度。

（1）空中维度

空中维度的卫星互联网与 5G/6G 融合应用场景主要体现在航空、无人机等方面。

① 航空方面。由于卫星互联网具备网络部署快速和不受地面环境限制的先天优势，已成为国际越洋航班开展民用航空通信业务的最佳选择。

② 无人机方面。电信运营商网络控制链路会出现信号盲区，或者切换掉网及干扰问题，卫星互联网是无人机通信链路的有力补充，可以作为无人机通信控制链路的备选之一。

（2）海洋维度

海洋维度的卫星互联网与 5G/6G 融合应用场景主要体现在海运业、渔业及境外业务等方面。

① 海运业方面。卫星互联网凭借覆盖范围广、通信距离远等优势，成为海洋信息传输的主要手段，为渔船、客船、运输船等提供互联网接入服务，推动海运业快速发展。截至 2021 年年底，我国现有渔船总数达 52.08 万艘，其中远洋渔船 2559 艘，另外，我国集装箱企业 24.21 万家，海洋卫星通信应用市场前景广阔。

② 渔业方面。我国是世界渔业大国，海洋渔业是我国沿海地区传统基础性产业。2020 年，我国海洋渔业人口 525.78 万人，其中海洋渔业传统渔民人数 272.03 万人。

③ 境外业务方面。2019 年中国公民出境旅游人数达 1.55 亿人次，出境结算每年达到 150 多亿美元。出境游在海岛、森林、草原、沙漠等地区的市场逐渐升温，互联网接入需求旺盛。

（3）陆地维度

陆地维度的卫星互联网与 5G/6G 融合应用场景主要体现在铁路、车联网、野外施工、草原森林、政府应用等方面。

① 铁路方面。目前，已有不少卫星互联网企业正在探索高铁运营场景。例如，中国航天科技集团有限公司与中国铁路通信信号股份有限公司达成战略合作，深入研究卫星通信在高铁移动通信上的应用；中国中车股份有限公司与吉来特卫星网络有限公司达成合作，共同研制高铁车载卫星设备原型，并开发卫星装备及服务平台，研制适用于中国中车全球化运营的卫星网络管理平台。

② 车联网方面。卫星互联网可为车辆提供应急通信、位置信息上报等基础通信服务能力，并可为车辆提供车载影音、移动视频通信等大带宽应用。

③ 野外施工方面。卫星互联网业务可广泛应用于野外施工场景。野外高速公路、桥梁、电网、输油管道等施工现场，一般位于偏远地区，道路不通，通信基础设施尚未建设，地面网络覆盖欠缺。

④ 草原森林方面。卫星互联网业务可广泛应用于牧民、护林人员、森林防火应急救援队等个人通信。2021 年，全国共五大牧区，总面积约 50 亿亩（1 亩约等于 666.7 平方米），牧民数量约 800 万人。同时，拥有国土面积约占 18% 的 7000 ～ 8000 个自然保护区和 56 个国家公园，其中涉及消防救援队伍 1.7 万人，专业防火应急救援队 12 万余人，护林员 180 万人。

⑤ 政府应用方面。卫星互联网可服务于位于边境、地理环境恶劣的工作点或监测点。在地质调查、监测方面，有直属队伍人员 2 万人，各省（自治区、直辖市）属地调人员 40 万人，全国 25 万～ 36 万灾害隐患点需求，有 4 万个地面气象监测点需求。在公安巡防、集群方面，目前全国大约有 20 万边防人员，其所处地区大多气候恶劣，缺乏有效的通信设施。

3.2.2 一个需求

卫星互联网与5G/6G融合应用场景还应满足传统卫星广播类业务的需求。

① 基站回传。该场景为难于部署地面网络的各种环境提供基站的卫星连接能力，包括湖泊、岛屿、山区、边远地区等。卫星通信可为一组基站、单独基站或一个小型基站提供中继连接能力。

② 边缘内容分发。该场景目标是高效地提供内容多播和广播到边缘节点的能力，包括直播电视广播、临时多播/广播流、多媒体和软件更新等内容，以及边缘计算网络虚拟化更新发布等。这些更新可单独使用卫星广播/多播特性或卫星与地面网络混合实现，从而实现用户直接从边缘计算节点获取数据，显著降低服务时延。

3.2.3 星地一体化

卫星互联网与5G/6G融合应用场景还应包括未来实现手机直连卫星通信，完成星地一体化。

近年来比较热门的登山、露营、攀岩、皮划艇、潜水、帆船等户外运动市场主体规模持续扩大。截至2021年年底，我国户外运动人数已超过4亿人，其中深度户外运动人数也已达到1.3亿人。卫星互联网与5G/6G网络融合可以满足用户随时进行语音通信的需要，能带给用户更精准的定位和极致的安全感，适合喜爱野外露营、户外探险和从事野外科学考察的人群。

3.3 应用示例

相较于4G时期，5G时期卫星的关键性能指标更加多元化，性能也显著提升。为满足5G时期的多样化应用场景需求，《5G卫星无线电接口愿景、需求和评估方法》规定了5G卫星部分的三大应用场景和3种终端类型——手持终端、物联网终端、甚小口径天线终端（VSAT）。本节主要介绍eMBB类应用和mMTC类应用。

3.3.1 eMBB类应用

（1）多连接

应用场景描述：在地面网络服务能力不足的地区，用户需要通过多种网络来获得高速率数据服务。

卫星应用服务：卫星宽带连接服务到地面网络覆盖不足的地区，或连接到网络中继节点，与地面无线/蜂窝或有线网络相结合。

（2）固定基站连接

应用场景描述：用户位于独立的山村或工厂（采矿、海上平台等），需要获取高速率数据服务。

卫星应用服务：卫星宽带提供地面核心网和基站间无服务区域的连接。

（3）移动基站连接

应用场景描述：位于飞机或船舶上的乘客，需要获得高速率数据服务。

卫星应用服务：基于卫星宽带提供核心网和飞机 / 船舶上移动平台间的连接。

（4）网络弹性

应用场景描述：关键网络连接，要求通过聚合多种并行网络连接获得高可用性，防止网络中断。

卫星应用服务：卫星宽带作为次要或备份连接，与主网络连接相比可能存在潜在能力限制。

（5）网络中继

应用场景描述：运营商对地面网络服务的容灾备份，地面网络运营商需要和本地未接入的“网络孤岛”间建立连接。

卫星应用服务：基于卫星宽带连接公众数据网络和移动网络锚点，提供核心网和飞机 / 船舶上移动平台间的连接。

（6）移动基站混合连接

应用场景描述：乘坐公共交通工具（例如高铁、火车、公共汽车、船舶）的乘客，需要通过卫星 / 蜂窝混合网络的基站获取服务。

卫星应用服务：基于卫星宽带提供核心网和无服务区域间的宽带连接。

（7）边缘网络传送

应用场景描述：多媒体视频等娱乐内容（例如直播、多播流、组通信等）或移动边缘计算的虚拟网络功能更新，需要以组播方式传输到网络边缘的无线接入网设备。

卫星应用服务：卫星广播通道，通过组播方式传送到网络边缘。

（8）节点直连广播

应用场景描述：向住户提供电视节目或多媒体服务，或在移动平台提供服务。

卫星应用服务：提供面向家庭或车载移动平台接入点的广播 / 组播服务。

3.3.2　mMTC类应用

（1）广域物联网服务

应用场景描述：分布在广域范围的物联网设备，需要向中央服务器上报信息。例如，汽车和道路运输、对石油 / 天然气基础设施的关键监测、牲畜管理等。

卫星应用服务：提供物联网设备和星载平台间的连接，保持星载平台和地面基站连接的服务连续性。

（2）直连移动广播

应用场景描述：应急或灾难场景下的直连救灾指导；厂商向汽车用户提供即时硬件 / 软件服务（例如地图信息、实时交通、天气预警、停车信息等）。

卫星应用服务：通过卫星向手持设备或车载用户设备提供广播 / 多播服务。

（3）局域物联网服务

应用场景描述：局域物联网设备进行信息采集，通过中心节点驱动和采取更复杂的协同工作。例如，智能电网的计量子系统，卡车、火车、船舶上的集装箱等。

卫星应用服务：卫星物联网提供物联网设备和移动核心网、基站间的连接。

（4）公共安全

应用场景描述：警察、消防员、急救人员等需要在户外进行信息交换和语音服务，并需要在移动场景中保证服务的连续性。

卫星应用服务：通过卫星通信访问警察、消防员、急救人员的用户设备（手持设备或车载设备），保证移动单元和控制中心间的连接。

3.4 业务场景

3.4.1 中继到站业务

利用卫星的大带宽、高吞吐量卫星链路来补充现有的地面连接，实现数据高速中继到中心聚合站点的通信连接，并进一步向本地蜂窝小区提供服务。中继到站业务场景如图3-1所示。

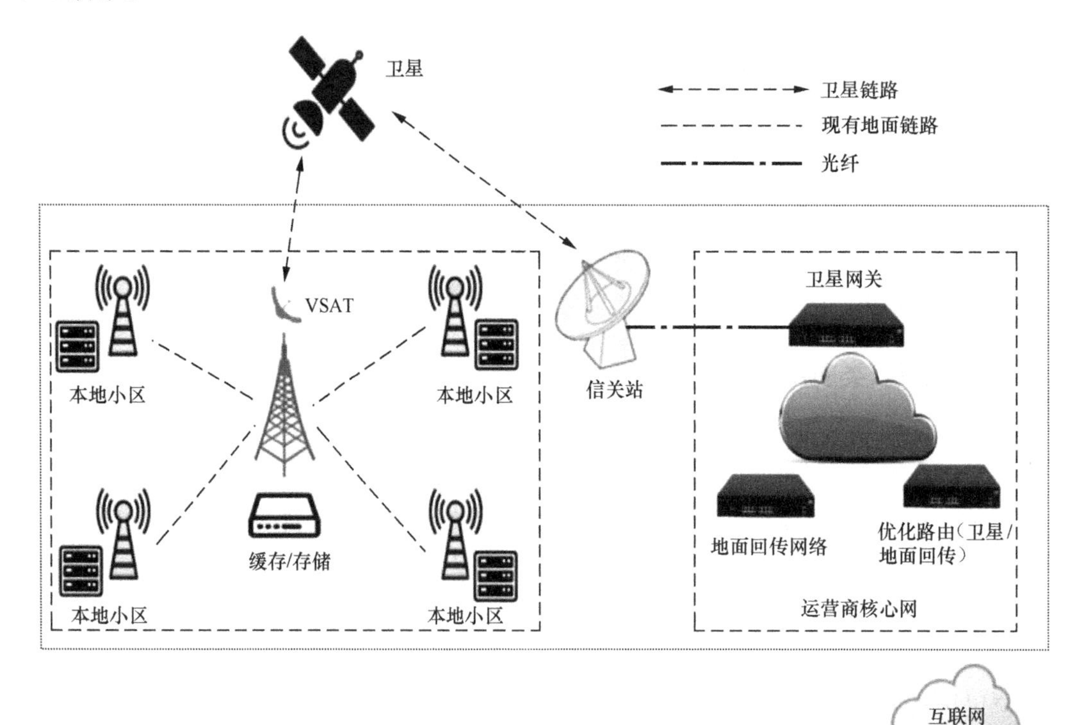

图3-1 中继到站业务场景

3.4.2　数据回传及分发业务

将卫星链路直接连接到本地小区的无线塔，补充现有的地面网络连接，以实现来自多个物联网聚合站点数据的高效回传。数据回传及分发业务场景如图 3-2 所示。

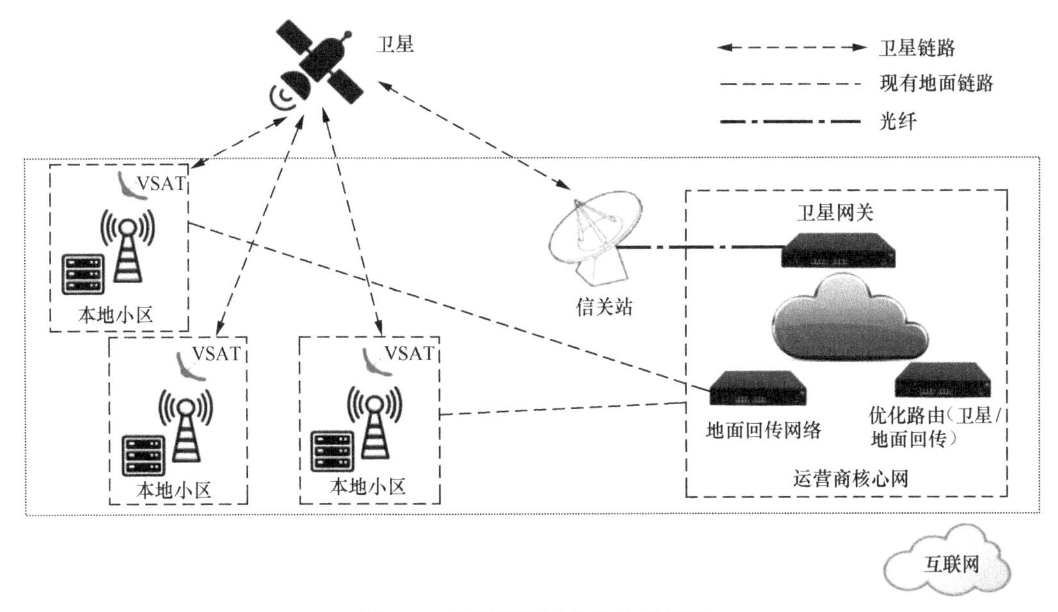

图3-2　数据回传及分发业务场景

3.4.3　动中通业务

实现与飞机、车辆和船只等的连接，能够在大覆盖范围内进行本地存储或播发，实现与用户设备的高效直接连接，补充现有的地面连接。动中通业务场景如图 3-3 所示。

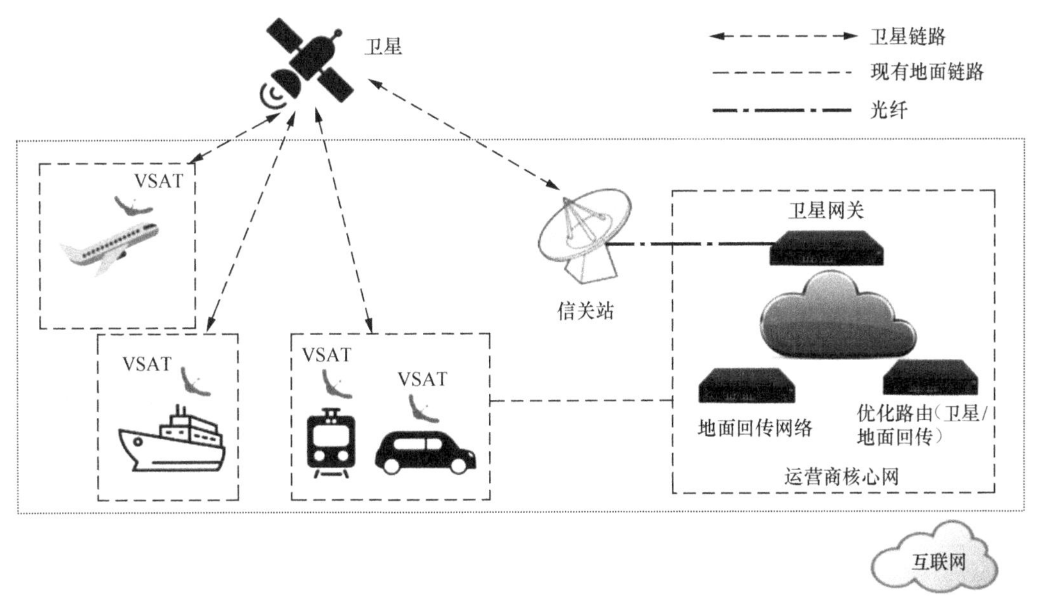

图3-3　动中通业务场景

3.4.4 混合多媒体业务

在混合多媒体业务场景中，卫星可以直接向家庭和办公室提供服务，补充地面宽带以外的内容，解决地面网络负载过重的问题，并支持海量用户的宽带业务需求。混合多媒体业务场景如图 3-4 所示。

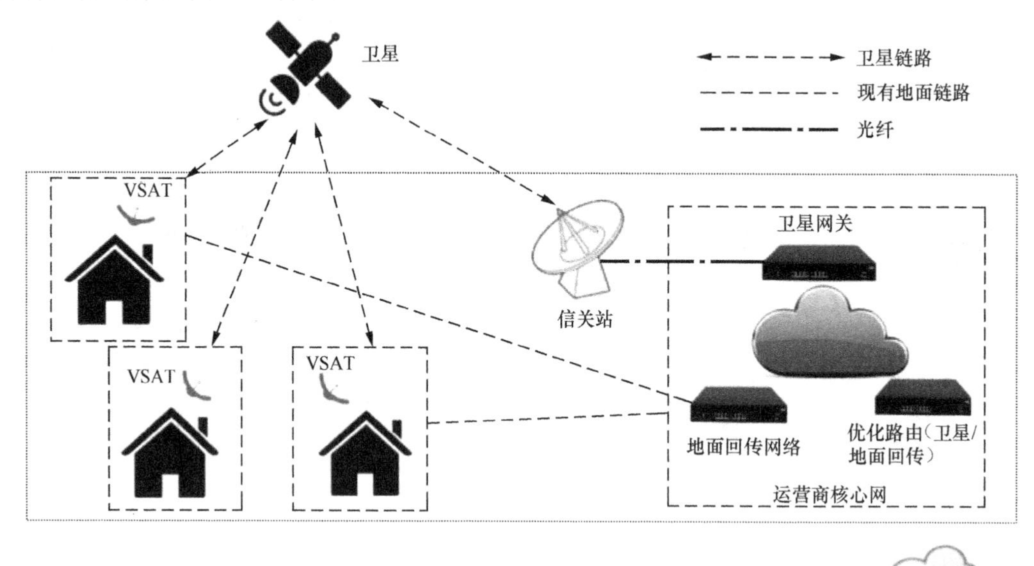

图3-4　混合多媒体业务场景

3.4.5 直连终端业务

在直连终端业务场景中，卫星可以直接连接手持终端或物联网终端，来实现数据交互，为地面网络难以覆盖或是无法覆盖的区域提供业务服务，大幅提升网络的覆盖范围。直连终端业务场景如图 3-5 所示。

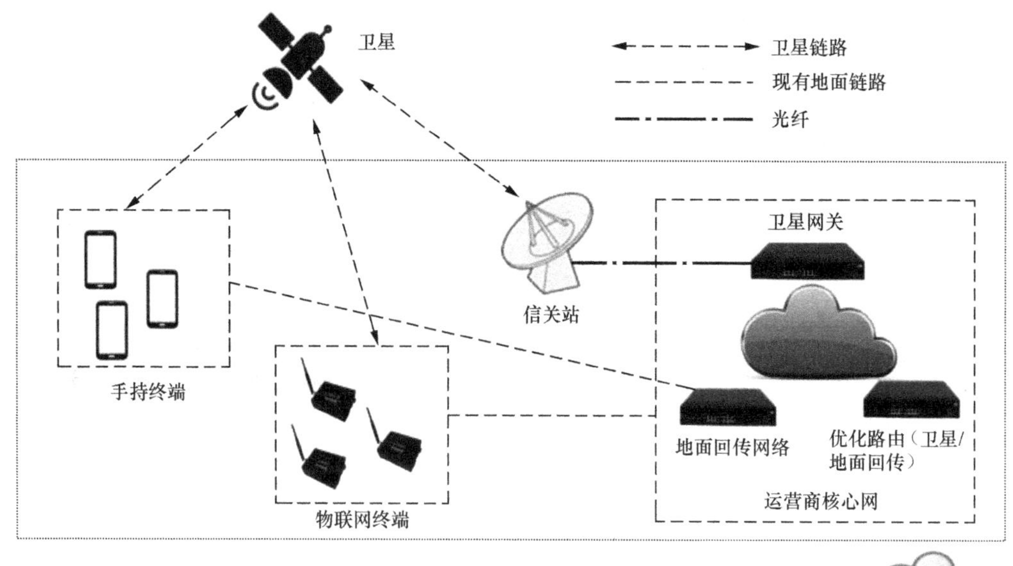

图3-5　直连终端业务场景

3.5　系统和终端要求

为了满足多种业务场景，基于ITU的标准规范，卫星互联网与5G/6G融合系统最低指标要求见表3-1。

表3-1　卫星互联网与5G/6G融合系统最低指标要求

功能类型	具体需求
工作波段	L、S、C、Ku、Ka、Q、V等
轨道类型	LEO、GEO
支持载荷类型	透明转发、星上处理
终端类型	手持终端、VSAT、物联网终端
业务类型	支持语音、数据、视频等业务
服务质量（QoS）	具备分等级、差异化服务质量保障能力
波束服务方式	固定（凝视）、移动
波束调度方式	固定波束、跳波束
安全性	支持安全和通信一体化设计，支持信令、业务的加密和完整性保护等
互联互通	支持与地面其他网络业务互联互通
星间组网方式	星间链路

卫星互联网的终端根据业务需求可以分为VSAT、手持终端、物联网终端。由于传统卫星通信在频谱利用率等方面不高，需要借鉴地面移动通信技术，提高自身技术的先进性。卫星互联网与5G/6G融合终端最低指标要求见表3-2。

表3-2　卫星互联网与5G/6G融合终端最低指标要求

性能类型	VSAT	手持终端/物联网终端
工作波段	Ka、Ku等波段	L、S、C等波段
峰值速率	1.6Gbit/s	240Mbit/s
峰值频谱效率	5bit/（s·Hz）	3bit/（s·Hz）
移动性	0～1000km/h	0～500km/h
天线类型	等效0.6m卡塞格伦天线	全向天线
极化方式	圆极化（左旋/右旋）	线极化
接收增益	39.7dBi	0dBi
发射功率	2W（33dBm）	200 mW（23dBm）

3.6　融合发展方向

卫星互联网与5G/6G融合发展的体制技术路线可分为3个模式。

（1）空口独立、系统融合、终端多模

已经在轨的卫星不做硬件上的修改。智能手机的射频模块、天线等需要进行定制，相关业务需要采用专用的私有通信协议，业务类型以短信类应急业务为主。空口独立、系统融合、终端多模融合架构如图 3-6 所示。

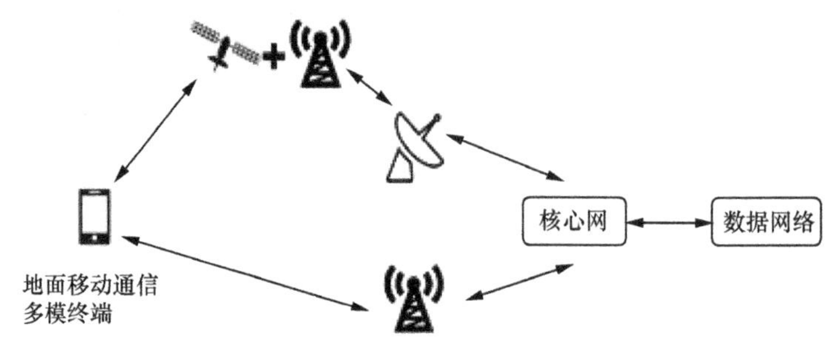

图3-6　空口独立、系统融合、终端多模融合架构

终端采用加装卫星射频模块和天线的手机终端。频率采用传统卫星移动波段，即 L、S 波段。

优势：卫星几乎不做修改，技术实现难度低，开发周期短，成本较低。

劣势：对终端设计的实现提出较高的要求，私有协议难以做大产业链，技术封闭，研发风险较高，成熟度较低。

（2）系统融合、终端单模，成熟体制

卫星系统作为地面运营商网络覆盖的延伸，通过地面移动通信频段，支持地面终端的接入。智能手机不做任何改动，技术难度全部交由卫星处理。用户使用现有设备，可以自动发现卫星并连接，在星地间随遇接入。系统融合、终端单模，成熟体制融合架构如图 3-7 所示。

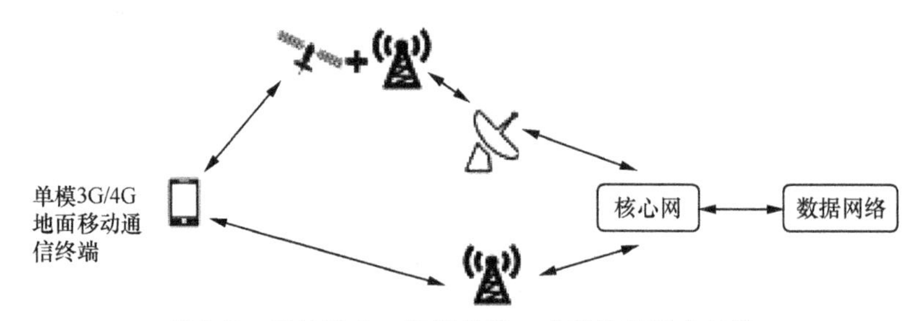

图3-7　系统融合、终端单模，成熟体制融合架构

终端采用原有手机终端，不做任何更改。频率采用地面移动通信频段，如 2G、3G、4G。

优势：用户不需要更换新型设备或手机，用户体验好。

劣势：对卫星的轨道、天线、频率、发射功率等有更高的要求，对未来 5G/6G 体制兼容性较差。

（3）系统融合、终端单模，新型体制

卫星移动通信与地面 3GPP 5G NTN 深度融合，星地构成一个整体，为用户提供无感的一致服务，采用协同的资源调度、星地无缝的漫游。系统融合、终端单模，新型体

制融合架构如图 3-8 所示。

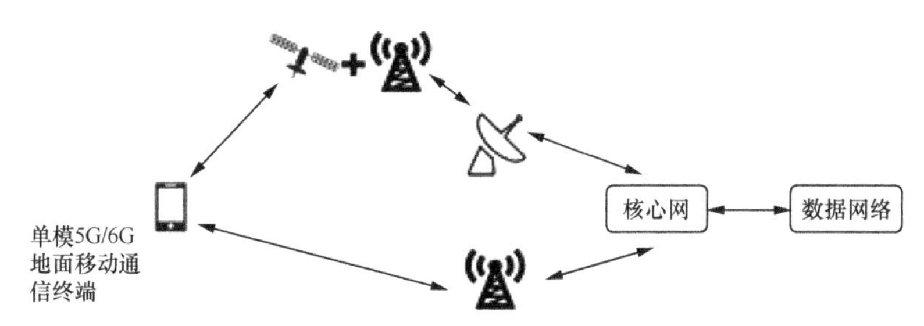

图3-8　系统融合、终端单模，新型体制融合架构

优势：利用地面 5G 技术发展优势，技术路线的先进性和创新性较高，并提升标准的影响力。通过复用地面产业链，提升手机直连卫星通信产品研发效率，降低研发和制造成本。

劣势：需要解决星地协同组网、协议增强、设备兼容等多个维度的技术难题，用户手机需要更新换代才能使用服务。

该技术路线能够充分利用我国具有优势且相对成熟的地面移动通信产业，发挥 5G 技术先进、大带宽、大容量、高频谱效率等特性，满足用户对无感随遇接入的业务需求，市场机会更加广阔，是未来卫星互联网与地面 5G/6G 融合的重点方向。

第4章

卫星互联网与5G/6G融合发展现状

4.1 标准化情况

目前，低轨道卫星通信技术的发展在速率和时延上已能够满足大多数5G业务场景的需求。同时，卫星通信网络与5G地面通信网络在技术上已具备融合的条件。通过构建架构、功能、接口、流程一体化的天地一体化5G网络，卫星通信能够实现覆盖融合、系统融合、网络融合、业务融合、用户融合，在提高网络资源利用率的同时，为用户提供全球全域无缝连接、业务连续性和通信服务保障，赋能丰富多样的通信业务和应用，具有重要的经济效益和社会效益。

3GPP、ITU等已在5G标准制定、6G愿景中明确提出星地融合的发展方向，目标是构成全球无缝覆盖的海、陆、空、天一体化综合通信网，满足用户无处不在的多种业务需求。中国通信标准化协会（CCSA）已成立航天通信技术工作委员会（TC12），积极开展航天及卫星相关通信标准化工作。

4.1.1 ITU

（1）卫星接入研究情况

ITU在3G时期就开始了关于卫星网络与地面蜂窝网络融合的研究。在建议书ITU-R M.1645(06/2003)-IMT2000和IMT-2000以后系统未来发展框架和总体目标中，明确提出了IMT-2000卫星组件的发展将补充未来的IMT-2000网络，并将提供更高的速率和新的服务类型，特别是对地面网络覆盖范围以外的区域，如沙漠、海洋等。

全球漫游能力是IMT-2000的一个关键特征。卫星组件作为IMT-2000的重要组件之一将会提升系统的整体性能。2010年，ITU为IMT-2000卫星无线电接口制定了第一版的技术标准规范建议书，即建议书ITU-R M.1850-0(01/2010)。该建议书提出，由于卫星系统资源（例如功率和频谱）有限，其无线电接口主要是根据整个系统的优化情况来确定的，并由市场需求和商业目标驱动。从商业角度来看，卫星和地面IMT-2000组件共用无线电接口在技术上一般是不可行的，但是在设计和开发IMT-2000系统时，尽可能地与地面部分实现通用。IMT-2000系统的设计和商业目标之间的强烈依赖性要求卫星无线电接口应在规范方面有较高的灵活性。但是为了适应市场需求、商业目标、技术发展和业务需要的变化，以及最大程度地提高与地面IMT-2000系统的共通性，需要对IMT-2000卫星无线电接口规范进行修改和更新。

在IMT-2000系统中，地面组件和卫星组件是相辅相成的，地面组件覆盖人口密度大的地区，而卫星部分则几乎覆盖全球，在其他地区提供服务。因此，IMT-2000无处不在的覆盖只能通过卫星和地面无线电接口结合来实现。IMT-2000卫星组件示意如图

4-1 所示。

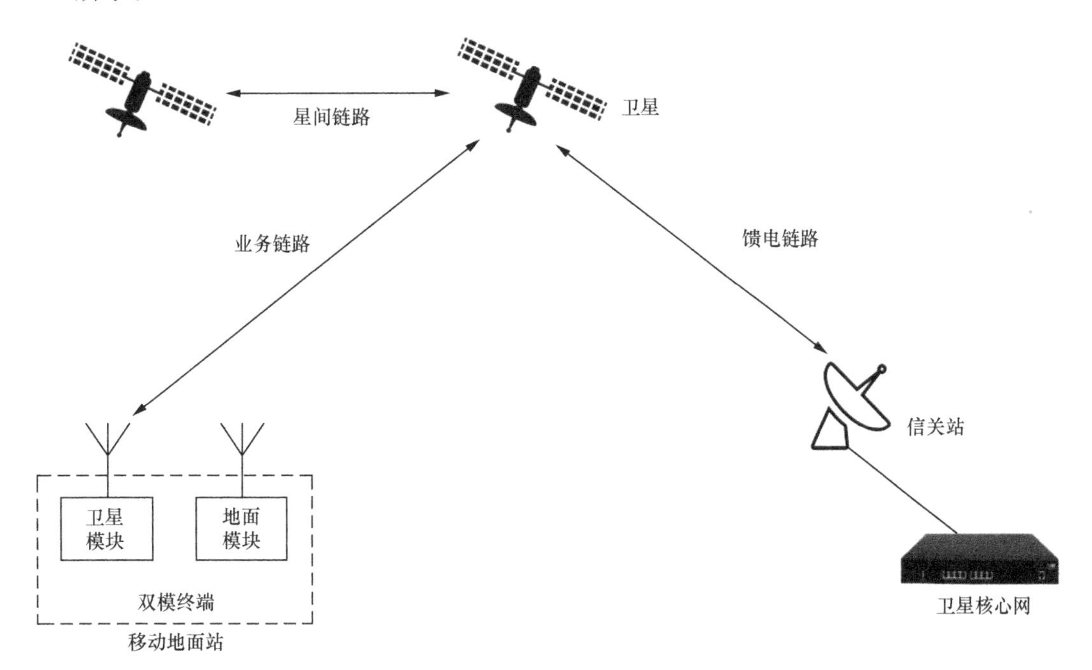

图4-1　IMT-2000卫星组件示意

业务链路接口是移动地面站（用户终端的卫星模块）与卫星之间的无线电接口。馈电链路接口是卫星和信关站之间的无线电接口。在设计卫星系统时，馈电链路系统的具体实现方案如下。

① 馈电链路可以在 IMT-2000 之外的任何频带中工作。

② 馈电链路的设计有些与卫星系统架构有关，有些则与使用的频带有关。

规范建议书 ITU-R M.1850 中规定了 7 种卫星无线电接口技术作为 IMT-2000 无线电接口技术。

从 2010 年开始，ITU-R SG4 WP4B 工作组开启了关于 IMT-Advanced 卫星部分的研究，并于 2012 年完成 IMT-Advanced 卫星部分的愿景与需求建议书 ITU-R M.2176。该建议书的目的是建立 IMT-Advanced 卫星部分的愿景，从应用场景、业务、系统、无线电接口和网络等方面进行分析与研究，以满足 IMT-Advanced 卫星无线电接口的要求。此外，该建议书还提供评价标准和评价需求的方法，用以提出 IMT-Advanced 卫星无线电接口的建议。

在完成 IMT-Advanced 卫星部分的愿景与需求建议书后，ITU 对外发出通知函来征求 IMT-Advanced 卫星无线电接口的候选技术。我国启动了一系列基于 IMT-Advanced 标准的卫星移动通信技术研究，并于 2012 年 5 月向 ITU 提交了 IMT-Advanced 卫星无线电接口技术方案 BMSat。

（2）5G 与卫星接入融合

ITU 5G 卫星通信标准化的相关工作主要在 ITU-R SG4 WP4B 中开展。

2016年9月，ITU-R SG4 WP4B计划输出建议书ITU-R M.[NGAT_SAT]。2019年7月，该建议书正式发布并更名为ITU-R M.2460“*Key elements for integration of satellite systems into Next Generation Access Technologies*”。该建议书参考了3GPP NTN项目中相关的标准内容，包括3GPP TR22.822《5G卫星接入的研究》、3GPP TR38.811《面向非地面网络的5G新空口》等建议书，对5G卫星网络的应用场景、网络结构、关键技术等进行了定义和分析。

ITU-R M.2460定义了卫星网络的业务能力，卫星覆盖范围广、吞吐能力强，可实现的功能包括：第一，利用卫星广泛的覆盖范围和多播功能，在尽可能靠近终端用户的云中进行本地缓存，获得重要的“统计复用优势”，从而更高效地使用系统带宽，提供更多可靠的服务；第二，由于卫星地面站可以快速部署、方便连接，可用于连接城市、农村、企业和家庭，为其提供相对可靠的服务；第三，卫星网络更健壮、更稳定，能够抵御物理攻击和自然灾害，这一特性为安全通信提供了解决方案。

ITU-R M.2460中提出了卫星通信系统与地面5G移动通信系统融合的4种应用场景，包括中继到站、小区回传、“动中通”及混合多媒体场景，并提出支持这些场景必须考虑的关键因素，包括多播支持、智能路由支持、动态缓存管理及自适应流支持、时延、一致的服务质量、网络功能虚拟化（NFV）与软件定义网络（SDN）兼容、商业模式的灵活性等。

当前，5G网络已经进入成熟的商用阶段，覆盖且满足了用户的绝大部分需求，但由于地面网络难以部署或建设成本高等，无法实现全域覆盖。卫星通信具有覆盖范围广与广播/多播等优势，卫星通信网络与地面5G网络的融合，可以不受地形地貌的限制，并提供无处不在的覆盖能力，连通空、天、地、海多维空间，是目前移动通信系统发展的重要方向之一。

为推动5G卫星通信标准化工作走向国际，2021年2月，我国在ITU-R SG4 WP4B第48次会议上提交了5G卫星无线电接口标准工作计划的文稿，引起了国际上多个国家和企业的关注，开启了新一轮的5G卫星技术研究工作。2021年7月，我国提交了关于5G卫星无线电接口愿景与需求建议书的立项建议并通过了提案，其内容将作为5G卫星无线电接口的愿景与需求标准建议书的标准基线。标准名称确定为《5G卫星无线电接口愿景、需求和评估方法》。该项标准在研究和编制过程中受到业界的大量关注，ITU-R SG4 WP4B工作组专门成立了起草组，就5G卫星标准草案进行深入讨论。2022年9月，ITU-R SG4在WP4B第52次会议和ITU-R SG4全会上就国际标准内容达成一致。5G卫星国际标准工作计划如图4-2所示。

《5G卫星无线电接口愿景、需求和评估方法》规定了评估候选技术的方法，为制定5G卫星部分无线电接口的详细规范建议指明了方向。针对5G卫星部分的13项关键性能指标，《5G卫星无线电接口愿景、需求和评估方法》规定了对应的应用场景、测试环境、卫星系统配置、终端配置等内容。

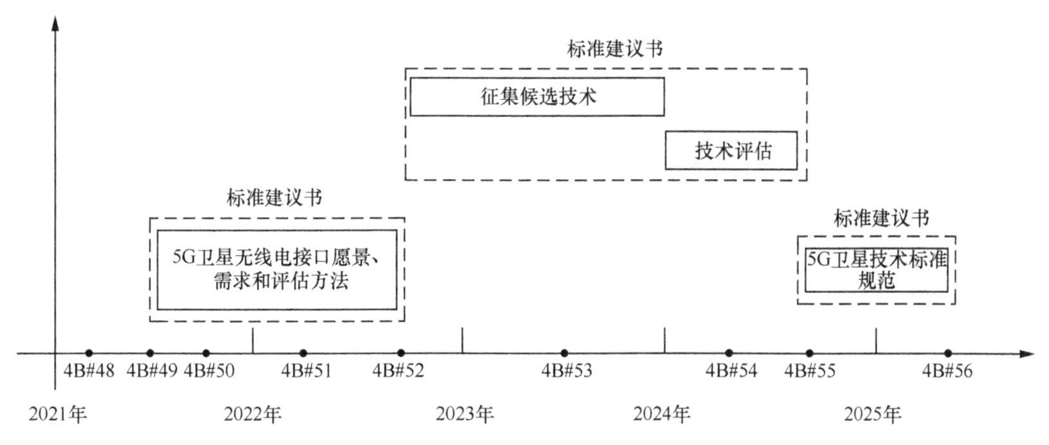

图4-2　5G卫星国际标准工作计划

（3）6G与卫星接入融合

2023年6月30日，ITU-R SG4 WP4B通过首个面向6G卫星研究项目的立项《卫星IMT未来技术趋势》，涉及手机直连卫星通信、星上处理、星间链路、高低轨道卫星协同、星地频谱共享技术等重点技术方向。根据目前的工作计划，《卫星IMT未来技术趋势》将于2026年上半年完成，涉及的主要技术趋势如下。

① 无线接口技术，包括先进的调制、编码和多址方案，时间和频率同步技术，波束跳变技术，多波束合作或虚拟多进多出（MIMO）技术，有效利用频谱，卫星与地面系统频谱共享技术。

② 卫星网络技术，包括与地面IMT网络互通，地球静止轨道（GSO）卫星网络与非对地静止轨道（NGSO）卫星系统之间的连通性，通过卫星间链路向其他类型的非地面观测系统提供服务，NGSO卫星星座（包括提供无所不在的覆盖、卫星间链路和高效路由技术的星座），再生载荷。

③ 终端类型和应用场景，包括手持终端（如手机），支持语音和不同的数据速率流量（如高、中、低数据速率流量）；物联网和机器类设备，支持低数据速率流量，支持静态、低速和高速运动（如在飞机上）；定向终端，支持宽带业务、高数据速率流量、语音，安装在汽车、轮船和飞机上，固定在地球表面及其他类型的终端。

4.1.2　3GPP

为了更好地实现卫星通信和地面网络的优势互补和无缝兼容，以满足用户的更高要求，3GPP从R14开始开展卫星通信的研究工作，提出了天地融合的应用场景。3GPP在TS22.261“新一代服务和市场的服务要求”中提出了5G需要支持卫星接入，根据星地网络是否属于同一个运营商来划分两类服务场景。同时，给出了对卫星通信在5G系统中的要求，包括基础功能和性能需求；2016年1月，3GPP在TR38.913“下一代接入技术的场景和需求”中，加入了对5G中卫星网络作用的分析；在2018年发布的TR22.822“卫星接入5G的研究”报告中给出了5G中卫星接入的一些研究结果，列出了5G与卫星通信结合的三大类应用，其中12个应用场景包括星地网络间的漫游、卫星的广播/多播、物联网、新空口（NR）和5G核心网间的固定回传链路等，并针对应用和场景提出了卫星接入5G网络的技术和监管要求。

3GPP中针对NTN的标准研究主要在TR38.811和TR38.821两个项目中开展。TR38.811的重点是NTN信道模型和对NR的影响。该标准定义了包括卫星网络在内的NTN部署场景和相关的系统参数（如结构、高度、轨道等）；提出了适用于NTN的信道模型，包括传播模型、移动性管理等；并根据部署场景，提出NTN在5G中需要进一步研究的主要方向。在2018年6月的3GPP RAN[1]全会上，3GPP通过了TR38.811的提案并开始新提案TR38.821的研究。

TR38.821在TR38.811的成果基础上，重点关注5G中使用卫星接入的研究，仿真验证典型场景的性能（包括链路级和系统级），研究NTN对5G物理层的影响，研究和定义L2和L3的可选解决方案，以及无线接入网的框架和对应的接口协议。

2021年12月，3GPP召开RAN#94-e次会议，公布了5G-Advanced的第一个版本（R18）的首批项目立项，共27个议题，其中包含两个与卫星通信相关议题：NR NTN增强和IoT NTN增强。这两个议题旨在基于3GPP在R17中关于NTN的研究成果，进一步探索如何利用卫星的广覆盖性辅助地面通信来提升物联网场景性能。

2022年6月，随着3GPP R17冻结，第一阶段的NTN标准完成，行业内的多家企业基于3GPP R17的NTN测试验证开始工作。

4.1.3 CCSA

CCSA一直在积极开展卫星互联网与5G技术的研究。2021年，CCSA完成《面向5G增强和6G的星地融合技术研究》《天地一体5G网络场景及需求》等的研究工作。

2021年11月，CCSA TC12 WG2工作组设立了“基于IoT NTN的卫星物联网系统技术研究”项目。该项目预期围绕基于IoT NTN的卫星通信系统开展研究，研究内容主要包括基于NB-IoT/eMTC NTN的卫星物联网需求和技术，分析行业中的应用场景及需求，研究基于NB-IoT/eMTC NTN的卫星物联网架构，以及NB-IoT/eMTC对卫星网络特性的协议适配拓展，卫星地面站针对NB-IoT/eMTC NTN的改造要求融合终端设计等关键问题，计划输出应用场景、业务需求、网络架构、功能要求、关键技术等内容，可以指导未来天地融合的卫星物联网通信系统标准体系建设。

2023年2月，CCSA TC12 WG1工作组讨论通过了《基于5G的卫星互联网 第1部分：总体要求》行业标准立项申请。该标准项目预期完成基于5G的卫星互联网总体技术规范，将以地面移动通信网络技术标准、3GPP R17 NTN技术标准等为标准基线，形成包括核心网、承载网、接入网，以及操作维护系统等在内的总体技术规范。该标准的研究将推动移动终端直连卫星、物联接入等重要场景的规模应用，切实指导卫星互联网的

1 RAN（Radio Access Network，无线接入网）。

建设和运营。

2023 年 4 月，CCSA TC5 WG9、WG10 和 WG12 工作组，紧跟技术发展，配合产业需求，全面推进了 5G 卫星互联网标准立项。在核心网方面，通过了《5G 非地网络的核心网技术要求（第一阶段）》行业标准立项，该项目是国内首个立足于 3GPP R17 的 NTN 核心网标准立项，对核心网支持 NTN 后的关键技术进行研究，为卫星核心网与地面核心网的互联互通奠定基础。在物联网方面，研究确定了 NTN 窄带物联网的标准体系，通过了《基于非地面网络（NTN）的窄带物联网接入（NB-IoT）终端技术要求（第一阶段）》等 5 项系列行业标准立项，包括接入网总体技术要求、卫星接入节点设备技术要求、卫星接入节点设备测试方法、终端设备技术要求和终端设备测试方法。该系列行业标准以 3GPP R17 的 NTN 物联网技术为基础，将 NB-IoT 与卫星通信相结合，助力我国构建天地一体的窄带物联网。在卫星终端方面，通过了《Ka 频段卫星通信地球站相控阵天线技术要求》及配套的测试方法两项行业标准立项。该项目是国内首个卫星相控阵天线标准项目，这将拓宽卫星动中通天线的型谱，也将推动卫星相控阵天线的产业发展和普及应用。上述 5G 卫星互联网标准立项，有助于推动我国 5G 卫星互联网相关产业发展和网络部署，构建空天地一体化网络。

4.1.4　ETSI

ETSI 提出了一些关于卫星和地基网络融合的标准。ETSI TR 103 124 确定了结合卫星网络和地基网络场景的定义和分类。ETSI TR 102 641 提出了卫星网络在灾害管理中的作用，并列出了地球观测、卫星导航和卫星通信等应用的资源需求。ETSI TR 103 263 确定了在卫星通信中引入无线电（CR）技术时需要遵守的法规，并强调了在 Ka 波段使用 CR 技术的不同场景。ETSI TR 103 351 则解决了无线接入网中的流量分配问题，并考虑了卫星和地基网络融合的典型场景，即乡郊地区的回程问题。此外，ETSI TS 102 357 提出了卫星独立服务接入点，并规范了卫星地基网络中宽带服务的物理空中接口。

4.2　系统建设情况

4.2.1　Lynk公司

Lynk 公司提出的低轨道卫星星座将提供手机直连卫星业务，星座规模共计 5000 颗卫星。Lynk 公司目前已经发射 6 颗卫星，前 5 颗试验卫星均已经脱离轨道或者停止活动。第 6 颗卫星 Lynk Tower 1 是其第一颗商用卫星（但尚不具备商用能力），2022 年 4 月成功发射。2023 年，Lynk 公司通过 SpaceX 的火箭再次发射 3 颗卫星，分别命名为 Lynk Tower 2、Lynk Tower 3、Lynk Tower 4。

Lynk 公司将不直接向用户提供服务，而是通过移动网络运营商，目前 Lynk 公司已经与超过 20 家移动网络运营商达成商业合作，之前已在 10 个国家开展测试。

2022 年 9 月 16 日，FCC 授予 Lynk 公司手机直连卫星服务的许可，Lynk 公司成为首家获得商业化手机直连卫星服务许可的卫星公司。根据 FCC 要求，最初的卫星网络仅能够在 Lynk 公司拥有移动网络运营商合作伙伴，并在获得监管机构批准的国家启用短信通信业务。届时，Lynk 卫星可以为 GSM 和长期演进（LTE）用户终端提供卫星接入服务。FCC 批准了 10 颗卫星 Lynk Tower1 ～ Tower10，在美国以外地区使用 UHF 频段 617 ～ 960MHz（卫星到地面）和 663 ～ 915MHz（地面到卫星）提供服务。馈电链路可使用 Ka 频段 20.1 ～ 20.2GHz（卫星到地面）和 29.9 ～ 30.0GHz（地面到卫星）提供服务。

4.2.2 AST公司

AST 公司成立于 2017 年，计划建立一个名为“SpaceMobile”的卫星网络。如果该网络建成，SpaceMobile 将会成为在低空卫星领域第一个可通过标准智能手机访问的基于空间的蜂窝宽带网络，它能够以 4G/5G 的速度提供连接，遍布地球上任何一个地区，且不需要任何专用硬件。

据 AST 官网介绍，SpaceMobile 的独特设计可以完美服务于规模达 1 万亿美元的全球移动无线服务市场。SpaceMobile 拟建造的卫星轨道高度 400km，倾斜角 53°，卫星天线面积 693 平方英尺（约 64.38 平方米），可通过普通智能手机与卫星连接开展宽带业务。

2019 年，“BlueWalker 1”小型试验卫星发射，用于测试其网络架构。2022 年 5 月，AST 公司获得 FCC 授予的试验许可，允许在美国得克萨斯州和夏威夷州的站点测试其即将发射的第二颗试验卫星“BlueWalker 3”到手机的连接，包含使用 3GPP 低频带蜂窝频率和 Q/V 波段进行的空对地测试。2022 年 9 月，“BlueWalker 3”成功发射。

4.2.3 Omnispace公司

Omnispace 公司总部位于美国华盛顿，拟基于自身拥有的 S 波段（2GHz），利用基于 5G 3GPP NTN 技术的 5G 设备实现 5G 卫星和地面网络的无缝通信。Omnispace 公司将支持 3GPP 标准中的 n256 频段，开展手机直连卫星服务。目前，星座的具体规模未知。2022 年 4 月 2 日，Omnispace 的首颗卫星“Spark-1”，通过 SpaceX 公司的猎鹰 9 号火箭，成功进入轨道。Omnispace 提出的网络架构预计将支持星间链路，如图 4-3 所示。

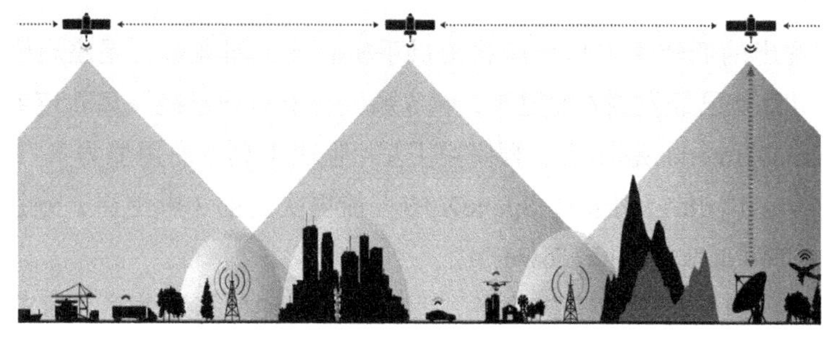

图4-3　Omnispace提出的网络架构

Omnispace 公司于 2020 年被美国国家安全创新网络选中，与美国电信运营商 Verizon 成立的 5G 生活实验室共同探索相关技术。

4.3 业务开展及测试情况

1. 华为公司

2022 年 9 月 6 日，在华为 Mate50 系列发布会上，华为宣布其 Mate50 手机将支持北斗卫星短报文功能。通过华为 Mate50 手机，用户能够在没有地面移动通信信号覆盖的场景下，实现实时通信，支持文字、位置信息向外发送，以及多条位置信息生成轨迹地图等功能。但华为 Mate50 同 iPhone 14 一样，只支持单向的卫星通信，即只能发送不能接收。而 2023 年 3 月，华为推出的 P60 手机已经能够正式支持双向卫星通信。

2. 中国移动

2022 年 8 月，在 5G-Advanced 产业发展峰会上，中国移动、中兴通讯等共同发布了全球首个运营商 5G NTN 技术外场验证成果。实验基于 3GPP R17 NTN 协议，采用高轨道卫星透明转发网络架构，实现了文字短消息、语音对讲等业务的测试，验证了在满足 3GPP 协议下手机直连卫星的可行性。

该试验结合卫星物联市场需求及 NB-IoT NTN 场景价值，基于高轨道卫星进行试点。试验系统由用户终端、卫星、卫星信关站、基站、核心网及业务服务器组成，L 频段卫星和地面信关站位于 NTN 终端和基站之间，完成空口消息传输，地面信关站与 5G NTN 基站进行对接，终端依次通过卫星、信关站、NTN 基站接入地面核心网和业务平台，以实现星地融合的端到端业务贯通。

3. 中国联通

基于 5G 网络大带宽、低轨道卫星网络广覆盖的优势互补，中国联通和航天科工于 2020 年 12 月基于运营商 5G 网络的星地融合通信实验组网架构，成功实现我国首个“5G + 低轨道卫星”融合网络业务演示。演示当日低轨道技术验证卫星过境东海海域，在远海中韩渔业界定线附近的远洋渔政船现场，演示人员使用 5G 手机拨打移动号码，同渔政码头实现了通话，声音清晰、无卡顿，使用 5G 手机上网观看视频、发送微信操作流畅。

该案例作为我国低轨道卫星和 5G 网络首次实现融合组网实验业务，对于星地融合网络发展与研究的意义体现以下 4 个方面。

① 在业务体验演进方面，解决传统海事卫星电话成本高、使用卫星终端或手机 App 方式用户体验差、安全性低的问题。5G 网络与低轨道卫星网络打破壁垒，实现普通 5G 用户终端直接通过连通网络访问卫星互联网，使用语音及数据业务，用户使用体验好，安全可靠。

② 在海洋拓展应用场景方面，通过轻量化、特种化等设备形态与运营商网络结合，适应空天地海复杂的通信环境。

③ 在星地融合网络研究发展方面，通过搭建现网验证环境，探索分析星地融合网

络端到端业务可行性，为后续研究奠定基础。

④ 从泛在接入角度来看，未来可实现多种连接方式的端到端协同，将运营商 5G 无线网络、卫星网络，与光纤固定网络结合，实现空天地一体化的覆盖，满足跨地域、跨空域、跨海域等多种业务场景需求。

随着 5G 网络不断演进和低轨道卫星的全面覆盖，星地融合网络架构逐步清晰和标准化，未来此类业务可广泛应用于钻井平台、远洋船舶、海外基地及勘察车辆等场景，地面移动业务不仅能够覆盖城市、乡村，还能够覆盖广袤的天空和海洋。

4. 中国电信

2021 年 9 月 26 日，世界互联网大会乌镇峰会在浙江乌镇召开。中国电信"'天通一号'卫星移动通信应用系统"项目入选"世界互联网领先科技成果"，并应邀在大会现场进行发布。

"天通一号"卫星移动通信应用系统实现了多项技术创新，首次提出"天地融合、通导一体"的系统架构。其提供卫星通信、卫星导航的集成服务，在用户终端融合了通信、导航功能。创新性地提出了"星地一体、宽窄互补"的通信体制，实现星地网络全面融合。突破了终端"天地多模、低功耗、小型化"的技术难题。

"天通一号"卫星移动通信应用系统采用 S 波段组网，支持 50 万用户容量，提供了全天候的语音、短信、数据通信服务，实现"看到天空即可通信"。截至目前，中国电信已有多款终端通过工业和信息化部入网检测，提供卫星、地面双卡双待服务，重点在边远地区、极端环境下提供服务，应用于应急通信、抢险救灾、野外勘探等场景。"天通一号"卫星移动通信应用系统自商用以来，用户已突破 10 万，并在救灾行动中发挥了重要作用。

5. 联发科公司

2022 年 8 月，联发科公司通过自研的具备 3GPP 5G NTN 卫星网络功能的移动通信芯片，以及信道模拟器和测试基站，模拟完成全球首次 5G NTN 卫星手机连接，验证了手机直连卫星通信的可能性。此次测试以 3GPP R17 规范定义功能与程序为基准，通过搭载联发科 5G NR[1] NTN 卫星网络功能的移动通信芯片，配合德国罗德与施瓦茨公司的低轨道卫星通道模拟器、测试基地台共同完成。在实验室环境中，模拟卫星的高度为 600km、时速高达 2.7 万千米，采用低轨道卫星通信模式。

6. 高通公司

2023 年 1 月，高通公司宣布开发了一款名为"骁龙卫星通信"的产品，为下一代安卓旗舰智能手机提供基于卫星的连接。该产品可在高端智能手机上实现双向通信的解决方案，甚至将探索卫星连接笔记本计算机和汽车。基于该应用，用户可以向任何人发送信息，该产品能够提供从南极点到北极点的全球覆盖，能够支持双向应急消息通信、SMS 短信和其他消息应用。

1　5G NR 是基于正交频分复用（OFDM）的全新空口设计的全球性 5G 标准。

7. 苹果公司

2022 年 9 月 8 日，苹果正式公布 iPhone 14 将支持卫星通信。iPhone 14 的卫星通信功能由低轨道卫星联网服务公司全球星（Globalstar）提供信号支持。iPhone 14 配置的“卫星紧急救援”功能能够让用户在超出蜂窝移动网络信号覆盖范围时，利用卫星向救援机构发送文字、位置、医疗 ID 和电池电量等信息，但不能接收反馈信息。

在理想条件下，iPhone 14 的用户可以在 15 秒内发送一条消息。在有遮挡区域，可能需要一分钟以上。

第 5 章

3GPP NTN 场景及架构

5.1 3GPP NTN场景分析

NTN 是指在卫星或无人机系统平台上使用射频资源的网络或网络段。基于透明转发模式下的 NTN 场景如图 5-1 所示。基于可再生模式下的 NTN 场景如图 5-2 所示。

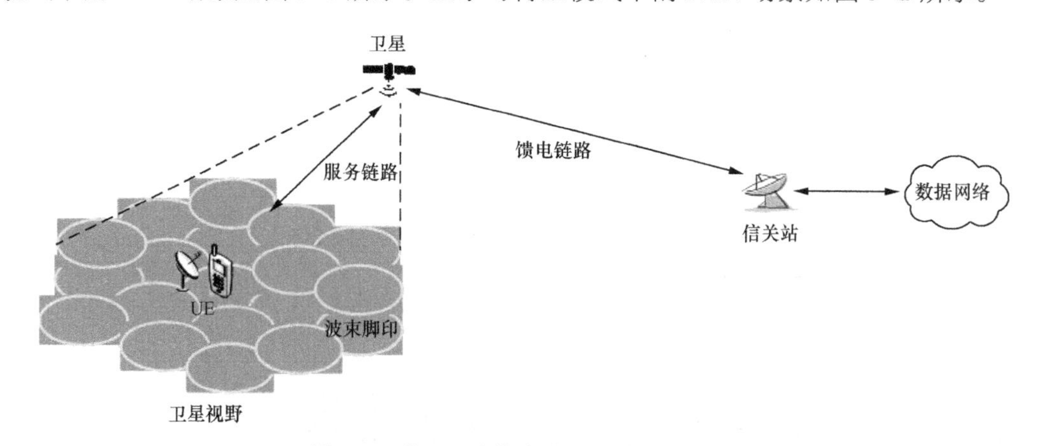

图5-1 基于透明转发模式下的NTN场景

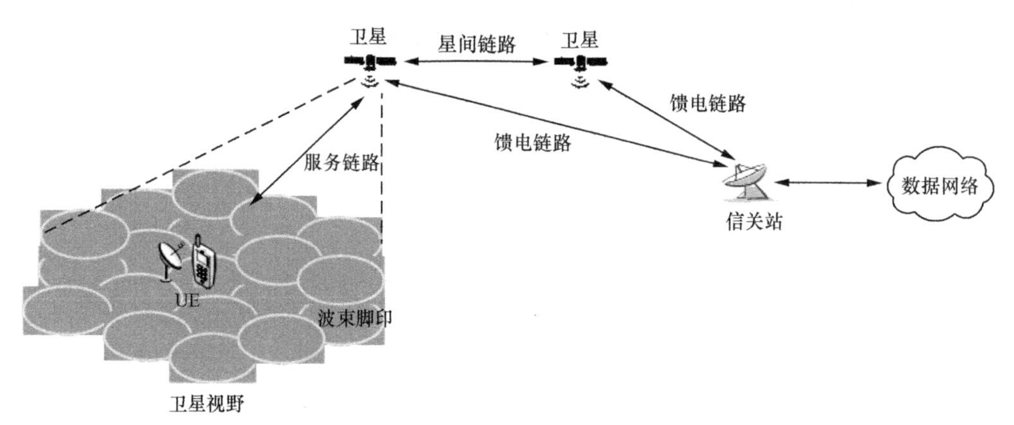

图5-2 基于可再生模式下的NTN场景

典型的 NTN 通常包含以下 6 个部分。

① 信关站：将 NTN 连接到公共数据网络的关键节点。对于 GEO 卫星，其覆盖范围内部署了一个或多个信关站，负责与地面网络通信。通常情况下，一个用户终端（UE）在同一时间仅由一个信关站提供服务，以确保通信的稳定性和可靠性。非 GEO 卫星（如 LEO、MEO）相对于地球表面的位置不断变化，因此，在任何给定时刻可能由一个或多个卫星信关站为其提供连续性服务。为了保证服务的无缝切换和馈电链路的连续性，在设计系统时应确保有充足的时间来处理移动性管理和切换过程中的各项操作。

② 馈电链路：信关站和卫星间通过馈电链路连接。

③ 服务链路：UE 和卫星间通过服务链路连接。

④ 卫星：卫星的有效载荷可采用透明转发模式或可再生模式（星上处理）。卫星通常在其服务区域内生成多个波束，该服务区域由其视野范围决定。每个波束在地面上的映射通常是椭圆形的，而卫星的视野取决于其天线方向图和最小仰角。

透明转发模式下，卫星只进行射频滤波、频率转换和信号放大，有效信号的波形不变，不做任何解调或编码处理。这种方式简化了卫星的设计，但要求地面站承担更多的处理任务。

可再生模式下，除了射频滤波、频率转换和信号放大，卫星还需要实现调制 / 解调、编码 / 解码、交换 / 路由等功能。这意味着卫星需要具备部分或全部基站（如 gNB）的功能，能够对信号进行更复杂的处理。

⑤ 星间链路：并不是所有卫星星座都具备星间链路，星间链路的存在取决于卫星是否具备可再生载荷。星间链路可以采用激光链路或射频链路，也可以采用 3GPP 或非 3GPP 协议定义的链路（不在本书中讨论）。

⑥ UE：UE 在特定的服务区域内由卫星提供服务。

支持 3GPP NTN 服务的卫星种类有 GEO 卫星、MEO 和 LEO。GEO 卫星主要用于提供陆地、地区或本地服务。由于其固定位置相对于地球表面的特点，GEO 卫星能够为特定地理区域提供稳定的通信覆盖。MEO 和 LEO 能够覆盖南北半球的大部分地区。通过合理的轨道倾角设计、科学的波束规划及星间链路的支持，MEO 和 LEO 甚至能够实现包含极地地区在内的全球覆盖。这类卫星由于较低的轨道高度，提供了更低的通信时延和更高的数据传输速率。

本书讨论的卫星通信场景具备以下特征。

① 圆形轨道：所有卫星均运行在理想的圆形轨道上，确保卫星平台保持稳定，便于精确控制和管理。

② 最高的往返时延约束：系统设计考虑了最严格的往返时延限制，以满足对实时性要求较高的应用需求。

③ 最大的多普勒限制：针对高速移动的 LEO 和 MEO，系统设计考虑了最大的多普勒频移影响，确保通信信号的稳定性和可靠性。

④ 透明转发或可再生的有效载荷：卫星可以采用透明转发模式，仅进行射频滤波、频率转换和信号放大；或者采用可再生模式，增加调制 / 解调、解码 / 编码、交换 / 路由等功能，实现更复杂的信号处理。

⑤ 无星间链路场景和有星间链路场景：无星间链路场景下，卫星之间不直接通信，所有数据传输依赖地面站进行中继。有星间链路场景下，卫星载荷必须是可再生的，以支持更复杂的数据处理和交换功能。

⑥ 卫星波束映射场景：固定波束映射场景是指卫星生成的波束在地面上的映射是固定的，适用于覆盖相对静态的服务区域。可控波束映射是指卫星可以通过调整天线方向图或

其他手段动态改变波束在地面上的映射位置和形状，以适应不同的通信需求和服务变化。

参考场景见表 5–1，参考场景参数见表 5–2。

表 5–1　参考场景

接入网络	透明转发	可再生
基于 GEO 卫星	场景 A	场景 B
基于 LEO（可转向波束）	场景 C1	场景 D1
基于 LEO（波束随卫星移动）	场景 C2	场景 D2

表 5–2　参考场景参数

场景	场景 A 和场景 B	场景 C 和场景 D
轨道类型	名义上的站，保持相对于特定地球点的高程 / 方位的固定位置	环绕地球运行
高度	35786km	600km； 1200km
频谱（服务链路）	≤ 6GHz > 6GHz［例如下行链路（DL）20GHz，上行链路（UL）30GHz］	
最大信道带宽能力（服务链路）	≤ 6GHz 时为 30MHz； > 6GHz 时为 1GHz	
载荷	场景 A：透明转发（只包括射频功能）； 场景 B：可再生（包括全部或部分 RAN 功能）	场景 C：透明转发（只包括射频功能）； 场景 D：可再生（包括全部或部分 RAN 功能）
星间链路	否	场景 C：否； 场景 D：是 / 否（两种情况均可能）
地面固定波	是	场景 C1：是（可转向波束）； 场景 C2：否（随卫星移动波束）； 场景 D1：是（可转向波束）； 场景 D2：否（随卫星移动波束）
最大波束脚印大小（边缘到边缘），不受仰角影响	3500km	1000km
信关站和 UE 的最小仰角	服务链路为 10°，馈电链路为 10°	服务链路为 10°，馈电链路为 10°
卫星与 UE 在最小仰角下的最大距离	40581km	1932km（海拔 600km）； 3131km（海拔 1200km）
最高往返时延（仅传输时延）	场景 A：541.46ms（服务链路和馈电链路）； 场景 B：270.73ms（仅服务链路）	场景 C：（透明载荷：服务链路和馈电链路） 25.77ms（600km）； 41.77ms（1200km）。 场景 D：（可再生载荷：仅服务链路） 12.89ms（600km）； 20.89ms（1200km）
一个小区内的最大差分时延	10.3ms	3.12ms（600km）； 3.18ms（1200km）
最大归一化多普勒频移（地球上的固定 UE）	0.93×10^{-6}	0.24×10^{-2}（600km）； 0.21×10^{-2}（1200km）

续表

场景	场景 A 和场景 B	场景 C 和场景 D
最大归一化多普勒频移变化（地球上的固定 UE）	0.45×10^{-10}	0.27×10^{-6}（600km）； 0.13×10^{-6}（1200km）
UE 在地球上的运动	1200km/h（如飞机）	500km/h（如高铁）； 可能 1200km/h（如飞机）
UE- 天线类型	全向性天线（线性极化），假定为 0dBi； 指向性天线（圆极化时等效孔径可达 60cm）	
UE-Tx 功率	全向性天线：UE 功率等级 3，最高 200mW； 指向性天线：高达 20W	
UE- 噪声系数	全向性天线：7 dB； 指向性天线：1.2 dB	
服务链路	3GPP 定义的新无线电	
馈电链路	3GPP 或非 3GPP 定义的无线电接口	

注：1. 每颗卫星均可以利用波束成形技术将波束转向地球上的固定点。这一过程确保了在卫星可见的时间段内，波束能够持续覆盖特定的目标区域，提供稳定的服务。
2. 一个波束（地球上的固定 UE）内的最大时延变化是根据信关站和 UE 的最小仰角来计算的。
3. 一个波束内的最大差分时延是指同一波束内不同位置之间的信号到达时间差，该值根据天底处的最大波束脚印直径计算得出。
4. 用于计算时延的光速是 299792458m/s。
5. GEO 卫星的最大波束脚印是在假设覆盖边缘（即低海拔地区）存在一个点状波束的前提下，基于当前先进的 GEO 卫星高吞吐量系统计算所得。
6. 小区层面的最大差分时延是在考虑最大波束大小的情况下计算得出的。即使在一个小区内包括多个波束（特别是当波束较小或中等时），所有波束的累积差分时延不会超过小区级的最大差分时延。

5.2　3GPP NTN的无线接入网架构

5.2.1　透明转发模式下的无线接入网架构

在透明转发模式下，卫星的有效载荷主要实现上行和下行方向的射频转换与射频放大功能，等同于模拟射频中的中继器。因此，卫星在馈电链路和服务链路间使用 NR-Uu 接口进行双向传输。馈电链路上的卫星无线电接口（SRI）是 NR-Uu 接口，这意味着卫星不会中断 NR-Uu 接口的信号。信关站需要支持所有必要 NR-Uu 接口的信号转发功能。多颗透明转发的卫星可能会和地面上的同一个 gNB 相连。透明转发模式下的无线接入网架构示意如图 5-3 所示。

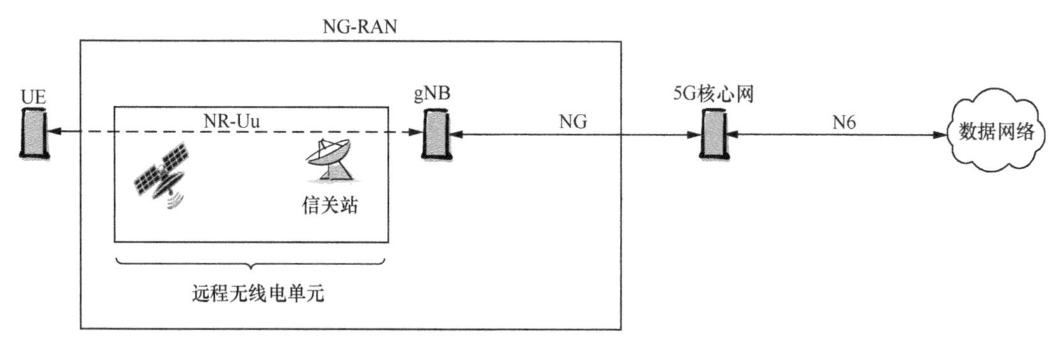

图5-3　透明转发模式下的无线接入网架构示意

透明转发模式下的无线接入网架构及其 QoS 流映射如图 5-4 所示。

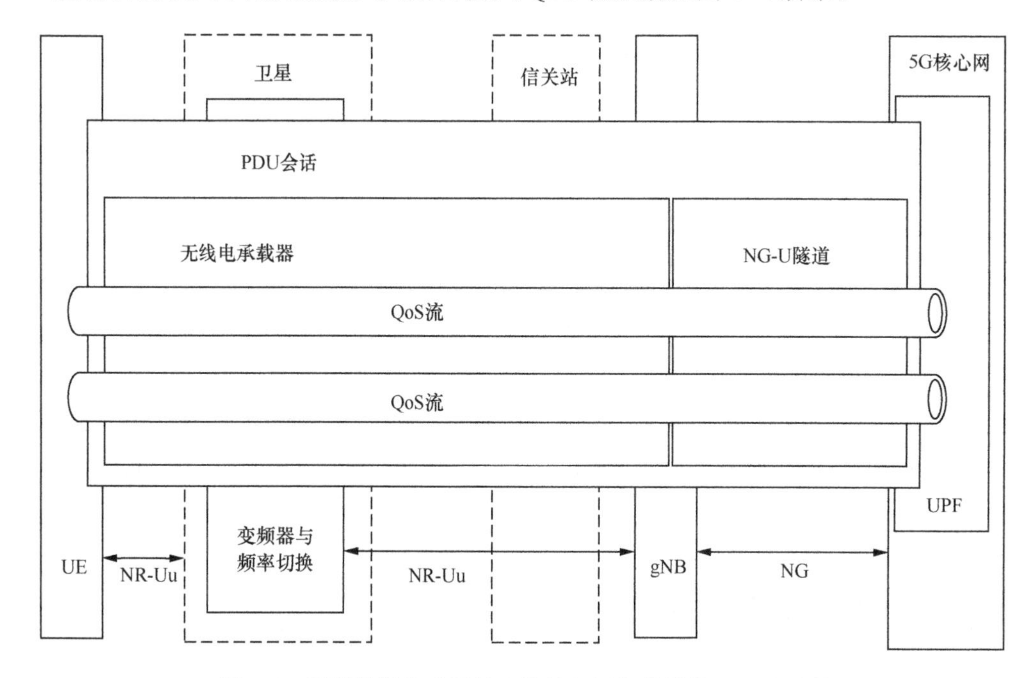

图5-4　透明转发模式下的无线接入网架构及其QoS流映射

用户通过 3GPP NR 的无线电接口访问 5G 系统，用户数据在 UE 和 5G 核心网之间传输，但需要通过信关站。用户面协议和控制面协议分别处理用户数据传输和控制信号传输。来自 UE 的非接入层（NAS）信号和来自 gNB 的 NG-AP[1] 信号均正常与 5G 核心网传输。透明转发模式下的用户面协议栈和控制面协议栈分别如图 5-5 和图 5-6 所示。

透明转发模式下 NTN 对下一代无线接入网络（NG-RAN）的影响如下。

① 无须修改 NG-RAN 架构。

② NR-Uu 接口的定时器可能需要延长，以应对服务链路和馈电链路的时延。在具有星间链路的 LEO 系统中，考虑到一段或多段星间链路引发的时延问题，定时器还需要进一步延长。

1　NG-AP 是用于 5G 核心网和 RAN 之间的接口协议。

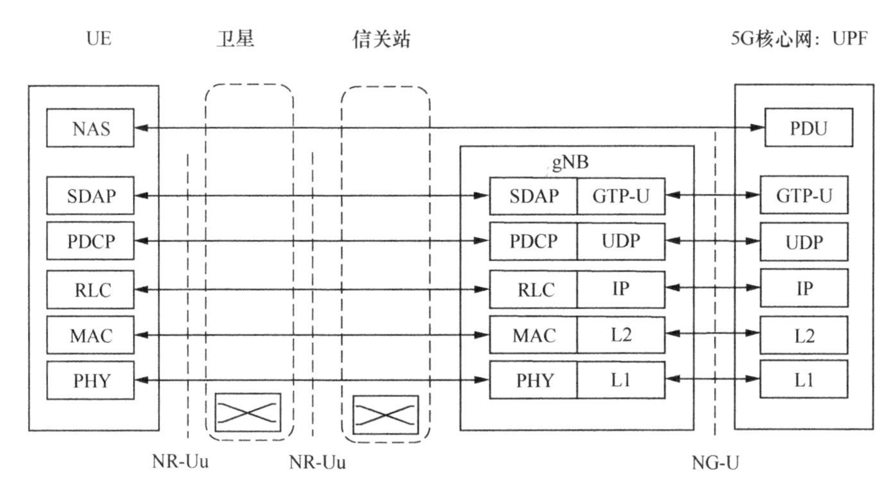

图5-5 透明转发模式下的用户面协议栈

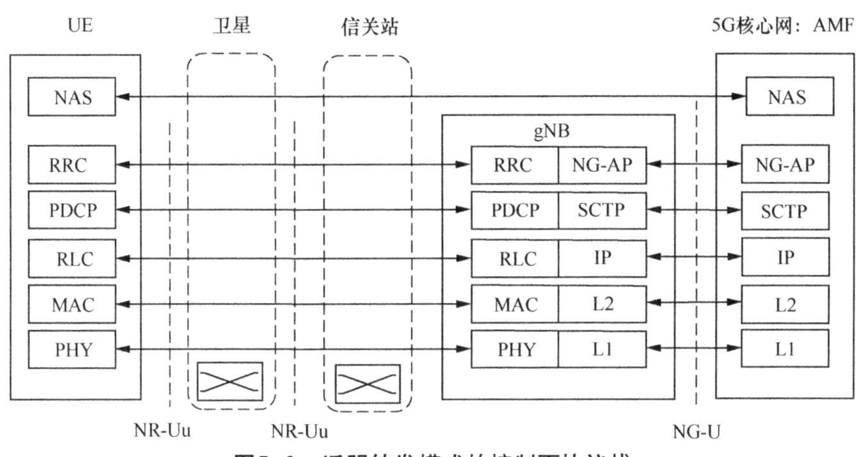

图5-6 透明转发模式的控制面协议栈

③ 基站的控制面协议和用户面协议均在地面上终止完成。对于控制面协议，透明转发模式下不构成任何特殊问题，但需要适应 Uu 接口更长的往返路程时间（RTT），这可以通过工程实施来解决。对于用户面协议，用户面协议本身不受影响，但受到数据包更长的 RTT 影响，需要为进入 gNB 的数据包提供更多缓冲。

5.2.2 可再生模式下的无线接入网架构

（1）卫星载荷具有完整 gNB 功能

3GPP TS38.410 中的无线接入网逻辑架构可用于这种场景下的基准，卫星载荷可将接收到的地面信号进行再生。信关站是传输网络层节点，需要支持所有必要的传输协议。卫星的路由功能超出了无线接入网的范畴，不在本书中讨论。不同卫星上的 gNB 可以连接到地面上的同一个 5G 核心网。如果卫星托管多个 gNB，则同一个 SRI 需要传输所有的 NG 接口实例。

UE 和卫星间的服务链路使用 NR-Uu 接口；信关站和卫星间的馈电链路使用 SRI。

可再生模式下，卫星具有完整 gNB 功能，且无星间链路的无线接入网架构如图 5-7 所示；卫星具有完整 gNB 功能，且有星间链路的无线接入网架构如图 5-8 所示。

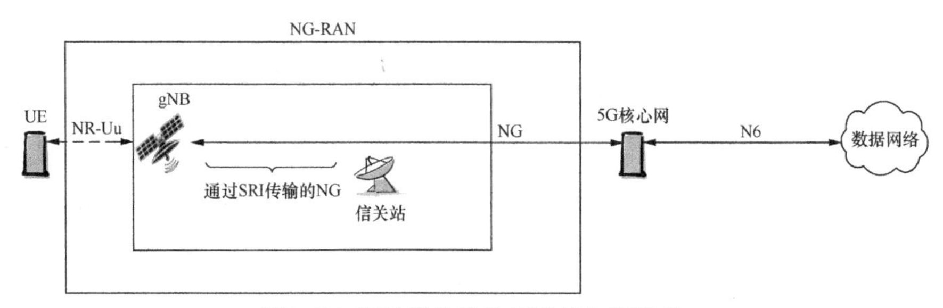

图5-7　无星间链路的无线接入网架构

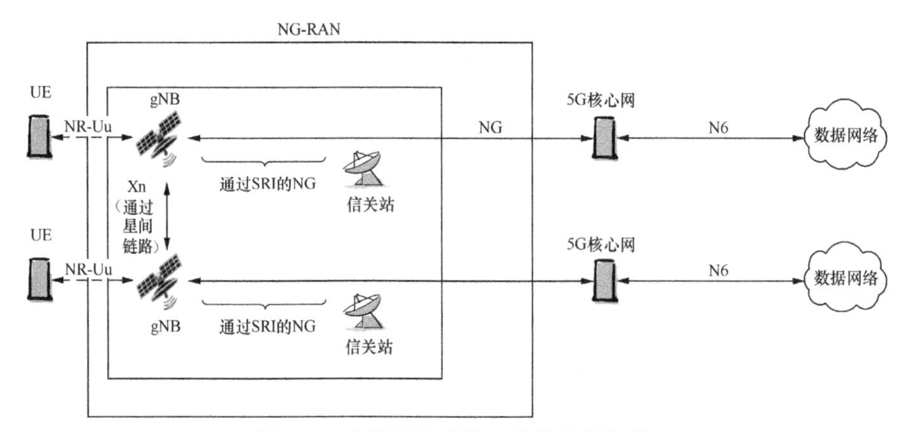

图5-8　有星间链路的无线接入网架构

可再生模式下的无线接入网架构及其 QoS 流映射（卫星具有完整 gNB 功能）如图 5-9 所示。

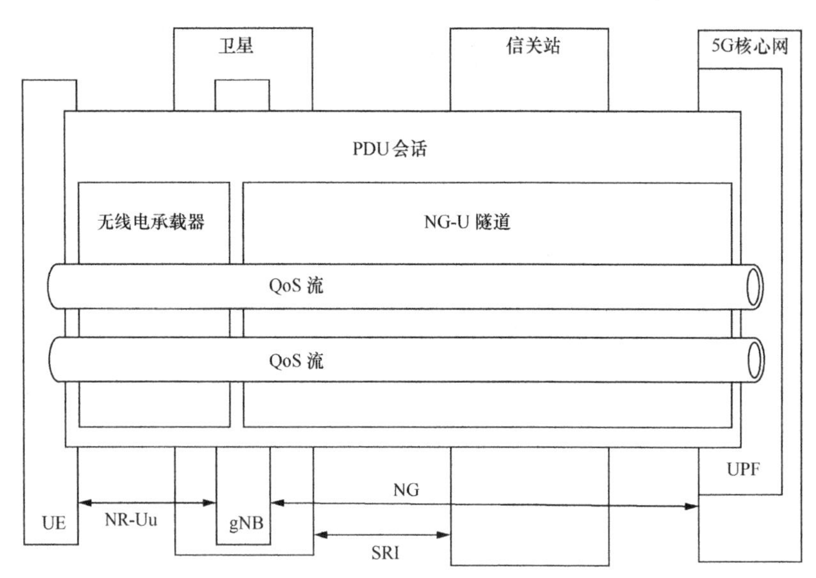

图5-9　可再生模式下的无线接入网架构及其QoS流映射

SRI 的协议栈用于在卫星和信关站之间传输 UE 的用户面数据。用户的协议数据单元（PDU）与 NG-RAN 中的处理方式相同，通过 GTP-U 隧道在 5G 核心网和星上 gNB 之

间传输，只是在此基础上增加了通过信关站的中继步骤。

可再生模式下的用户面协议栈和控制面协议栈（卫星具有完整 gNB 功能）分别如图 5-10 和图 5-11 所示。

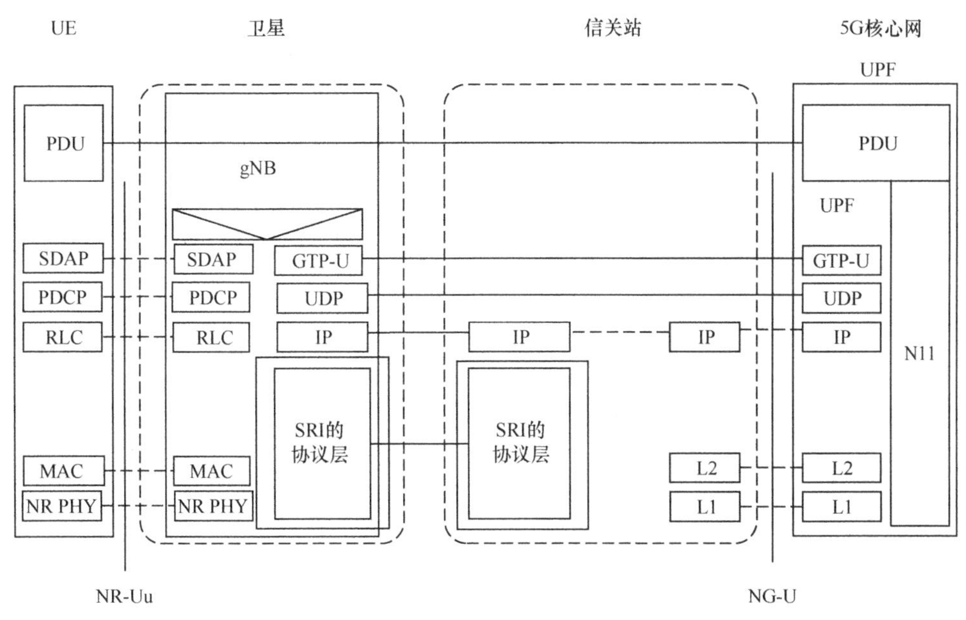

图5-10 可再生模式下的用户面协议栈卫星具有完整gNB功能

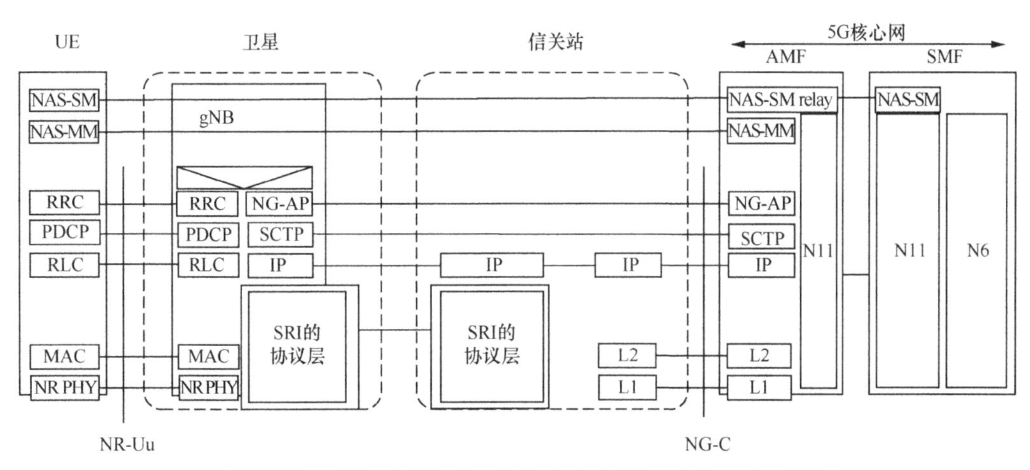

图5-11 可再生模式下的控制面协议栈卫星具有完整gNB功能

与 NG-RAN 类似，NG-AP 通过流控制传输协议（SCTP）在 5G 核心网和星上 gNB 之间传输，只是增加了通过信关站的中继步骤。同样地，5G 核心网和星上 gNB 之间的 NAS 协议也通过 NG-AP 传输，但也要增加通过信关站的中继步骤。

为了应对馈线链路带来的高时延，NG 应用协议定时器可能需要扩展。相较于地面网络，NG 会遇到更高的时延（对于 GEO 卫星，可能高达数百毫秒），这将影响控制面和用户面的性能。因此，在网络设计和建设过程中必须考虑时延因素。特别是在配有星间链路的 LEO 通信场景中，由于多段星间链路的影响，其时延将进一步增加。

（2）卫星载荷具有 gNB-DU 功能

3GPP TS38.410 中集中单元（CU）和分布式单元（DU）的分离无线接入网逻辑架构可用于这种场景下的基准，卫星载荷可将接收到的地面信号进行再生。

UE 和卫星间的服务链路使用 NR-Uu 接口；信关站和卫星间的馈电链路使用 SRI，SRI 传输 F1 应用协议（F1-AP）。

在这种场景下，卫星间可能存在星间链路。SRI 作为传输链路，使用的是由 3GPP 指定的逻辑接口 F1。信关站位于传输网络层阶段，支持所有必要的传输协议。不同卫星上的 DU 可以连接到地面上的同一 CU。当一颗卫星托管多个 DU 时，同一 SRI 将传输所有相应的 F1 接口实例。可再生模式下的架构，卫星载荷具备 gNB-DU 功能（无星间链路）如图 5-12 所示。

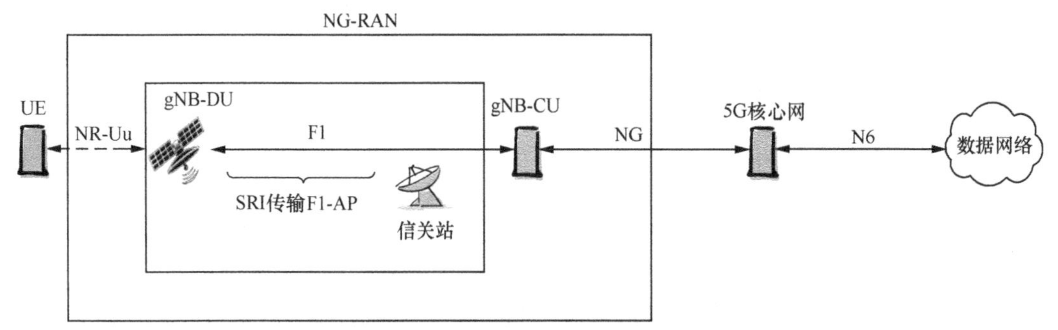

图5-12　可再生模式下的架构，卫星载荷具备gNB-DU功能（无星间链路）

可再生模式下的无线接入网架构及其 QoS 流映射（卫星具有 gNB-DU 功能），如图 5-13 所示。

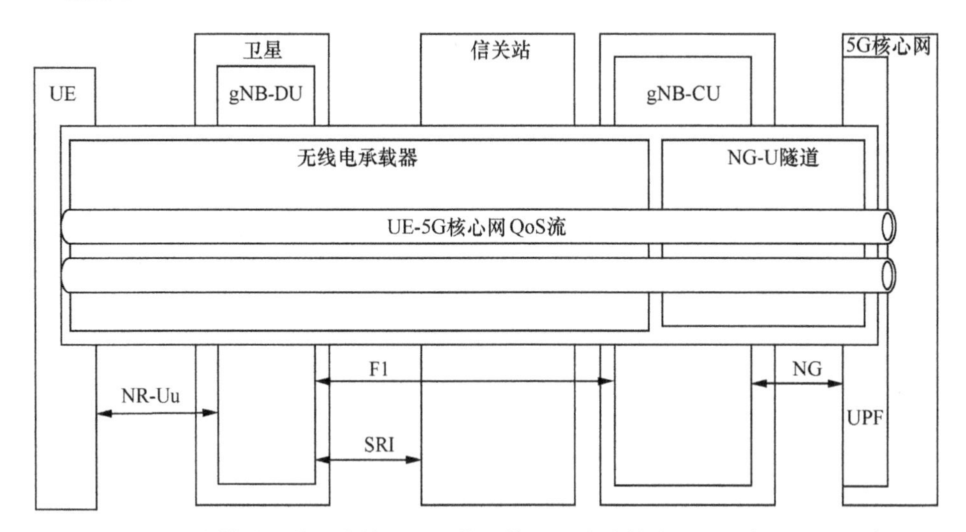

图5-13　可再生模式下的无线接入网架构及其QoS流映射（卫星具有gNB-DU功能）

可再生模式下的用户面协议栈和控制面协议栈（卫星具有 gNB-DU 功能）分别如图 5-14 和图 5-15 所示。

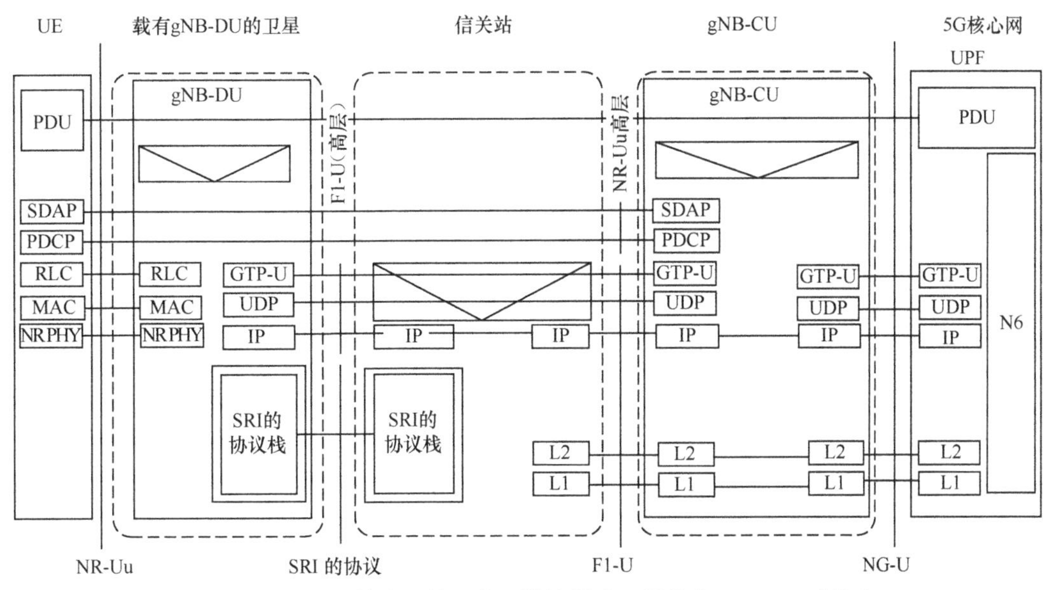

图5-14 可再生模式下的用户面协议栈（卫星具有gNB-DU功能）

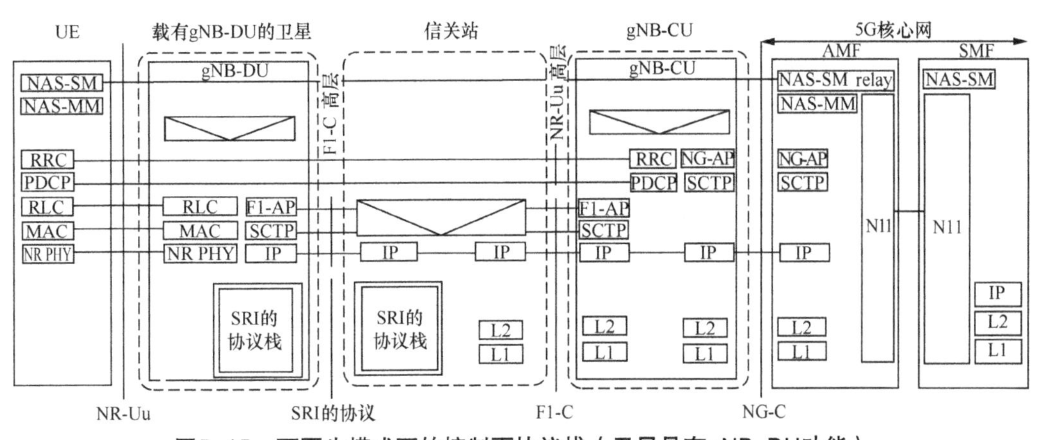

图5-15 可再生模式下的控制面协议栈（卫星具有gNB-DU功能）

数据传输路径方面，SRI的协议栈用于在卫星和信关站之间传输UE用户面数据。用户PDU通过GTP-U隧道在5G核心网和gNB-CU之间传输。gNB-CU和gNB-DU之间的用户PDU也通过GTP-U隧道传输，但需要通过信关站。

控制面数据传输与NG-RAN类似，NG-AP PDU通过SCTP在5G核心网和星上gNB之间传输；gNB-CU和gNB-DU之间，无线资源控制（RRC）PDU在分组数据汇聚协议（PDCP）和F1-C协议栈上传输，途经信关站；F1-C PDU在SCTP与IP层上传输；在gNB-CU和信关站接口之间，IP包在SRI协议栈上传输；5G核心网、gNB-CU和gNB-DU之间的高层NAS协议通过NG-AP传输。

在这种架构下，所有面向地面NG-RAN节点的控制面接口都在地面上终止，将对控制面和用户面造成一定影响。

就控制面而言，除了F1-AP[1]需要适应SRI带来的更大RTT，不存在其他问题。

就控制面而言，在Xn接口上运行的实例不受影响，但在F1接口上运行的实例需要适应SRI带来的更大RTT，并且需要为进入地面gNB-CU的用户面数据包提供更多的缓冲，以确保数据的完整性。

5.2.3 基于双连接的无线接入网架构

本节重点讨论用户同时存在两条无线接入的双连接场景，这种场景可能存在于透明转发模式或可再生模式中。

根据3GPP TS22.261用户在住宅、车辆、高速列车或飞机上通信等场景中，通过地面和非地面双接入的组合，可以有效满足系统数据速率、可靠性等方面的目标服务性能。此外，在地面小区边缘的地方，通过地面与非地面通信网络的双连接，可有效提升数据的速率。

（1）双连接场景及网络架构

① 透明转发模式下的NTN+蜂窝双连接。

透明转发模式下的NTN+蜂窝双连接网络架构如图5-16所示。假设信关站位于蜂窝接入网的公共陆地移动网（PLMN）区域，NTN的gNB或NG-RAN的gNB均可以作为主基站。

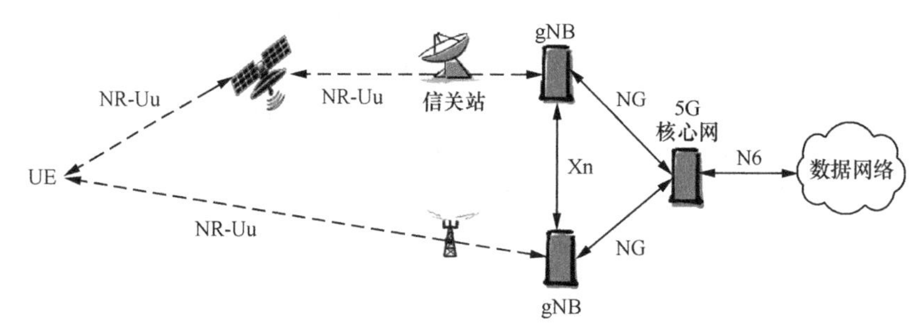

图5-16 透明转发模式下的NTN+蜂窝双连接网络架构

② 透明转发模式下的NTN+NTN双连接。

在这种模式下，对于时延敏感类业务，可以使用LEO作为服务节点。对于高吞吐量需求的业务，则可以使用GEO卫星作为服务节点，其网络架构如图5-17所示。

③ 可再生模式下的NTN+蜂窝双连接。

用户由一个可再生模式下的基于NTN的NG-RAN和一个蜂窝NG-RAN共同服务，适用于为地面蜂窝不发达地区提供补充服务，其网络架构如图5-18所示。

④ 可再生模式下的NTN+NTN双连接。

带有星间链路的基于NTN的NG-RAN双连接可作为地面覆盖的有效补充，覆盖蜂窝网络无法覆盖的地区，其网络架构如图5-19所示。

1 F1-AP定义了CU和DU之间的接口。

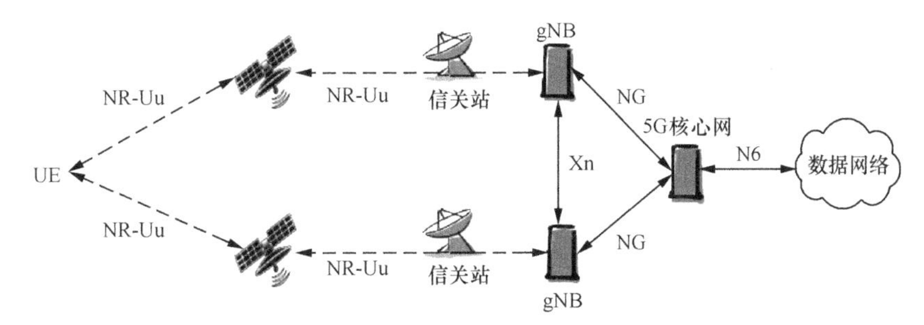

图5-17　透明转发模式下的NTN+NTN双连接网络架构

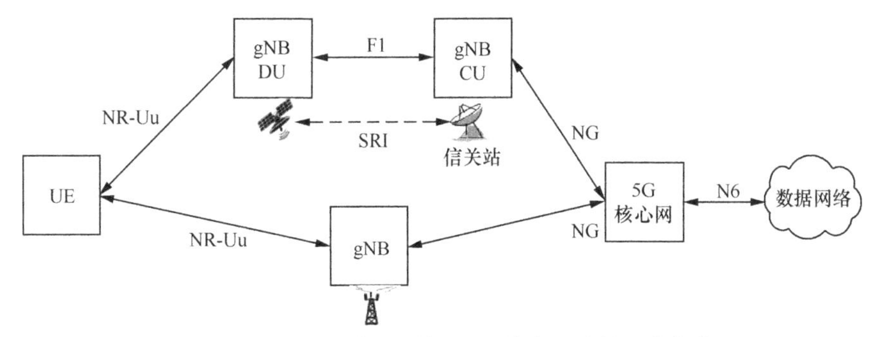

图5-18　可再生模式下的NTN+蜂窝双连接网络架构

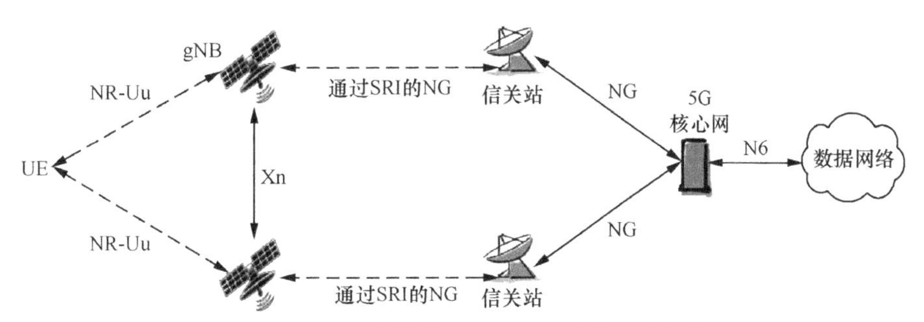

图5-19　可再生模式下的双NTN连接网络架构

（2）双连接对 NG-RAN 的影响

在透明转发模式下的基于 NTN 的 NG-RAN 中，所有的控制面和用户面接口都在地面终止。在可再生模式下的基于 NTN 的 NG-RAN 中，根据卫星载荷是否具备全部 gNB 功能，分两种情况讨论。

对于 CU/DU 分离场景，所有的控制面接口都在地面终止。控制面的 F1-AP 需要适应由 SRI 引起的更长 RTT，无须进行其他特殊更改。用户面的 Xn 接口不受影响，但 F1 接口需要适应由 SRI 引起的更长 RTT。此外，负责主管 PDCP 节点中的用户面缓存需要有足够的空间来补偿星地两个接口间的差异。

对于卫星载荷具备全部 gNB 功能的场景，需要通过馈电链路的 SRI 将所有星上 gNB 的控制面和用户面相关数据通过 Xn 接口传递到地面上的蜂窝 gNB，这将使接口的设置和维护难度大幅增加。

第6章

架构和接口协议关键问题

6.1 注册更新和寻呼处理

在非GEO卫星通信网络中，当卫星天线波束的地理区域覆盖始终在移动，且NTN波束和跟踪区标识（TAI）一一对应时，TAI将在地面上保持移动。在地面无线接入网络中，跟踪区域被用来跟踪用户的地理位置，接入侧会广播与之关联的TAI。根据当前地面蜂窝网络的注册更新流程，用户需要随着NTN波束的移动持续执行注册更新流程，这给注册更新和寻呼的设计带来巨大挑战。本节根据用户是否确定其位置来讨论解决方案。

6.1.1 用户可获得其地理位置信息

在这种情况下，假设用户可以基于全球导航卫星系统（GNSS）或其他方式获取自己的位置信息，则卫星可以基于用户的位置信息进行寻呼。

在地面通信网络中，核心网网元接入和移动管理功能（AMF）负责绘制用户所在的跟踪区域，确定对用户进行寻呼的gNB列表。

在NTN中，可以通过用户的位置信息进行相应的绘制，确定对用户进行寻呼的gNB列表。如果由AMF来绘制用户跟踪区域，除用户位置信息外，AMF还需要了解卫星星历信息，以及一些辅助信息，如用户类型、速度信息等。如果由RAN来绘制用户跟踪区域，首先AMF会像以往一样确定发送寻呼消息的RAN接入节点；然后，基于NTN的NG-RAN可以根据其对用户最后上报的位置和卫星星历的了解，选择要广播寻呼信息的卫星波束，但是这种方式会引发寻呼失败时接入网和核心网之间的协商问题，以及接入网中空闲态用户上下文管理等一系列问题。

AMF侧完成用户位置信息映射流程如图6-1所示。

① 步骤1：用户向gNB1报告其位置信息，报告中可能还包含一些用户类型、速度信息等辅助信息。

② 步骤2：收到用户位置信息后，gNB1将用户位置信息及辅助信息发送给AMF。

③ 步骤3：AMF将保存用户位置信息、辅助信息和对应的时间戳信息。当用户进入空闲态时，AMF仍保存相应的信息。

④ 步骤4：当AMF准备寻呼用户时，根据存储的信息和星历信息来为用户选择gNB。

⑤ 步骤5：AMF向选择的gNB发送寻呼信息，其中包含用户位置信息和辅助信息。当收到寻呼信息后，gNB会为用户选择合适的卫星和波束，并向用户发起寻呼。

如果基于位置信息的寻呼失败了，则AMF将扩大寻呼的区域并根据寻呼策略重新向用户发起寻呼。

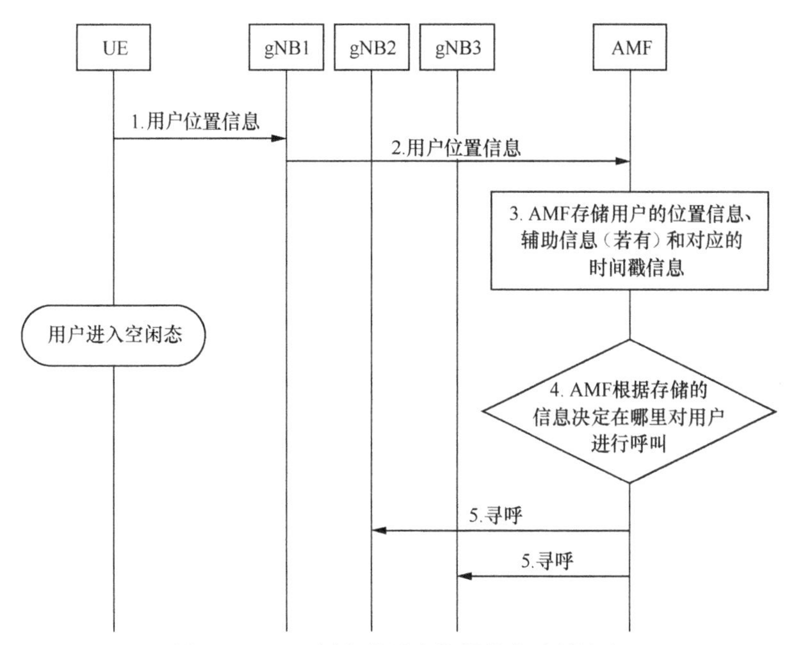

图6-1 AMF侧完成用户位置信息映射流程

6.1.2 用户无法获得其地理位置信息

以下介绍 4 种注册更新和寻呼方案。

（1）方案 1：基于时间戳的注册更新和寻呼

在这种场景下，卫星可以基于路由区（RA）来进行寻呼。假设 NTN 小区在地面上的标识符是移动的，跟踪区域可以通过与时间信息相对应来判断在不同时间段内其会停留在哪个地理区域。例如，NTN 波束（波束 1）的跟踪区代码（TAC）TAC1 将在 10:00 ～ 10:10 位于一个地理区域，10:11 ～ 10:20 其波束 2（对应 TAC2）将位于这个地理区域。用户注册流程如图 6-2 所示。

① 步骤 1：10:05 时，用户发起注册流程，向 AMF 发送注册请求消息。CU 向 AMF 提供了 TAC1。

② 步骤 2：AMF 回复注册接收消息。AMF 根据星历信息、用户位置等信息确定了用户在 10:00 ～ 10:10 为 TAC1，在 10:11 ～ 10:20 为 TAC2。注册接收消息中包含了增强注册区域信息，由一列带有时间信息的 TAI 组成。

示例 1：用户在 10:05 ～ 10:11 没有移动。

在 10:11 时 NTN 波束 1 从用户的地理区域移出，用户由波束 2 服务。用户检测到服务小区的 TAC 变成波束 2 的 TAC2。用户从步骤 2 中接收到的增强注册区域信息中查找 TAC2。查找结果发现，TAC2 在 AMF 发送的注册接收消息中，且时间信息与之匹配。这说明用户仍然在注册区域内，不需要执行注册更新。

示例 2：用户在 10:12 被寻呼。

③ 步骤 3：在 10:12，用户接收到一个下行数据。AMF 将根据用户上一次的 TAC 信

息和这个地理区域的跟踪区域信息来决定用户的目标跟踪区域。例如，AMF 知道其使用的上一个位置是 TAC1 10:05，并且将在 10:11 ～ 10:20 为 TAC2，则 AMF 将向 RAN 发送包含 TAC2 的寻呼信息。

示例 3：用户在 10:13 从注册区域移出。

④ 步骤 4：在 10:13，用户检测到 NTN 波束在广播 TAC1。尽管 TAC1 的信息包含在 AMF 发送的注册请求消息中，但是时间信息不匹配（TAC1 在 10:00 ～ 10:10 有效），这意味着用户移出了当前的注册区域，用户需要重新发起注册更新流程。

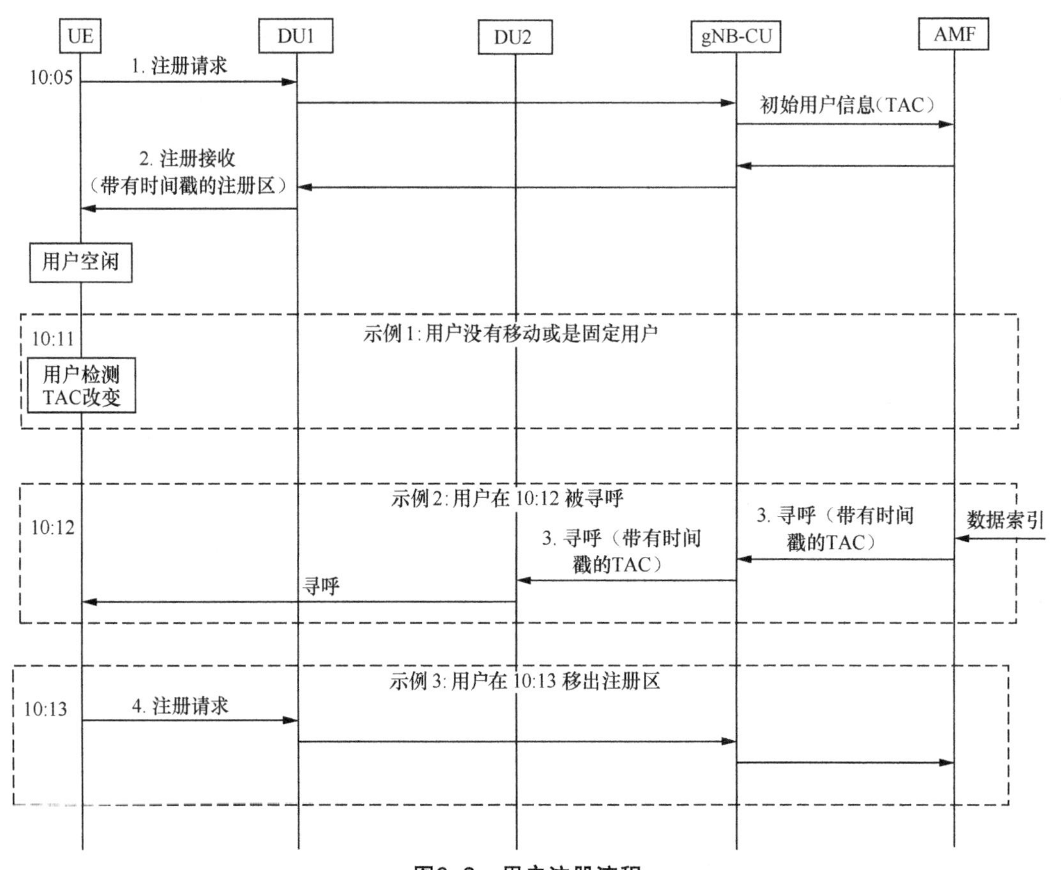

图6-2 用户注册流程

（2）方案 2：用户辅助的跟踪区域列表报告 / 注册和寻呼

假设 NTN 小区在地面上的标识符是固定的。卫星根据 RA 来寻呼用户。在这种情况下，NTN 小区将根据固定的跟踪区域规划区域在系统信息中广播 TAI。

① 步骤 1：在地球表面设置好固定的跟踪区域地图。

② 步骤 2：根据卫星的位置动态更新广播 TAI。

③ 步骤 3：用户监测并报告接收到的广播 TAI 信息，用于注册。

④ 步骤 4：在注册流程中，AMF 向用户提供 TAI 列表，TAI 列表定义了用户用于寻呼的专用的注册区域。

⑤ 步骤 5：用户结合时间信息评估并记录服务质量最好的小区 TAI 列表。

⑥ 步骤 6：用户比较观察到的 TAI 列表和 AMF 分配的 TAI 列表判断自己是否还在注册区域。

⑦ 步骤 7：如果用户推断出自己已经离开注册区域，则发起注册更新流程，并向 AMF 报告观察到的 TAI 列表，AMF 可能会给用户重新发送一个新的 TAI 列表。

（3）方案 3：基于多跟踪区域 ID 的注册更新和寻呼

卫星可以广播覆盖范围内所有跟踪区域的 TAI，而不是只广播一个 TAI。这个方案的优点是卫星可以复用地面蜂窝网络中的跟踪区域定义和寻呼机制。如果是透明转发模式卫星，位于地面的 gNB 可以预先配置好 TAI 列表以供使用。如果是可再生模式卫星，位于星上的网络节点也可以预先配置好 TAI 列表，列表中应包含与第一种方案类似的有效时间窗口信息。

（4）方案 4：由 NTN 无线接入网络决定用户位置

与地面蜂窝小区相比，卫星波束在地面的映射区域非常大，可以利用这个特点进行周期性注册更新，而非实时的位置更新。

当用户初次注册、注册位置更新或转换为连接态的时候，基于 NG-RAN 的 NTN 均有机会获得用户的位置信息。定期更新注册区域足以跟踪空闲态下的用户，更新周期可以根据用户类型和观察到的移动性行为进行调整。因此，即使用户不能准确获取自己的位置信息，大部分情况下基于 NG-RAN 的 NTN 也可以使用用户位置信息已知的寻呼方案。

6.2 连接态移动性管理

6.2.1 概述

NTN 的切换场景有 3 种：星内切换（同一卫星下的小区间切换）、星间切换（不同卫星下的小区间切换）、不同接入方式间切换（在地面蜂窝和卫星接入之间切换）。根据卫星是透明还是可再生的，卫星载荷具备完整 gNB 功能还是部分 gNB 功能，这 3 种切换类型还可以细分出更多场景。NG-RAN 切换流程在不同 NTN 切换场景的适用情况见表 6-1。在每个场景下，需要调整移动性管理流程，以适应卫星接入的高时延。不同接入方式（蜂窝网和卫星接入）的切换有两种方式，一种是通过 5G 核心网进行切换（可再生模式），另一种是通过 Xn 接口进行切换（透明转发模式）。

表 6-1 NG-RAN 切换流程在不同 NTN 切换场景的适用情况

<table>
<tr><th>NTN 的切换场景</th><th>透明转发模式卫星</th><th>可再生模式卫星（载有 gNB）</th><th>可再生模式卫星（载有 gNB-DU）</th></tr>
<tr><td>星内切换</td><td>gNB 内切换或 gNB 间切换</td><td>gNB 内切换</td><td>gNB-CU 内移动性 /gNB-DU 内切换或 gNB-CU 间切换（见 3GPP TS 38.401 中的 8.2.1.2 条）</td></tr>
<tr><td>星间切换</td><td rowspan="2">gNB 间切换或 gNB 内切换（见 3GPP TR 38.300 中的 9.2.3 条）</td><td>gNB 间切换（见 3GPP TR 38.300 中的 9.2.3 条）</td><td>gNB-CU 内移动性 /gNB-DU 间移动性或 gNB-CU 间切换（见 3GPP TS 38.401 中的 8.2.1.1 条）</td></tr>
<tr><td>不同接入方式间切换</td><td>AMF/UPF 之间的切换或 AMF/UPF 内部的切换（不属于 RAN 范围）</td><td>gNB 内切换或 gNB 间切换</td></tr>
</table>

6.2.2 gNB内移动性管理

在这种情况下，所有必要的信令均在 gNB 中完成，对 NG 接口或者 Xn 接口没有太多信令影响。

（1）DU 内移动性管理

在这种情况下，所有必要的信令均在 DU 内完成，对 F1 接口没有太多信令影响。

（2）同一 gNB，不同 DU 间移动性管理

这种情况对应可再生模式卫星的 CU/DU 分离场景，可以直接使用目前地面 RAN 中的 DU 间移动性管理方案。F1 接口的信令可以通过 SRI 传输。

6.2.3 gNB间移动性管理

（1）Xn 接口的移动性管理

在透明转发模式下，以及可再生模式卫星的 CU/DU 分离模式下，Xn 接口（若存在）于地面终止，因此 Xn 接口的部分标准不会受到太大影响。可再生模式卫星的 gNB 功能全部上天（没有星间链路）的模式下，没有 Xn 接口链路。可再生模式卫星的 gNB 功能全部上天（有星间链路）的模式下，Xn 接口的移动性管理只存在于星载 gNB 之间。

NTN 中，Xn 接口的移动性管理问题还需要进一步研究。当前的 NG-RAN 规范中，为了实现更好的系统性能，并且降低核心网的复杂度，Xn 接口的移动性管理机制仅考虑了相邻小区间，但是在 NTN 中需要分以下两种情况讨论。

情况 1：两个相邻小区均为 NTN 小区。如果两个小区属于不同的卫星，则可以直接使用已有 Xn 接口的移动管理流程。这种情况，Xn 接口直接通过星间链路传输。

情况 2：两个相邻小区一个是 NTN 小区，另一个是传统地面网络（TN）小区。这种情况要求 NTN gNB 和 TN gNB 之间必须能够建立 Xn 接口链路，此时才能使用 Xn 接口的移动性管理。

（2）通过 5G 核心网进行移动性管理

在透明转发模式下，以及可再生模式卫星的 CU/DU 分离模式下，NG 接口是在地面终止的，可直接使用传统的基于核心网的移动性管理流程。

在其他几种模式下，NG 是在卫星终止的，数据需要通过 SRI 传输。传统的基于核心网的移动性管理流程也是可行的。

6.2.4　接口改变引发的移动性管理

在这种情况下，用户的移动性管理是由接口改变引起的，例如卫星从现有的地面无线节点覆盖范围移出，与一个新的位于地面 / 卫星上的网络节点建立连接。

由于改变接口，所有的用户需要在短时间内同时切换到新的网络节点中，这会引发严重的信令风暴问题。下文介绍不同场景下的信令风暴问题的解决方案。

（1）卫星载荷具备全部 gNB 功能

为了减轻由于 NG 接口改变引发的移动性管理信令过载问题，可以让卫星运行两个逻辑上的 gNB（gNB1 和 gNB2），gNB1 与 AMF1 连接，gNB2 与 AMF2 连接。gNB1 和 gNB2 可以共用相同的基站资源和用户上下文。

由于 gNB1 和 gNB2 可以共享同一卫星的资源，可以假设当用户从 gNB1 切换到 gNB2 时服务用户的资源并没有发生改变，这就规避了切换资源分配流程。现有的切换资源分配流程允许目标 AMF 更新 NG-UULF-TEID 等用户上下文信息。如果系统并未执行切换资源分配流程，则用户上下文信息需要从 AMF 发送至 gNB1，然后通过星上接口发送至 gNB2。

（2）卫星载荷具备 gNB-DU 功能

为了减轻 F1 接口改变引发的移动性管理信令过载问题，可以让卫星运行两个逻辑上的 DU（DU1 和 DU2），DU1 与 CU1 连接，DU2 与 CU2 连接。DU1 和 DU2 可以共用相同的资源和用户上下文。

由于 DU1 和 DU2 可以共享同一卫星的资源，可以假设当用户从 DU1 切换到 DU2 时服务用户的资源并没有发生改变，这就规避了 F1 接口用户上下文设置流程。现有的 F1 接口用户上下文设置流程允许目标 CU 更新 gNB-CU UE F1-AP ID 等 F1-AP 用户上下文信息。如果系统并未执行 F1 接口用户上下文设置流程，则更新后的 F1-AP 用户上下文信息需要从 CU 发送至 DU1，然后通过星上接口发送至 DU2。CU 节点改变引发的移动性管理实例如图 6-3 所示。

CU1 与 DU1 之间建立 F1 接口连接后，CU2 与 DU2 之间建立 F1 接口连接。用户被 DU1/CU1 服务。

① 步骤 1：CU1 决定所有连接的用户需要开始切换准备流程。CU1 向 CU2 发送 Xn 接口切换请求消息。Xn 接口切换请求消息中包含一个指示消息，说明这个流程是由 CU 变换触发的切换。根据这个指示信息，CU2 无须向目标 DU 发送 F1-AP UE Context Request 消息。

② 步骤 2：CU2 向 CU1 发送 Xn 接口切换请求收到消息。信息中包含承载更新后 F1-AP 上下文的容器信息。

③ 步骤 3：CU1 向 DU1 发送 RRC 重配置消息（RRC Reconfiguration），同时发送

了更新的 F1-AP 上下文信息。

④ 步骤 4：DU1 将 RRC 重配置消息发送给用户。

⑤ 步骤 5：用户将 RRC 重配置完成消息（RRC Reconfiguration Complete）发送给 DU2。

⑥ 步骤 6：DU2 将 RRC 重配置完成消息发送给 CU2，然后继续进行正常切换流程。

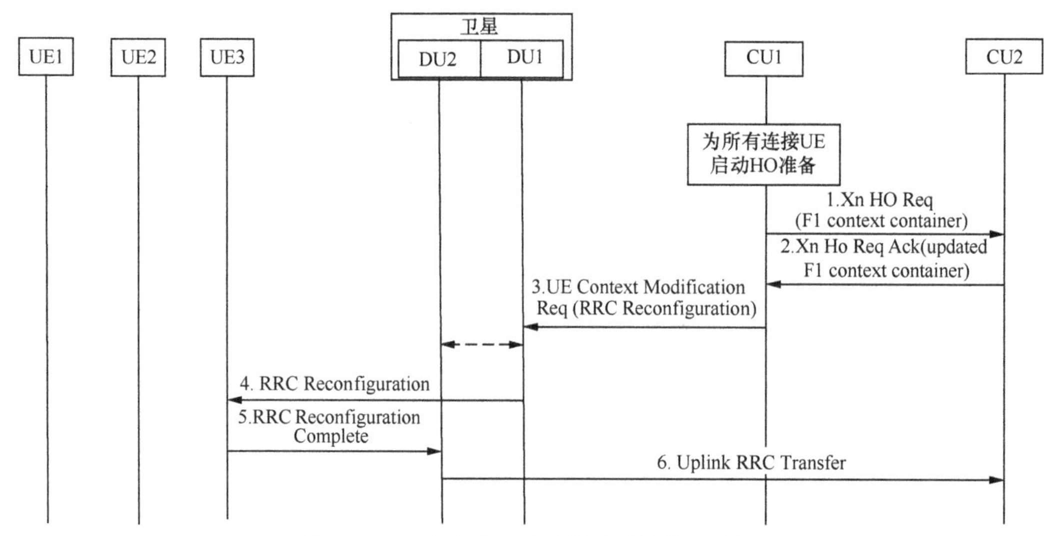

图6-3　CU节点改变引发的移动性管理实例

6.3　传输层技术

对于透明转发模式，信关站直接通过 SRI 与一个或多个卫星连接。对于可再生模式，信关站直接通过 SRI 与一个或多个卫星连接，或者通过星间链路间接与一个或多个卫星连接。因此，NG 接口协议将通过 SRI 传输，并可能通过星间链路传输。SRI 传输的数据包均基于 3GPP RAN 的协议。

NTN 中的 gNB 与 5G 核心网连接。这个逻辑接口通过 SRI 传输，并可能通过星间链路传输。卫星可能会具备其他传输路由功能，但超出 RAN 的讨论范畴，不在本书中讨论。

星间链路能够传输以下内容：

① Xn 接口信令数据包，来完成相邻卫星上的 gNB 间的协作；

② 如果卫星具备交通管理功能，则星间链路还需要传输数据包；

③ NG 接口信令数据包；

④ F1 接口信令数据包。

6.3.1　NTN传输环节的特征

（1）SRI 在馈电链路传输环节的特征

SRI 上数据传输的特点如下。

① 与地面传输连接相比具有更高的时延。通常卫星到地面的距离在几千千米（LEO 场景）到几万千米（GEO 场景）。SRI 单程的时延从 6ms（LEO 轨道高度为 600km，10° 倾角）到 136ms（GEO 卫星轨道高度 35788km，10° 倾角）。

② SRI 在毫米波频段工作，受大气损耗（如雨衰）影响严重，NTN 传输的中断率与地面相比将会更高。这些问题可以通过控制上行功率、自适应调制编码和空间多径等技术改善。通常要求馈电链路的可用性要达到 99.999% 以上。

受这些问题的影响，系统需要仔细设计移动性管理方案，保证用户的业务连续性。在透明转发模式下，一个 LEO 或 GEO 卫星可以在同一时间与数个信关站相连，每个信关站需要负责多个卫星的资源管理问题。为了减少切换时的数据包损失，馈电链路切换时可以同时使用两个不同的无线电资源，该程序由网络发起。在可再生模式下，一个 LEO 每次只能连接到一个 NTN 网关（NTN-GW），除非在馈电链路切换期间，以确保能够按照先做后断的方法实现无缝服务的连续性。为了减少切换损失，网络发起的馈线链路切换可以基于先做后断的策略，第 3 层及以下的 NG-RAN 程序对于 UE 是透明的。

（2）星间链路特征

在 LEO 场景下，单向星间链路传输时延与星座有关，典型时延为10ms 左右。LEO 的星间链路的典型特征是可用性概率为 99.999%。

（3）信关站的特征

透明转发模式下，NTN-GW 支持所有必要的功能来转发 NR-Uu 接口的信号。可再生模式下，NTN-GW 是一个传输网络层节点，并支持所有必要的传输协议，例如，NTN-GW 作为 IP 路由器。SRI 在 NTN-GW 和卫星之间提供 IP 中继连接，分别传输 NG 或 F1 接口。

（4）星历

卫星星历信息可用于预测馈线链路切换的发生、移动性管理事件（空闲态和连接态）、无线电资源管理，以及基于 NTN 的 NG-RAN 中常见时延、多普勒频移、变化预先和事后补偿。卫星星历信息也可能对 5G 核心网有益，例如移动性管理。在 RAN 和 CN 中可能有一个配置卫星星历信息的 OAM 要求。星历信息作为事实标准，可以使用双行元素（TLE）格式在 ASCII 文件中记录。

6.3.2　通过SRI传输F1接口信令

根据 3GPP TS 38.401 中给出的定义，CU 承载 RRC 协议、服务数据适配协议（SDAP）和 PDCP，DU 承载无线链路控制（RLC）、物理层（PHY）和 MAC；CU 控制一个或多个 DU 的操作。

可以通过设置适当的计时器（取决于实施情况）来解决传输时延高的问题，以便各种协议层中的操作不会被 NTN 用例中断。但是，RRC 在 CU 中终止带来了额外的关键信息：如果 CU 位于地面上，则 UE 和 CU 之间单个 RRC 消息的往返时间相当于地球—卫星链路的两倍（RRC 消息通过基于 NR 空中接口的 Uu 接口传输，然后通过 F1 接口传输，穿过 SRI）。无论当前的 NR RRC 是否能够承受此附加的约束，都可能使任何基于 CU-DU 拆分的 NTN 体系结构在 RRC 时延方面相较于其他体系结构更差。

可以通过比较毫米波频段上地球—卫星链路的典型最大中断时间与 CU 宣布 UE“丢失”并开始删除上下文（通常不到 1min）所需的时间来分析中断概率的影响。如果发生 SRI 中断，将对 CU 操作产生负面影响。

此外，当 CU 和 UE 之间存在两条地球—卫星链路时，也可能在中断问题上对所有基于 CU 和 DU 拆分的架构方案产生负面影响：这些架构的中断概率取决于两条链路的综合中断概率。

通过利用 SCTP 的多归属特性或 CU 和 DU 之间的多 SCTP 关联，使用多个地球—卫星链路来传输相同的 F1 接口，这可能会减轻中断或信关站切换导致的 SRI 不可用，但会带来额外的时延。这将是链路中断去相关性和增加时延之间的权衡：地球站之间的距离越远，链路中断去相关性越强，从而减少联合链路中断，但到 CU 的总距离将增加，从而增加 F1 接口时延。

6.3.3 Xn接口对NTN的适用性

（1）当前的 Xn 接口函数列表

当前的研究项目并未特别强调 3GPP TS 38.420 支持的功能列表的限制。这意味着现有的 Xn 接口功能列表可以作为评估 Xn 接口应用于 NTN 的基础。

（2）星间 Xn 接口

UE 移动性管理对星间 Xn 接口来说可能是有益的，前提是两个载有 gNB 的卫星连接到同一个 AMF 池。从架构的角度来看，不排除 NR-NR 双连接（一颗作为主卫星，另一颗作为辅助卫星），但在得出支持 NR-NR 双连接的结论之前还需要进一步分析（如 RAN3 范围之外的 RRC 方面）。考虑到节能，在这种情况下，一个卫星通知另一个小区激活 / 停用的功能将作为星座重组的一部分。

综上所述，星间 Xn 接口是有益的，但需要进一步分析以评估在具体场景下 NR-NR 双连接的可行性。从拓扑的角度来看，星间 Xn 接口可以直接通过星间链路或 SRI 传输。

（3）地上 NTN—地面 Xn 接口

这种配置支持基于 Xn 接口的 UE 移动性和地面 NTN gNB 与地面 gNB 之间的 NR-NR 双连接特性，但这要求两种类型的 gNB 连接到相同的 AMF 池。此外，这种配置还支持地球—卫星链路通过 Xn 接口发送小区激活 / 关闭通知。例如，一个地面 gNB 可以通知覆盖同一区域的卫星其正在关闭一个或多个小区，而卫星可以决定是否“接管”相应的覆盖区域。然而，这些功能的优点尚未被评估。

（4）通过 SRI 传输 Xn 接口

在 NTN gNB 和地面 gNB 之间通过地球卫星链路传输 Xn 接口是具有挑战性的，但如果 SRI 的传输性能允许，则可以配置 Xn 接口。例如，在 LEO 场景中，当卫星移动到地平线以下时，其所有 Xn 接口与地面 gNB 将不可用，这可能触发相关地面 gNB 的应用

协议和 / 或 SCTP 的后续动作；当卫星再次出现在地平线上时情况相反，Xn 接口设置可能会触发一些地面 gNB，导致控制面信号根据 LEO 能见度的变化而激增。

此外，根据 SRI 的中断性能，Xn 接口可能在一段时间内不可用，这可能会触发针对所有相应地面 gNB 的接口重建，在每次中断时产生控制面信号波峰。这种情况将发生在受中断事件影响的 NTN gNB 上所有被终止的 Xn 接口上。然而，这些配置的优点尚未被评估。

6.4　网络身份管理

地面无线接入网设计中最基本的假设之一是 RAN 是静止的，而 UE 是移动的，从物理层参数到网络特性等所有网络设计都是在这个假设下进行的。然而，在研究 NTN 时，RAN 不一定是静止的，这取决于卫星系统的类型（例如 GEO 卫星和与非 GEO 卫星）。

GEO 卫星更接近于地面 RAN 的情况，因为它们不会在其覆盖区域内移动。因此 GEO 卫星可以较为轻松地集成到现有的网络架构中。而非 GEO 卫星（LEO、MEO 和 HEO）的覆盖范围可能会因其轨道运动而移动。这不仅影响了卫星波束的覆盖区域，还增加了网络的复杂性和移动性管理的需求。

为了应对这些挑战，可以设想两种方法将逻辑网络标识符与实际卫星波束联系起来。

（1）地面固定标识符

在该方法中，实际卫星波束和逻辑小区之间的关联被不断地重新配置，以便相同的 gNB ID、小区 ID 和 TAC 始终与同一地理区域相关联。

这种方法确保地面上的静止 UE 始终被同一位置的同一小区标识符覆盖，类似于地面网络场景。但这种情况通常出现在地面固定波束中，具体取决于卫星波束的颗粒度及其覆盖目标区域的细致程度。一旦卫星移出覆盖范围（如低于地平线），相应的小区网络标识符将在覆盖区变得不可用，可能触发多个 NG 接口和 / 或 Xn 接口对 RAN 其余部分的设置或配置更新程序。

（2）地面移动标识符

在该方法中，实际卫星波束和逻辑小区之间的联系是固定的，因此 gNB ID、小区 ID 和 TAC 跟随卫星波束并“扫过”整个覆盖区。

根据卫星的移动，地面上的静止 UE 将被同一位置的不同小区标识符覆盖。移动的卫星提供多个小区，这些小区一起移动，因此它们之间的相邻关系随着卫星的移动保持不变。但卫星之间的相对位置变化可能导致物理小区标识符（PCI）混淆。如果 NTN 和地面网络在同一特定地点使用相同的频率，也可能导致 PCI 混淆。

需要进一步考虑的是对邻小区关系的影响：当两个分属于固定 RAN 和移动 RAN 或不同移动 RAN 的小区之间的相邻关系不断改变时，当前机制需要适应这种动态变化，以确保有效的移动性管理和避免干扰。

此外，移动小区会产生 PCI 冲突，即 PCI 碰撞（当两个具有相同 PCI 的小区成为直接邻居时）和 PCI 混淆（当两个具有相同 PCI 的小区成为一个小区的邻居时）。这些冲突可能导致无线电链路故障或切换失败，为了避免 PCI 冲突，可以通过以下方法来检测。

（1）唯一 PCI 分配

如果小区数量比可用 PCI 少，则可以分配唯一的 PCI。此外，通过将小区划分为多个组，并确保组在空间上充分分离，可以在组内分配唯一的 PCI。

（2）定期验证与重新规划

当难以在组内分配唯一的 PCI 时，需要定期验证 PCI 分配是否仍然合适。如果发现潜在冲突或不适宜的情况，则需重新规划 PCI 分配。对于地面上带有 gNB-CU 的 NTN 架构，Xn 接口可以帮助 gNB-CU 检测 PCI 碰撞和 PCI 混淆。对于卫星上带有 gNB 的 NTN 架构，则需要依赖基于星间链路或 SRI 的 Xn 接口，以便 gNB 检测 PCI 碰撞和 PCI 混淆。

（3）PCI 重新配置

在某些情况下，NTN 小区可能需要改变 PCI。例如，在 gNB-CU 随卫星上的 gNB-DU 发生变化的情况下，NTN 小区可能需要改变 PCI 以强制进行切换程序，以便用新 gNB-CU 产生的新参数重新配置 UE。在这种情况下，NTN 小区可能需要预先配置多个 PCI，或者由 gNB-CU 重新配置新的 PCI。

（4）接口重用

现有的 Xn 接口和 F1 接口可以重用于分布式 PCI 选择和 PCI 重新配置，以确保在移动性管理和干扰控制方面的灵活性和效率。

6.5 用户位置

NTN 能够提供全球或多国覆盖，这为用户带来了更广泛的服务范围，但也带来了新的挑战，如不同的国家可能需要执行不同的政策和法规。当 UE 处于 RRC Connected 模式时，这些策略必须被强制执行。

一个卫星波束有时可能覆盖一个或多个国家的一部分，而卫星的视场可能比单个国家的地理范围更大。在这种情况下，仅依赖 NTN 小区 ID 作为用户位置信息可能不足以确保正确的、针对具体国家的政策得以应用。因此，需要为 RRC Connected 状态下的 UE 提供更准确的位置确定方案，以确保符合各国的具体政策要求。

当 UE 无法报告准确的位置信息时（如 GPS 信号丢失或不具备定位能力），可以从地面 PLMN 中获取国家级别的位置信息。例如，UE 可以读取并报告周围地面小区的 PLMN 标识符，从而推断出所在的位置信息。

UE 位置信息可以通过以下方式报告。

① 方式 1：通过 NAS 消息报告。UE 可以直接通过 NAS 消息向 AMF 报告其位置信息，这种报告通常发生在注册程序期间，确保网络从一开始就掌握 UE 的位置。

② 方式 2：通过 gNB 转发。在收到 UE 的位置信息后，gNB 可以将其转发给 AMF。通过这种方式，网络端可以更严格地控制 UE 位置报告，确保位置信息的准确性和及时性。

6.6 馈电链路切换

6.6.1 原则

在NTN运行期间，由于维护、流量卸载或LEO移动到当前NTN-GW的可见范围之外等情况，可能需要在不同NTN-GW之间切换SRI到同一卫星。为了保证已服务终端不因SRI切换而中断业务，不同的NTN体系结构可以通过多种方式实现这一目标，具体如下。

1. 透明转发模式

（1）NTN透明转发LEO，不同gNB

NTN透明转发LEO的馈电链路切换如图6-4所示。从图中可以看出，在透明转发模式下，馈电链路切换涉及从gNB1到gNB2。如果卫星一次只能由一条馈电链路提供服务，这意味着在R15 NR假设下，gNB1（通过GW1）提供的所有终端的RRC连接将被丢弃。直到gNB2（通过GW2）接管后，终端可能找到gNB2对应的参考信号，并对属于gNB2的小区进行初始访问。

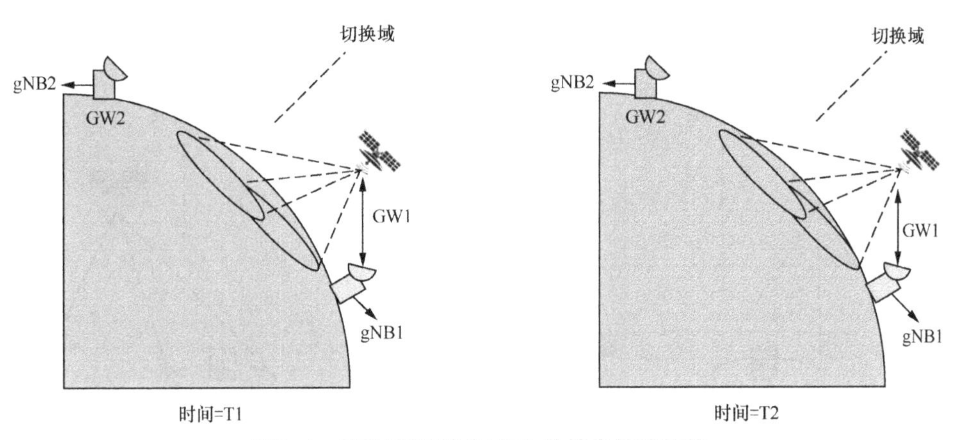

图6-4　NTN透明转发LEO的馈电链路切换

保证馈电链路切换时服务连续性的方案主要有两种。一种是通过两条馈电链路同时为卫星服务，如图6-5所示；另一种是在切换过程中仅有一条馈电链路提供服务，如图6-6所示。

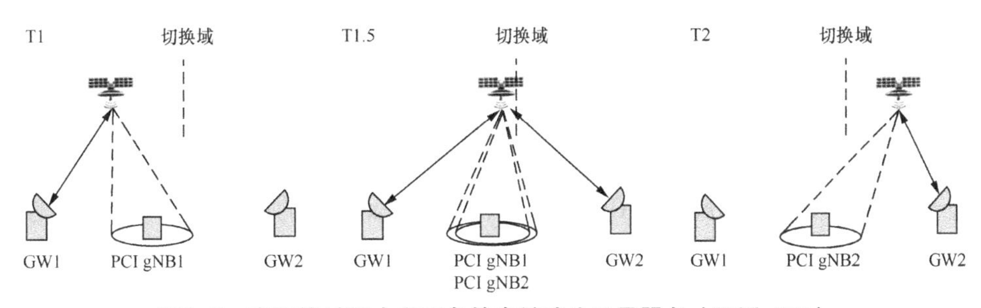

图6-5　在切换过程中有两条馈电链路为卫星服务（不同gNB）

从图 6-5 中可以看出，在 T1 时刻，卫星接近下一个将提供服务的网关，在 T1.5 时刻，卫星由两个网关服务；在 T2 时刻完成向下一个网关的切换。

假设在过渡期间有两条馈电链路通过同一颗卫星提供服务，存在一种基于切换（HO）的解决方案，该方案符合或接近 3GPP R15 标准。此方案假设通过同一颗卫星但由不同的 NTN-GW 来表示给定区域内的两个不同 gNB 小区。为了确保重叠覆盖区域内的 UE 同时可见，两个 gNB 利用透明转发卫星的不同无线电资源进行传输。

具体来说，在切换过程中，通过 GW2 为卫星服务的 gNB2 可能开始在与 gNB1 不同的同步栅格点上传输其单元的同步信号块；UE 可以从属于 gNB1 的 PCI 切换到属于 gNB2 的 PCI，这种切换可能是盲切换（没有测量的网络决策）或辅助测量，具体取决于网络配置和 UE 能力；gNB1 可以在第一个时间段内存在并配置到 gNB2 的条件切换，之后 gNB2 在第二个时间段内可用，此时终端可以执行无线电切换。

此外，由于源 gNB 和目标 gNB 提供的服务链路具有非常相似的参考信号接收功率（RSRP）和参考信号接收质量（RSRQ），因为这些信号是从同一颗卫星传输的，网络需要采取措施减轻这种影响：通过为条件切换设置适当的事件 A5 阈值来启用切换决策，或者依靠无线电传播的时间作为切换决策的条件。

从图 6-6 中可以看出，在 T1 时刻，卫星停止从服务的 GW1 传输信号；在 T2 时刻，卫星开始从目标 GW2 传输信号。

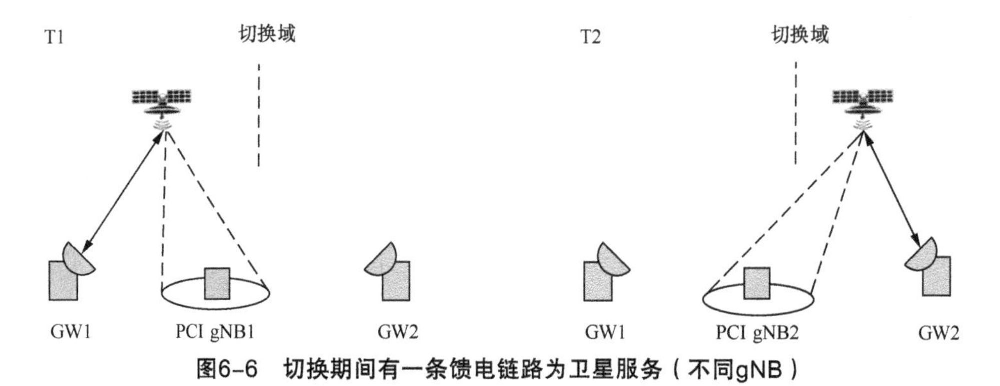

图6-6　切换期间有一条馈电链路为卫星服务（不同gNB）

假设在过渡期间只有一条馈电链路通过同一颗卫星提供服务，这意味着在 T1 到 T2 时间段内，服务小区的信号将不可用。为了使 UE 再次访问服务小区，下面列出了两种解决方案。

① 解决方案 1：基于精确时间控制的馈电链路硬切换程序。

假设旧的馈电链路为卫星提供服务直到 T1，新的馈电链路从 T2 开始为卫星服务。假设源 gNB（可能有多个）的小区在 T1 之前的任何时间都能代表一个特定区域，而目标 gNB（可能有多个）的新小区则从 T2 时间开始代表一个特定区域。

由于位于原来和现在 NTN-GW 的 gNB（可能有多个）的源小区和目标小区没有重叠，切换依赖于精确的时间控制。切换命令应在 T1 之前发送给所有 UE，并包含一个激活时间。UE 收到切换命令后，不应该立即启动切换程序，而是应该在 T2 之后启动切换

程序，以确保无缝切换。

② 解决方案 2：基于条件的 RRC 重建的馈电链路硬切换程序。

考虑到 NTN 的小区规模较大，gNB1 在短时间内分别向大量 UE 发送切换命令可能非常困难，部分 UE 可能无法及时执行切换命令导致检测到无线链路故障（RLF），进而触发 RRC 重建程序。这会延长恢复 RRC 连接的时间，并带来 RLF 检测、小区选择和潜在的重建失败等风险，影响服务的连续性。因此，网络可以提供辅助信息（例如，下一个小区识别和 / 或重建条件）来触发 UE 的 RRC 重建。这些辅助信息可以通过系统信息块（SIB）而不是专用信令分别发送给 UE，有效减少 UE 数量巨大造成的信令开销。

（2）NTN 透明转发 LEO，相同 gNB

在馈电链路切换前后由同一个 gNB 提供服务的情况下，切换前后的两条馈电链路通过不同的 NTN-GW 连接到同一个 gNB。如果两条馈电链路在过渡期间通过同一卫星提供服务，gNB 有可能保持 DL 参考信号，使小区"活着"。在这种情况下，如果 gNB 的安全密钥可以保存，则可能不需要执行切换，但可能出现短暂的 DL 传输中断或轻微不连续。此外，根据 gNB 的配置，在切换期间是否保持不变取决于是否用同步式切换进行重新配置。

如果在过渡期间只有一条馈电链路通过同一卫星提供服务，则卫星要首先停止使用 NTN-GW1 的馈电链路，然后开始使用目标 NTN-GW2 的馈电链路进行中继，如图 6-7 所示。在这种情况下，小区不能不间断地保持"活着"，DL 传输将出现不连续。

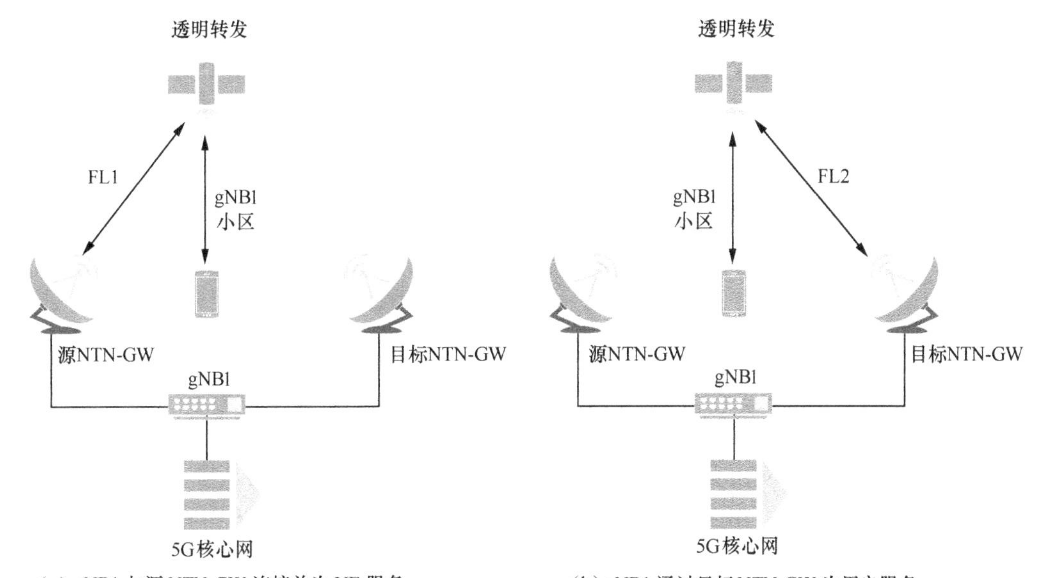

（a）gNB1 与源 NTN-GW 连接并为 UE 服务　（b）gNB1 通过目标 NTN-GW 为用户服务

图6-7　使用一个gNB和2条馈电链路（相同gNB）

切换依赖于新旧 NTN-GW 的 gNB 单元之间的临时重叠。在旧 gNB 和卫星断开连接之前，UE 应被切换到新 gNB。这要求新 gNB 的小区被旧 gNB 视为邻居，因此 Xn 接口需要在两个 gNB 之间建立和运行。整个过程（从 UE 检测新小区到切换完成）需要在旧

gNB 和卫星断开连接之前完成，这对 LEO 来说尤为重要。

在 Xn 接口设置和 / 或 NG-RAN 节点配置更新时，两个 gNB 之间交换涉及卫星的信息是有帮助的。例如，gNB 连接的卫星列表中，每颗卫星的 ID、通过该卫星提供服务的 gNB 的小区列表，以及该卫星的星历数据等。

2. 可再生模式

（1）分体式 gNB

只有在地面上的 gNB-CU 是集中式部署的情况下，才可以支持这种架构下的馈电链路切换。在这种情况下，两个 NTN-GW 都是传输网络层（TNL）的一部分，并在卫星上的 gNB-DU 和集中式的 gNB-CU 之间传输 F1 接口。切换过程相当于在 CU 和 DU 之间添加或删除 SCTP 关联。根据目前的规范，这一过程是由 gNB-CU 触发的。

为了确保切换过程顺利进行并优化资源配置，列出了以下两种解决方案。

① 解决方案 1：DU 可以在 F1 接口设置和 / 或 DU 配置更新时提供相关的卫星信息（如卫星 ID、星历数据）；CU 在配置 TNL 时可以将这些信息考虑在内。

② 解决方案 2：在配置传输 F1 接口的 TNL 时，CU 可以考虑相关的卫星信息（如卫星 ID、星历数据），减少切换时延和服务中断的可能性。

（2）载有完整 gNB

在这种架构中，完整 gNB 被搭载在卫星上作为有效载荷。考虑到 LEO 的情况，从 UE 和 Uu 接口的角度来看，这种情况比 NTN 透明转发 LEO 要简单得多，因为 Uu 接口只通过服务链路传输，而不涉及馈电链路。只要能够保留 gNB 的安全密钥，馈电链路的切换在 Uu 接口上可以是透明的，如图 6-8 所示。

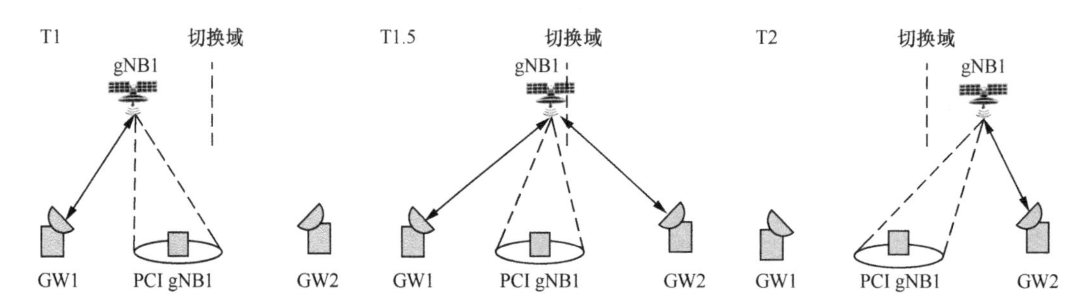

图6-8 切换期间有两条馈电链路为卫星服务（分体式gNB）

在切换过程中，若使用完整 gNB 和一条馈电链路，当馈电链路从源 NTN-GW 切换到目标 NTN-GW 时，卫星与 NTN-GW 之间的连接将出现中断。为了平稳地进行馈电链路切换，可以在源 NTN-GW 馈电链路断开之前为目标 NTN-GW 馈电链路配置传输关联信号。原则上，即使馈电链路与地球的连接暂时不可用，gNB 仍然可以在切换过程中继续广播系统信息但不调度任何用户。这样从 UE 的角度来看，小区不会消失。如果 AMF 保持不变，除了用户面的时延，整个切换过程对 UE 是透明的，因为小区 ID、主信息块（MIB）、系统信息（SI）保持不变，如图 6-9 和图 6-10 所示。

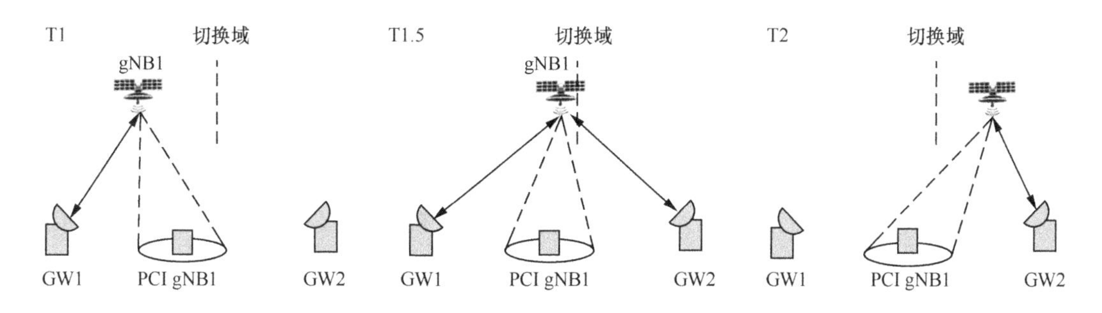

图6-9　在切换期间有两条馈电链路为卫星服务（完整gNB）

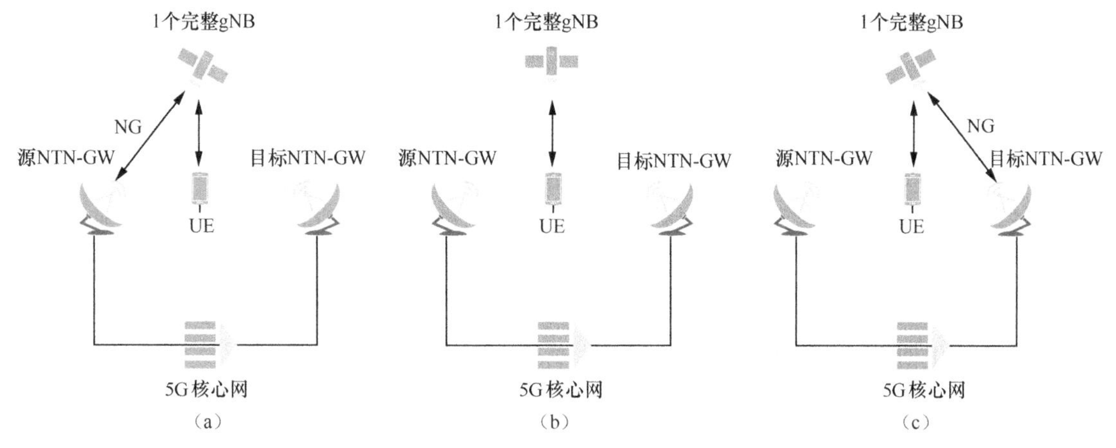

图6-10　切换期间有一条馈电链路为卫星服务（完整gNB）

（3）载有 gNB-DU

在 CU-DU 分离的情况下，gNB-DU 在卫星上，gNB-CU 在地面上，存在一条馈电链路，同一个 gNB-CU 可以连接到源和目标 NTN-GW，F1 接口可以在一个特定的时间点重新路由到目标 NTN-GW，如图 6-11 所示。在这种情况下，除了用户面的时延，切换对 UE 来说是透明的。gNB-DU 可以继续广播系统信息，但不能调度 UE。需要注意的是，gNB-CU 是指 gNB-CU 用户面或 gNB-CU 控制面的组合。

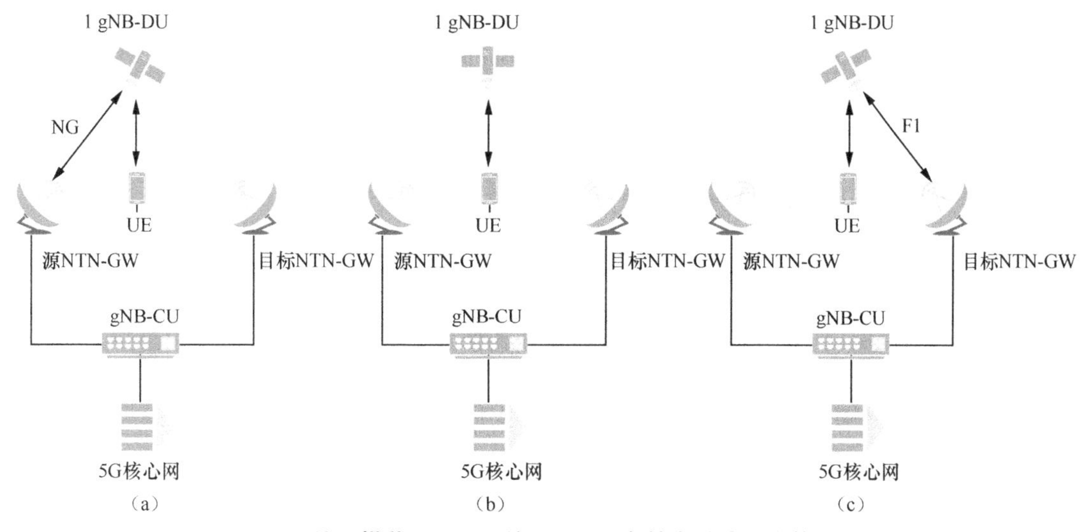

图6-11　使用搭载gNB-DU的卫星和一条馈电链路（完整gNB）

图6-11展示了切换过程的不同阶段，从源NTN-GW到目标NTN-GW的无缝切换：图6-11(a)，gNB-DU与源NTN-GW相连并为UE提供服务；图6-11(b)，正在进行馈电链路的切换，gNB-DU没有与任何NTN-GW连接，gNB-DU仍然可以向UE广播系统信息；图6-11(c)，gNB-DU正在通过目标NTN-GW为用户提供服务。

如果gNB-CU发生了改变，gNB-DU将启动F1接口设置程序与下一个gNB-CU建立连接（注意，gNB-DU一次只能与一个gNB-CU连接，因此必须首先终止与当前gNB-CU的连接）。当新的gNB-CU和gNB-DU之间的连接通过目标NTN-GW建立后，需要更新小区ID、MIB和SI，以反映新的gNB-CU配置。这会导致覆盖区域内所有UE的连接中断，它们可以在切换后重新连接到新的gNB-CU。

由于切换过程中需要源和目标CU都与卫星上的DU进行通信，而在单个DU的情况下是不可能实现的，因此UE将被断开与RLF的连接。

在这种情况下，两个NTN-GW都是TNL的一部分，在卫星上的gNB和AMF之间传输F1接口。切换相当于在gNB和AMF之间添加或删除SCTP关联。根据目前的规范，这一过程是由AMF触发的。此外，在NG设置和/或RAN配置更新时，gNB可以发出相关卫星信息（如卫星ID、星历数据）的信号；AMF在配置TNL时可以考虑这些信息，以优化切换过程和服务连续性。

（4）载有两个gNB或gNB-DU

具有独立馈电链路的两个gNB-DU使得UE可以在不改变gNB-CU的情况下进行gNB-CU内、gNB-DU间的移动。这比改变gNB-CU要快得多，改变gNB-CU相当于常规的gNB-gNB切换，但还涉及F1接口通信和相关时延。

6.6.2 程序

1. 透明转发载荷示例

馈电链路切换可以是可预测的（基于LEO星历信息和NTN-GW位置）或事件触发的（如维护）。在这种情况下，引入专门的、与UE无关的Xn接口程序（如卫星连接请求），从旧gNB向新gNB发出信号，表明它应该连接到指定的卫星，可选择包括通过该卫星提供服务的小区列表，这可能是有益的。透明转发LEO的馈电链路切换程序（场景C2）如图6-12所示。

上述过程允许软切换程序。但当允许卫星与两个NTN-GW在不同时连接时，可以考虑采用硬切换程序。这需要使用星历表数据和准确的时间信息来精确地准备和执行切换。

2. 可再生载荷示例（机载gNB）

当LEO移动到特定地理区域外时，该卫星可能已经脱离该信关站的服务区域，需要连接到新的信关站，还有以下两种情况。

（1）卫星保持在当前AMF的覆盖区域内

为了将新的信关站用于当前AMF的SCTP，卫星/gNB必须使用锚定在信关站上的新IP地址。卫星/gNB可以通过添加新的SCTP IP地址来使用多个TNLA，然后删除

旧的 SCTP IP 地址。这可能会导致现有 STCP 的终止并使用新的 IP 地址设置一个新的 SCTP。另外，卫星 /gNB 可以使用移动 IP 或代理移动 IP 来维持与使用当前 IP 地址的 AMF 的 SCTP。在卫星 /gNB 通过新的 NTN 信关站连接到当前的 AMF 后，NG 接口仍然不受影响。

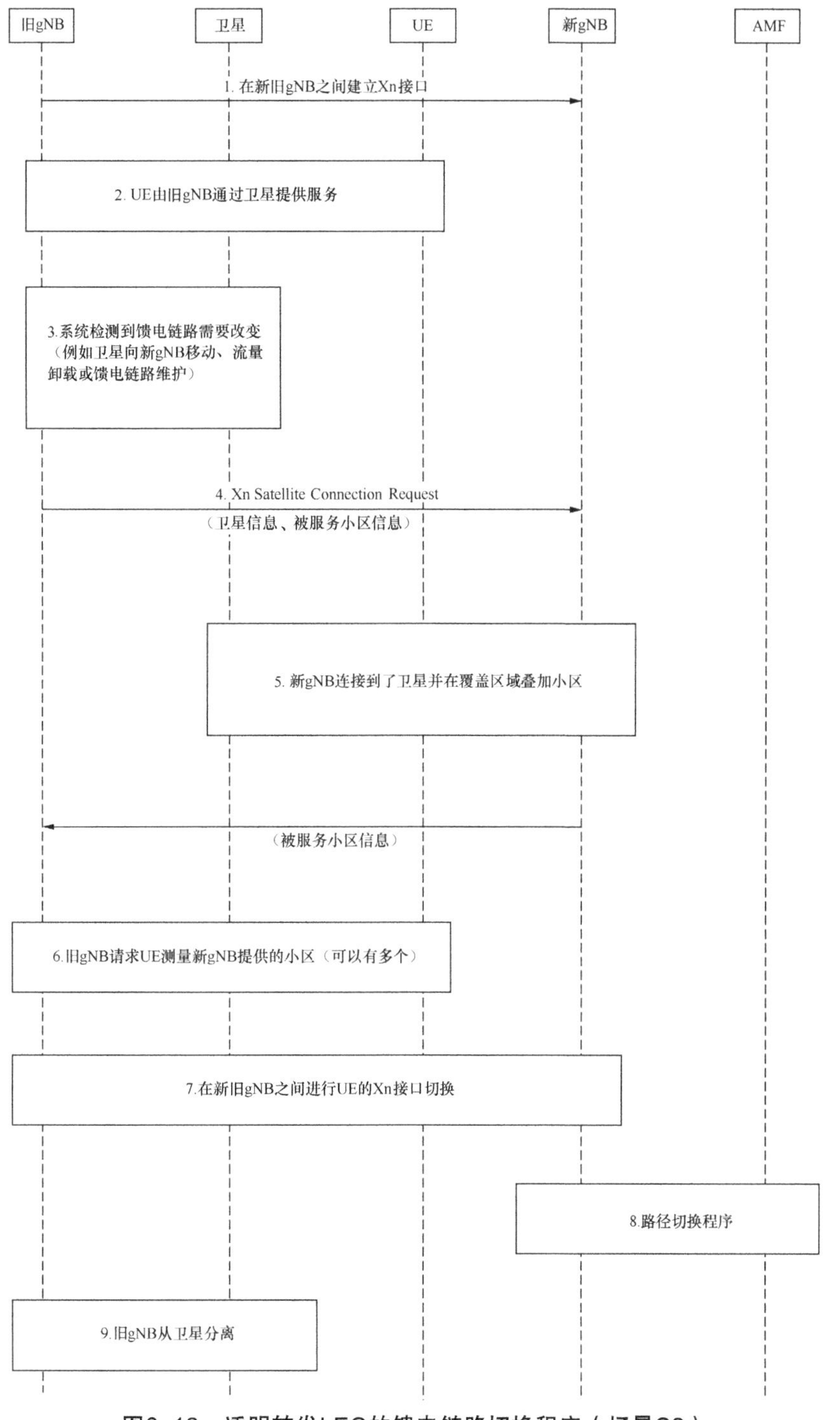

图6-12 透明转发LEO的馈电链路切换程序（场景C2）

考虑到 NTN-GW 是传输网络节点，这种情况可由现有的 NG 接口程序（设置、配置更新等）支持，无须修改。

（2）卫星移动到一个新 AMF 的覆盖范围

此时应考虑以下两个问题。

① 卫星 /gNB 需要与新 AMF 建立连接，如何处理与旧 AMF 的 NG 接口连接？

不存在 NG 接口释放程序。不清楚 gNB/AMF 是否可以使用来自 SCTP 层的指示，例如，卫星 /gNB 在离开旧 AMF 之前启动 SCTP 关闭。而这应该与异常情况区别对待，例如，卫星 /gNB 由于卫星无线电连接不良而断开与 AMF 的连接。由于卫星 /gNB 可能很快就需要连接到同一个 AMF，所以可能不需要释放 NG 接口。

因此，可以加强 NG 接口程序，例如，当卫星 /gNB 离开时，卫星 /gNB 和 AMF 可以暂停 NG 接口并保留应用层的配置数据，然后当卫星 /gNB 后面连接到同一个 AMF 时恢复 NG 接口。

② 如何设置与新 AMF 的 NG 接口连接？

一个 gNB 可以与多个 AMF 建立 NG 接口连接。因此，卫星 /gNB 可能用新 AMF 设置 NG 接口，同时仍然保留与旧 AMF 的 NG 接口。

预计对 NG 接口程序没有影响。

3. 可再生载荷示例（切割 gNB）

当 LEO 移出一个特定的地理区域时，卫星 /gNB-DU 就会失去与当前信关站的连接并且需要连接到一个新的信关站，除此之外还有以下两种情况。

（1）卫星仍在当前 gNB-CU 的覆盖区域内

为了使用新的信关站与当前 gNB-CU 进行 SCTP 连接，卫星 /gNB-DU 必须使用一个被锚定在信关站中的新 IP 地址。卫星 /gNB-DU 可以通过添加新 SCTP IP 地址来使用多个 TNLA，然后删除旧的 SCTP IP 地址。但是这可能会导致现有 STCP 的终止，并使用新 IP 地址设置一个新的 SCTP。另外，卫星 /gNB-DU 可以使用移动 IP 或代理移动 IP，与当前 IP 地址的 gNB-CU 保持 SCTP。在卫星 /gNB-DU 通过新的 NTN 信关站连接当前的 gNB-CU 后，F1 接口仍然不受影响。

考虑到 NTN-GW 是传输网络节点，这种情况可由现有的 F1 接口程序（设置、配置更新等）支持，无须修改。

（2）卫星移动到一个新的 gNB-CU 的覆盖范围

卫星 /gNB-DU 需要与新的 gNB-CU 建立新的 F1 接口，此时有以下两个问题需要进一步研究。

① 如何处理与旧 gNB-CU 的 F1 接口连接？

没有 F1 接口释放程序。不清楚 gNB-CU/DU 是否可以使用来自 SCTP 层的指示，例如，卫星 /gNB-DU 在离开旧 gNB-CU 之前启动 SCTP 关闭。这应该与异常情况区别对待，例如，卫星 /gNB-DU 因卫星无线电连接不畅而断开与 gNB-CU 的连接。由于卫星 /gNB-DU 将很快连接到同一个 CU，可能不需要释放 F1 接口。相反，当卫星 /gNB-DU

离开时，卫星 /gNB-DU 和 gNB-CU 可能暂停 F1 接口并保留应用层配置数据，然后在以后卫星 /gNB-DU 连接到同一 gNB-CU 时恢复 F1 接口。

因此，可以加强 F1 接口程序，例如当卫星 /gNB-DU 离开时，卫星 /gNB-DU 和 CU 可以暂停 F1 接口并保持应用层的配置数据，然后当卫星 /gNB-DU 以后连接到同一 CU 时，再恢复 F1 接口。

② 如何设置与新 gNB-CU 的 F1 接口连接?

根据目前的 F1-AP，一个 DU 只能连接到一个 CU。因此，DU 不可能与新的 CU 建立 F1 接口连接，同时仍与旧的 CU 保持 F1 接口连接。有一种可能性是在卫星上有两个 DU，当第一个 DU 连接到旧的 gNB-CU 时，第二个 DU 设置与新的 gNB-CU 的连接。

预计对 F1 接口程序没有影响。

第7章

空口无线技术

7.1 移动性管理技术

7.1.1 卫星移动性管理面临的问题

在卫星通信系统中，卫星与地面之间的距离较远，同时低轨道卫星相对地面的移动速度较快，这些因素主要会给卫星移动性管理带来以下 3 个问题。

1. 测量失效

在卫星通信系统中，测量报告的传输和切换命令的接收之间存在时延，若直接沿用地面蜂窝网络的移动性测量管理机制，可能导致测量结果失效。失效的测量结果会引发不恰当的切换行为（如过早或过晚切换），甚至造成切换失败。

在 GEO 场景中，小区覆盖范围较大、小区间的重叠区域也较大，因此信号强度的变化较小，终端切换的概率相对较低。尽管非GEO场景的传输时延较小，但卫星的高速移动会导致信道快速变化，进而影响测量的有效性。

2. 传输时延大

卫星的轨道高度较高（GEO 卫星的高度高达 36000km），地面终端到卫星的传播距离远远超过到地面蜂窝网络基站的距离。在透明弯管传输的场景中，GEO 卫星系统的往返传输时延可达到 541.46ms，LEO 卫星系统的往返传输时延可达到 25.77ms。较高的传输时延给卫星网络中的切换带来了巨大的挑战，主要体现在信令传输时延高，增加了切换中断时间。

切换过程中涉及的信令如测量报告、切换请求及切换请求确认（ACK），当目标小区来自不同的卫星时，会经历额外的时延，从而增加了切换中断时间。

3. 远近效应不明显

在 TN 中，由于小区边缘与小区中心的信号强度存在明显的差异，UE 可以依据信号强度确定其是否处于小区边缘。但在 NTN 中，这种差异可能不会那么明显，且卫星的高度较高，因此重叠区域的两个波束间的信号强度只有细微差异。小区中心与小区边缘信号强度示意如图 7-1 所示。

在非 GEO 场景中，卫星相对地面持续移动，因此在非 GEO 卫星小区内的静止终端和移动终端都会面临快速的信道变化，这为卫星通信系统中的切换带来以下两个方面的挑战。

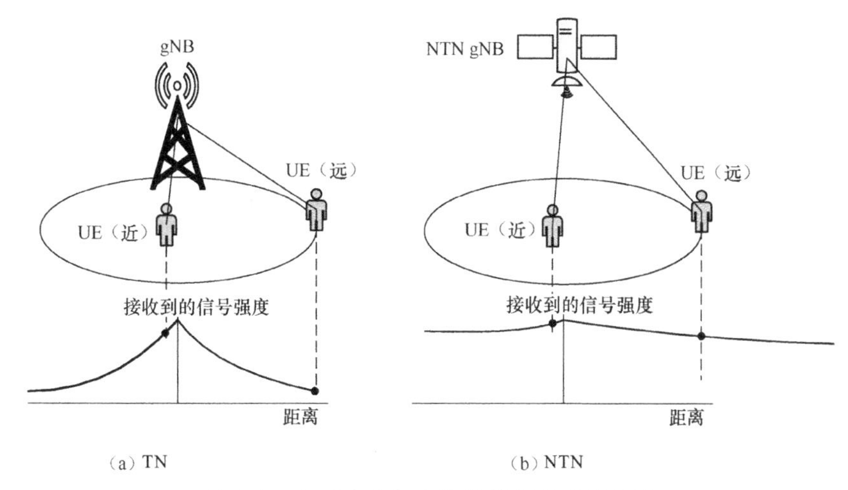

图7-1　小区中心与小区边缘信号强度示意

（1）终端面临频繁且不可避免的切换

非GEO卫星的快速移动导致终端面临频繁且不可避免的切换，这可能会进一步导致信令开销和终端功耗显著增加，并加剧与移动性相关的其他潜在问题，例如，信令时延导致的业务中断。

以恒定速度和方向运动的终端能够保持连接到小区的最长时间可以近似为小区直径除以终端相对于卫星小区的移动速度。对于LEO系统，小区大小除以终端与卫星小区之间的相对速度即可得到终端能够连接到小区的最长时间。当终端的移动方向与卫星相同时，相对速度为卫星速度减去终端速度；当终端的移动方向与卫星相反时，相对速度为卫星速度加上终端速度。

LEO小区直径为50km和1000km的情况下，UE可以连接到一个小区的最长时间见表7-1。

表7-1　UE可以连接到一个小区的最长时间

小区直径 /km	UE 移动速度 /（km/h）	卫星的移动速度 /（km/s）	连接时间 /s
50	+500	7.56	6.39
	-500		6.74
	+1200		6.23
	-1200		6.92
1000	+500		1210.89
	-500		134.75
	+1200		126.69
	-1200		138.38

（2）网络需要给大量需要执行切换的终端配置切换命令

NTN的小区规模大，许多终端可以在一个小区内获取服务。考虑到卫星的传输时延、速度和终端密度，在一定的时间内可能有非常多的终端需要执行切换任务，信令开销较大，业务连续性会面临较大的挑战。当UE数量为C-RNTI值（即65519），卫星的移动速度为7.56km/s时，忽略UE的移动速度，不同小区直径下的平均切换率见表7-2。

表7-2　不同小区直径下的平均切换率

小区直径/km	小区面积/km^2	UE密度/（UE/km^2）	平均切换率/（UE/s）
50	1964	33.36	19824
100	7854	8.34	9904
250	49087	1.33	3962
500	196000	0.33	1982
1000	785000	0.08	990

在非GEO卫星系统中，卫星的高速移动将导致极高的切换率，显著增加了信令开销，并对网络资源管理提出了更高要求。即使终端位置固定，由于卫星本身的运动，UE的邻近可用小区也会随时间变化，可能使之前配置的候选小区列表失效。

7.1.2　优化小区选择/重选流程

在卫星通信系统中，远近效应的不明显性、测量结果不精确的风险，以及卫星小区的移动性特点，导致邻小区集动态变化。因此，仅依靠现有基于测量结果（如RSRP和RSRQ）的小区选择和重选机制是不够的，需要进行必要的优化。在现有的TN小区选择/重选机制（S和R准则）的基础上，探讨以下4个优化方向。

（1）增加NTN专用的小区重选优先级

根据现行的频率优先级机制，若TN频率的优先级高于NTN频率，则NTN中的UE需要读取高优先级TN小区的系统消息，以判断是否适合接入。这一过程会导致额外的时延和能耗。为解决这个问题，建议为NTN配置专用的小区重选优先级，通过系统消息或RRC释放消息给UE，使UE根据NTN的优先级进行小区重选。

（2）增加基于卫星星历信息的小区选择与重选

星历信息提供了卫星在特定时刻的位置信息，可以用来确定卫星的服务范围，辅助UE进行小区选择/重选。3GPP已经批准了NTN中基于卫星或高空平台星历信息的小区选择与重选机制，确保这些信息能够提供给UE，以支持更精确的小区选择。

（3）增加基于时间辅助信息的小区重选

对于准地球固定场景，网络能够广播小区服务终止时间（这些时间信息可用计时器或绝对时间表示），告知UE当前小区何时停止服务。UE可以根据这一信息，提前启动邻近小区测量，并在合适的时间切换至新小区，从而避免服务中断。需要注意的是，该机制仅适用于准地球固定场景，对于地球移动和地球固定场景，网络不会广播时间信息。

（4）增加基于位置辅助信息的小区重选

由于NTN中远近效应不明显，UE的位置信息成为优化小区选择与重选的重要依

据，具体有以下 3 种方法。

① 方法 1：基于 UE 与卫星的距离。

② 方法 2：基于 UE 与小区中心的距离。

③ 方法 3：基于小区的覆盖范围参数。

由于方法 1 无法区分同一卫星的不同小区，方法 3 的复杂度较高，所以方法 2 被认为是最优方案。因此，在准地球固定场景中，可以在网络中广播小区（服务小区或邻近小区）的参考位置来辅助小区重选。对于同频测量或者同优先级及低优先级的测量，当 UE 与服务小区参考位置的距离小于阈值且接收电平（Srxlev）和信号质量（Squal）满足条件时，UE 可以不执行测量；对于高优先级的测量，无论 UE 与服务小区参考点的距离如何，UE 都应该执行测量。有效的位置信息可以降低 UE 为了获取位置信息而产生的额外功耗。

7.1.3　缩短切换中断时间

为了最大程度地缩短 NTN 中的切换中断时间，提升 UE 的服务连续性，推荐采用免随机接入信道（RACH-less）切换方法。

传统切换过程中，UE 在接入目标小区前要执行随机接入信道（RACH）过程以获取 UL 资源并完成同步。而 RACH-less 切换允许 UE 跳过随机接入步骤，直接使用网络预先分配的时间—频率资源，在目标小区发送切换完成消息。这种方法降低了 NTN 中超高的传输时延对 UE 业务连续性的影响。然而，执行 RACH-less 切换需要目标小区与源小区属于同一基站，或者目标小区已知此 UE 的定时提前（TA）。与地面蜂窝网络不同，NTN 中源小区对应的卫星与服务小区对应的卫星之间的位置、高度有所不同，因此同一 UE 接入不同卫星服务的小区时，TA 会有所不同。但 TA 可根据 UE 的位置信息、卫星的星历信息及地面站的位置信息来计算。

7.1.4　提升切换的稳健性

为了增强 NTN 中切换的稳健性，解决测量过时，以及测量报告传输和切换命令接收之间存在较高时延的问题，NTN 引入了条件切换（CHO）。

CHO 借鉴了地面蜂窝网络的切换流程，并针对 NTN 特性进行了优化：网络为 UE 配置切换触发条件和相应的候选小区，当 UE 满足一个或多个触发条件时，可自行执行切换流程，接入相应的候选小区。

由于 NTN 中远近效应不明显，基于测量的信号强度的触发条件并不完全适用，因此研究了以下 4 种适用于 NTN 的触发条件。

① 基于位置的触发条件。在 NTN 中，可以考虑基于 UE 和卫星位置信息的触发条件，该触发条件可以单独使用或与其他触发条件（如基于测量的信号强度）联合使用。基于位置的触发条件在非 GEO 场景中应考虑确定性的卫星运动。例如，基于位置的触发条件可以表示为 UE 与卫星之间的距离，或者 UE 与卫星小区中心点之间的距离。推荐选择基于 UE 与小区参考位置（如小区中心）的距离作为触发条件。基于位置的触发

条件将引入新的 CHO 事件：UE 与当前服务小区的参考位置之间的距离大于阈值 d_1，而 UE 与 CHO 候选目标小区的参考位置之间的距离小于阈值 d_2。

② 基于时间 / 定时器的触发条件。非 GEO 卫星的运动是确定的，因此，可以获取某个区域的服务时间段，并根据服务时间研究基于世界协调时（UTC）或基于定时器的触发条件，以及独立配置或与其他触发条件联合配置的方案。例如，可以采用 UTC+ 时间 / 定时器来表示持续时间的范围 [T_1，T_2]，并规定 UE 只允许在 T_1 ～ T_2 切换到相应的候选目标小区。

③ 基于 TA 的触发条件。可以单独配置，也可以与其他触发条件联合配置。

④ 基于卫星仰角的触发条件。可以单独配置，也可以与其他触发条件联合配置。

通过这些新引入的触发条件，NTN 的切换流程将更加稳健，能够在不同的网络条件和场景下保持较高的切换成功率，提高网络性能和用户体验。不同类型触发条件的优缺点见表 7-3。

表 7-3 不同类型触发条件的优缺点

触发条件	优点	缺点
基于测量的信号强度	对标准的影响小； 地面蜂窝网络中已经支持； 基于接收功率和小区质量	需要邻小区列表，但是由于非 GEO 卫星的快速移动，邻小区列表是动态变化的； NTN 中远近效应不明显，可能使基于测量的信号强度触发不可靠； 难以确保 UE 能够切换到特定的小区
基于位置	有助于解决 NTN 中远近效应不明显、小区边界不清晰给切换带来的影响； 可以根据 UE 位置信息启用强制切换； 可以利用卫星星历信息和确定的卫星运动预先配置触发条件； 可以减少为了切换 UE 执行测量的次数； 对于基于 UE 与卫星之间的距离来触发 CHO 的，此距离可以直接用于 TA 的计算	对于单独配置的基于位置的触发条件，可能会触发 UE 接入不可用的小区； UE 必须具备定位能力； UE 必须持续跟踪卫星的轨迹，还需要获取 UE 的位置信息，这可能会带来较大的开销
基于时间 / 定时器	如果 UE 失去地面蜂窝网络的覆盖，可以让 UE 在失去覆盖的时间切换到 NTN 小区，维持业务的连续性； 可基于时间启用强制切换； 网络可以配置不同的触发时间来减轻可能的 RACH 拥塞； 能够利用卫星星历信息和确定的卫星运动来确定触发时间； 可以减少为了切换 UE 执行测量的次数	对于单独配置的基于时间的触发条件，可能会触发 UE 接入不可用的小区； 星历表数据的精确度不够及 UE 的移动，使基于时间的触发可能不够准确，可能导致过早或过晚切换； 每个 UE 维护多个定时器可能会产生较大的开销
基于 TA	适用于 UE 发送 RACH 前导码需要预补偿时间的场景，以便目标小区能够正确接收前导码，无须重复计算 TA； 有助于解决 NTN 中远近效应不明显给切换带来的影响	需要 UE 支持 GNSS
基于卫星仰角	适用于形状不规则的切换区域	UE 需要基于 UE 的位置和卫星星历数据计算仰角

7.2 同步技术

在卫星通信系统中，由于卫星的高度从几百千米到几万千米不等，信号传输时延远远超过地面通信系统。例如，GEO卫星与地面用户之间的传输时延超过100ms。而在LEO场景中，卫星高速移动产生的多普勒效应，使频偏和时延变化率也远远超过地面通信网络。在LEO600（600km低轨道卫星）场景中，卫星的速度可以达到7.56 km/s，而在低仰角的情况下，多普勒归一化频移可以达到2×10^{-5}以上。因此，在进行同步过程时，卫星通信系统面临的时延和频偏问题远大于地面通信系统。为此，传统地面通信设计的同步技术很难直接应用于卫星通信系统，需要进行相应的增强以适应卫星通信的特点。

7.2.1 下行同步技术

在卫星网络接入过程中，下行同步技术是首要考虑的因素。卫星的高速运动将导致频偏较大，这已经超出了5G现有下行同步技术的频偏估计范围，可能导致终端无法获得频率同步。具体来说，在5G卫星通信系统的下行同步过程中，终端首先需要搜索主同步信号（PSS）。但较大的频偏可能导致主同步信号无法被成功检测，从而影响符号边界同步、粗频偏同步及小区标识检测。辅同步信号（SSS）是基于主同步信号的小区标识和辅同步信号的小区标识共同产生的，如果主同步信号无法成功检测，辅同步信号也将无法解调，进而影响物理广播信道（PBCH）的成功接收。因此，整体下行同步性能，包括符号定时、无线帧定时及频率同步等都将受到影响。下行同步技术的关键在于如何有效处理卫星通信系统中的大频偏问题。

可以从高轨道同步卫星和低轨道近地卫星两种情况来评估5G卫星通信的下行同步技术。

（1）高轨道同步卫星

高轨道同步卫星与地面的距离较远，路径损耗相比地面蜂窝网络更大。但是，高轨道同步卫星通信系统中的卫星发射功率和天线增益都较大，相较于地面蜂窝网络中的基站发射功率和天线增益，链路预算可以获得有效的增益补偿。

评估结果表明，在基于5G的高轨道同步卫星通信系统中，下行同步的信噪比能够得到可靠保证，从而实现有效的下行同步。

（2）低轨道近地卫星

低轨道近地卫星的高速运动导致较大的多普勒频移，增加了下行同步信号的检测难度。为了解决大频偏问题，3GPP提出了基于波束中心为参考点的下行公共频偏预补偿方案。

在这个方案中，网络侧会选定波束中心点为参考点，并计算出卫星到参考点处的公共多普勒频移，然后进行预补偿。这样，卫星波束下的公共多普勒频移被预先补偿，最主要的频偏部分将被抵消。最大的残余多普勒频移出现在波束边缘，与小区大小和仰角有关。只要波束边缘终端的下行同步性能符合要求，即主同步信号的检测虚警率低于1%，且链路预算的载噪比大于满足虚警率要求的最低信噪比，主同步信号就能被正确解调。通过这种解决方案，对于低轨道近地卫星高速运动场景，现有5G的同步广播块设计能实现稳健的下行同步性能。

然而，在没有进行基于波束中心的公共频偏预补偿的卫星通信场景中，终端接收机需要应对额外的复杂度以获得可靠的下行初始同步性能。对于这种情况，可能需要进一步的技术研究和优化，以确保在各种卫星通信场景中实现可靠的下行同步。

7.2.2 上行同步技术

卫星通信系统中的高时延与大频偏为上行同步技术带来了挑战。为解决这些问题，目前主要存在两种增强上行同步技术的方法。

（1）增强传统的同步参考信号

通过物理随机接入信道（PRACH）前导码来扩大对时频偏的容忍范围。这种方法可能需要对传统地面通信系统进行大幅修改，但其优点是不需要用户具备额外的能力，并且适用于多种场景。

（2）利用传统的同步参考信号

借助GNSS信息和网络指示的辅助信息来估计卫星造成的时延和频偏，并进行预补偿。与第一种方法相比，这种方法无须对传统同步过程进行大幅修改，但它要求用户具备GNSS能力，因此不适用于GNSS信号受到遮蔽的室内场景等。目前，主要有以下两种方式。

① 利用GNSS模块定位地面用户位置。用户通过GNSS模块确定自身位置后，可以通过网络侧广播的消息获取卫星的位置和速度信息，应用几何原理计算出地面用户与卫星间的距离和相对速度，从而估计传输时延与频偏。

② 利用GNSS模块获得参考时间和频率。用户通过GNSS信号校正自身的晶体振荡器，使其时钟与卫星时钟同步。这样，用户和网络侧就能在绝对时间和载波频率上达成共识。然后，用户可以根据自身接收时间和接收频率与网络侧发送时间和发送频率的差值估计时频偏。这种方法要求GNSS模块与通信模块紧密结合，实时校正晶体振荡器，因此其复杂度会高于定位地面用户位置的方法。

这两种主要方法各有优劣，需要根据特定卫星通信系统的实际需求和约束条件来选择。

7.2.3 时频同步方案

3GPP R17重点关注如何在基于透明转发的卫星网络架构中运用GNSS数据来解决卫星通信带来的时延和频偏问题，特别是通过地面用户定位的几何计算方法来迅速实现在主流场景中的应用版本。对于不依赖GNSS模块而对传统同步信号进行增强的方法，3GPP计划在未来版本中深入研究，本节只讨论基于GNSS数据的几何计算方法。

（1）定时预补偿的基础方法

在初步接入阶段，用户需要先评估卫星产生的传输时延，并在发射PRACH前导码

时执行 TA。对于业务链路和馈电链路，分别进行以下操作。

对于业务链路，用户通过网络侧广播的卫星轨道数据推算出卫星的位置和速度，并合结 GNSS 模块获取自身位置，使用几何计算方法估算服务链路的传输时延及所需的 TA。

对于馈电链路，若地面信号站的位置能广播给用户，用户则能通过几何方法计算出馈电链路的传输时延及所需的 TA。然而考虑到安全性，地面信号站的位置通常不会直接提供给用户。针对这种情况，有以下两种不需要广播信号站位置的方法。

① 由网络侧评估并补偿馈电链路的传输时延。在此情况下，时间同步参考点即上行和下行传输的时间对齐点。当卫星移动时，网络侧需要处理时间变化的馈电链路传输时延，这会增加传输调度的复杂度，对基站的能力要求超过地面通信系统。

② 网络侧评估馈电链路的传输时延后，广播一个公共 TA 给用户。公共 TA 可以等于馈电链路 TA，也可以与馈电链路 TA 有一个固定偏差值。当公共 TA 等于馈电链路 TA 时，时间同步参考点位于地面信关站处，这种方法类似于传统的地面蜂窝网络，但可能暴露地面信关站的位置，存在安全隐患。当公共 TA 与馈电链路 TA 有一个固定偏差值时，时间同步参考点不在地面信关站处，这样可以保证地面信关站的安全。此外，添加固定偏差值后，基站上行和下行时序的偏移量能保持相对稳定，从而无须考虑时间变化传输时延带来的调度问题。

通过定时预补偿，残余的定时偏差与地面通信系统相当或更小。因此，可以继续使用传统的同步流程，即用户在 Msg1 中发送 PRACH 前导码，网络侧通过前导码评估预补偿后残余的定时偏差，然后通过 Msg2 中随机接入响应（RAR）的公共 TA 反馈给用户。将 TA 与 Msg2 中网络侧反馈的 TA 相加，用户可以获得完整的 TA，实现上行定时同步。

与初始接入相似，在连接状态下用户可以在发送物理上行共享信道（PUSCH）数据前，根据自身和卫星的位置估计服务链路 TA，并根据公共 TA 对馈电链路进行预补偿。然后，在上行传输过程中，网络侧可以通过传统 MAC 控制元素（CE）的公共 TA 将评估出的上行定时偏差反馈给用户。将 TA 与 MAC CE 中网络侧反馈的 TA 相加，用户可以获得完整的 TA，在连接状态下实现上行定时同步。

综上，用户在上行传输时使用的 TA 可表示为

$$T_{\mathrm{TA}}=\left(T_{\mathrm{TA}}+N_{\mathrm{TA,UE\text{-}specific}}+N_{\mathrm{TA,common}}+N_{\mathrm{TA,offset}}\right)\times T_{\mathrm{c}}$$

其中：

T_{TA} 在初始接入前为 0，并会在随后的传输中根据 RAR 和 MAC CE 中的公共 TA 进行更新，其定义与传统地面通信系统中相同；

$N_{\mathrm{TA,UE\text{-}specific}}$ 是用户根据卫星和自身位置估计的服务链路 TA，3GPP 不进行标准化，留给用户自行实现；

$N_{\mathrm{TA,common}}$ 是由网络侧控制并指示的公共 TA，3GPP 没有规定具体的推导过程，留给工程实现；

$N_{\text{TA,offset}}$是一个固定的偏差值，其定义与地面通信系统中相同；

T_c是5G通信系统中的时间单位，其大小为$T_c = 1/(\Delta f_{\max} \times N_f)$，其中，$\Delta f_{\max} = 4.8 \times 10^5$ Hz，而N_f=4096 。

（2）公共 TA 的指示

网络侧控制并向用户指示公共 TA 是为了使用户能对馈电链路的传输时延进行预补偿。具体来说，当公共 TA 等于零时，时间同步参考点位于卫星处，馈电链路的传输时延完全由网络侧补偿；当公共 TA 等于 2 倍馈电链路传输时延时，时间同步参考点位于地面信关站，馈电链路的传输时延完全由用户补偿；当公共 TA 不等于以上两个值时，时间同步参考点既不在卫星上又不在地面信关站上，馈电链路的传输时延由网络侧和用户共同补偿。

在 LEO 场景下，由于卫星的移动性，馈电链路的 TA 会持续变化。若网络侧补偿一个变动的时延，则上行和下行的时间偏差将不断变化，调度会变得更加困难且复杂，对基站能力的要求也超过了传统地面通信系统的基站。若由用户来处理馈电链路 TA，确保网络侧补偿的时延为一个固定值，则可避免上述问题。在这种方案下，网络侧指示的公共 TA 应以一定的频率进行更新。然而在低仰角下，LEO 馈电链路传输时延的变化非常快。例如，在 LEO600 场景下，地面信关站以 10° 仰角连接卫星时，馈电链路 TA 的变化率可达 45.4μs/s。

3GPP 的 NR 协议规定，连接状态下定时误差不能大于 T_e。当同步信号块（SSB）的子载波间隔（SCS）配置为 240kHz 时，T_e为 0.098μs（T_e=3 × 64 × T_c），即仅需几毫秒，公共 TA 的变化就超过了定时误差的范围。这意味着，公共 TA 以极高的频率进行更新将导致信令开销难以承受。为了解决这个问题，网络侧可指示公共 TA 的变化率，使用户能在一定程度上自行估计公共 TA 的变化，从而降低公共 TA 的广播频率，减小信令开销。

另外，由于卫星的运动是非直线性的，公共 TA 的变化也是非线性的。因此，指示公共 TA 的高阶变化率有助于用户在更长的时间内估计公共 TA 的变化。在 LEO600 场景下，当不同阶数的公共 TA 变化率被指示下来时，用户估计公共 TA 时的最大残余误差见表 7-4。当网络侧指示二阶变化率时，即使将定时误差容忍范围定为 0.098μs，公共 TA 的指示周期仍然可以达到 10s 以上，显著降低了广播频率和信令开销。因此，网络侧在指示公共 TA 时，应指示一个参数集，包括公共 TA（TA common）、公共 TA 变化率（TA common drift）和公共 TA 二阶变化率（TA common drift variation）。

表 7-4　不同阶数的变化率指示下，用户估计公共 TA 时的最大残余误差

参数指示周期	仅指示一阶变化率	指示一阶和二阶变化率	指示一阶、二阶和三阶变化率
3s	0.3267μs	0.0008μs	0.0001μs
5s	0.9065μs	0.0039μs	0.0001μs
10s	3.6086μs	0.0312μs	0.0008μs

续表

参数指示周期	仅指示一阶变化率	指示一阶和二阶变化率	指示一阶、二阶和三阶变化率
15s	8.0562μs	0.1047μs	0.0039μs
20s	14.1685μs	0.2429μs	0.0117μs
30s	30.9435μs	0.8338μs	0.0513μs

为了保证公共 TA 的指示周期不会因量化误差而受到明显影响，量化的粒度应足够小。现阶段，3GPP 已达成共识，公共 TA、公共 TA 变化率，以及公共 TA 二阶变化率的取值范围、量化粒度和比特分配见表 7-5。

表 7-5　公共 TA 参数的取值范围、量化粒度和比特分配

参数名称	取值范围	量化粒度	比特分配
TA common	0 ～ 66485757	4.07×10^{-3}μs	26bit
TA common drift	－261935 ～ 261935	0.2×10^{-3}μs/s	19bit
TA common drift variation	0 ～ 29470	0.2×10^{-4}μs/s^2	15bit

（3）TA 的刷新策略

用户在上行传输时使用的 TA 可以表示为

$$T_{\mathrm{TA}}=\left(N_{\mathrm{TA}}+N_{\mathrm{TA,UE\text{-}specific}}+N_{\mathrm{TA,common}}+N_{\mathrm{TA,offset}}\right)\times T_{\mathrm{c}}$$

当卫星具有移动性时，N_{TA}、$N_{\mathrm{TA,UE\text{-}specific}}$ 和 $N_{\mathrm{TA,common}}$ 都是随时间变化的，在连接状态下需要及时更新。典型的 TA 更新时间线如图 7-2 所示。

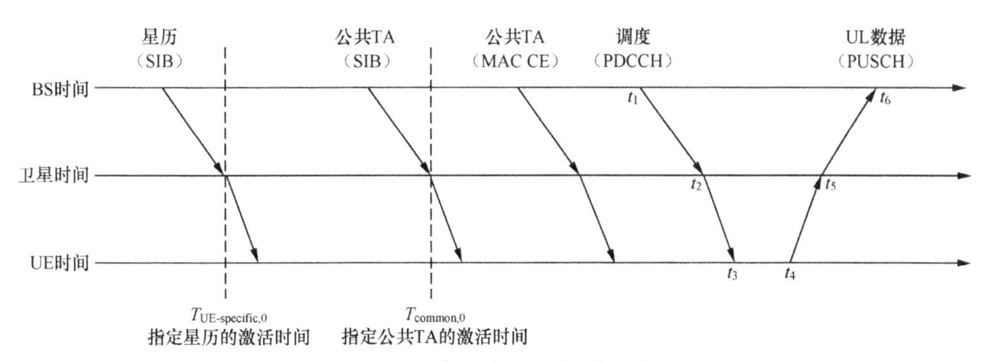

图7-2　典型的TA更新时间线

N_{TA} 是地面通信系统中，由网络侧指示给用户的 TA 调整量，以闭环反馈的机制进行更新的。当接收到的是 MAC CE 公共 TA 时，其表达式为

$$N_{\mathrm{TA}}=N_{\mathrm{TA,old}}+(T_A-31)\times16\times64/2^{\mu}$$

其中，T_{A} 是网络侧通过 MAC CE 公共 TA 指示的值。当接收到的是 Msg2 中的公共 TA 时，其表达式为

$$N_{\mathrm{TA}}=T_{\mathrm{A}}\times16\times64/2^{\mu}$$

综上所述，连接状态中的 TA 刷新结合了开环和闭环策略。其中，服务链路 TA 和公

共 TA 需要用户自主刷新，因此采用开环机制；而传统的公共 TA 中指示的 TA 则由网络侧基于用户的上行传输信号进行估算，再反馈给用户，因此采用闭环机制。

（4）二次补偿问题在开环与闭环 TA 调整结合时的体现

TA 的刷新过程融合了开环和闭环调整机制，可能会出现二次补偿问题：在执行开环 TA 调整后产生的残余误差会在闭环 TA 调整中得到补偿。但是，一旦开环 TA 调整的相关参数（如卫星星历、用户位置和公共 TA 参数）得到更新，这部分残余误差会再次得到补偿，从而产生误差被二次补偿的现象。这种二次补偿可能会引发 TA 跳变，从而导致 TA 的调整不稳定。为了解决这一问题，3GPP 提出了以下方法。

① 当二次补偿发生时，用户可以自行调整 TA 以消除二次补偿现象。例如，当卫星星历或用户位置得到更新时，用户可以计算出 $N_{\text{TA,UE-specific}}$ 在参数更新前后的值 $N_{\text{TA,UE-specific,new}}$ 和 $N_{\text{TA,UE-specific,old}}$，然后在累积的闭环 TA 中减去它们的差值，即 $N_{\text{TA}}-\left(N_{\text{TA,UE-specific,new}}-N_{\text{TA,UE-specific,old}}\right)$，以保持总的 TA 稳定。类似地，当公共 TA 参数得到更新时，通过 $N_{\text{TA}}-\left(N_{\text{TA,common,new}}-N_{\text{TA,common,old}}\right)$ 保持总的 TA 稳定。

② 用户根据新参数计算出 $N_{\text{TA,UE-specific,new}}$ 或 $N_{\text{TA,common,new}}$ 后，可以以较小的变化率，在一定时间段内完成对 $N_{\text{TA,common}}$ 和 $N_{\text{TA,UE-specific}}$ 的调整，以避免 TA 跳变的发生。

这种方法可能需要修订 5G 通信系统中的渐进时序调整要求，确保 TA 的稳定性和准确性。

（5）有效时间的考量

在卫星通信系统中，尽管用户能自主估算公共 TA 和卫星星历的变化，但随着时间的推移，这些估算会累积一些残余误差。因此，用户在接收到网络侧指示的公共 TA 参数和卫星星历后，仅能在一定时间段内对公共 TA 和卫星的位置及速度进行准确估计，这段时间被称为有效时间。用户应确保上行传输始终在有效时间内，避免因超出有效时间而失去同步。

网络侧会向用户指示公共 TA 和卫星星历的有效时间。为了完整指示有效时间，网络侧不仅要指示有效时长，还要指示有效时间的起始时刻，即 epoch time。其中，有效时长可随公共 TA 参数或卫星星历一起传输，并通过 SIB 进行广播。而 epoch time 则关联于某个下行时隙或子帧的边界，通过隐式的方式指示给用户。确定关联的下行时隙或子帧的方法主要有以下 3 种。

① 网络侧通过信令直接指示关联的下行子帧的系统帧号（SFN）和子帧号。

② 预先定义关联的下行时隙是 SI 窗口开始后的第 N 个下行时隙。

③ 预先定义关联的下行时隙是携带公共 TA 参数或卫星星历 SIB 的最后一个时隙。

第一种方法虽然精确但需要额外的信令消耗；后两种方法通过预先定义的方法避免了信令消耗，但是，如果公共 TA 和卫星星历通过专用 RRC 信令指示，第二种方法则无法使用。根据不同的情况，epoch time 的关联规则如下。

当网络侧在 SIB 中随公共 TA 参数或卫星星历一起指示了下行子帧的 SFN 和子帧

号时，将 epoch time 关联到该子帧的开始；当下行子帧的 SFN 和子帧号未在 SIB 中指示时，将 epoch time 关联到相应 SI 窗口的结尾；当通过专用信令传输辅助信息时，将 epoch time 关联到指示的 SFN 和子帧号对应的下行子帧的开始。

在 epoch time 指示方法中，需明确定义 epoch time 的参考点，以便所有用户和网络侧就 epoch time 的绝对时间达成一致，避免传输时延造成不同用户对 epoch time 的理解产生偏差，即 epoch time 对应的绝对时间是关联的子帧或 SI 窗口通过上行时间同步参考点的时间。这里，上行时间同步参考点指的是上行帧和下行帧偏差对齐的点。

值得注意的是，虽然公共 TA 参数和卫星星历的有效时间可能不同，但在同一 SIB 中传输时，两个参数会同时更新。此时，可以配置一个共同的有效时间，表明在此期间内，用户可在不读取新参数的情况下保持同步。3GPP 已确认公共 TA 参数和卫星星历将在同一 SIB 中传输，并使用共同的 epoch time 和有效时间。

此外，可以为用户配置有效性计时器，根据有效时间约束用户的行为。与有效性计时器相关的用户行为仍在 3GPP RAN1 和 RAN2 的讨论中，目前 3GPP 认为，当用户读取新的公共 TA 参数和卫星星历后，有效性计时器会在 epoch time 处启动或重启。计时器运行时，表明处于有效时间，上行同步可保持；一旦计时器过期，则停止上行传输，重新获取系统信息，并清空混合自动重传请求（HARQ）缓冲区。

（6）频偏补偿基础方法

针对业务链路和馈电链路，采取了以下不同的处理方式。

在业务链路方面，得益于网络侧能广播卫星的星历信息，用户能推断出卫星的位置和速度。同时，通过 GNSS 定位，用户能得知自身的位置并测算自身的速度。利用这些数据，用户能应用几何学方法计算相对速度，进而估算业务链路上的频偏。

在馈电链路方面，与定时同步不同，频率同步参考点的位置不会对调度复杂度造成影响。因此，可以让网络侧或地面信关站对馈电链路的频偏进行补偿，使其对用户透明，从而降低对地面通信协议的影响。

需要注意的是，在卫星转发时可能会出现频率误差，这种误差也应对用户保持透明，可以由网络侧或直接由卫星进行补偿。

（7）下行频偏预补偿值指示

在下行同步的过程中，网络侧可能会选定地面小区中的某个参考点，对卫星至参考点的公共频偏进行预补偿，以缩小下行同步的频率搜索范围。在这种情况下，网络侧需将预补偿的频偏通知给用户，帮助用户获取标准的上行频率。

在移动波束架构中，网络侧预补偿的业务链路频偏是固定值，可直接指示给用户。而在固定波束架构中，网络侧可以告知用户地面参考点的位置，由用户自行估算下行预补偿的频偏。若以频偏形式指示服务链路预补偿的频偏，则指示值需要定期更新，这与定时同步中公共 TA 的指示方法类似。

考虑到信令消耗和切换等场景中的潜在问题，3GPP R17 暂时不支持下行频偏预补偿。

（8）星历信息的指示

在基于几何计算的定时同步和频率同步方法中，用户首先需要获取卫星的位置和速度信息。因此，星历信息需要定期通过广播传递给用户。3GPP 支持以下两种格式。

① 直接指示卫星位置和速度的状态向量。在地心地固坐标系下，将位置坐标分量 X、Y、Z 和速度坐标分量 VX、VY、VZ 指示给用户。这种格式需要 17 字节的载荷。

位置：78bit，单位为 m，范围由 GEO 场景决定，量化步长为 1.3m。

速度：54bit，单位为 m/s，范围由 LEO600 场景决定，量化步长为 0.06m/s。

虽然状态向量仅代表一个特定时刻的数据，但可以通过特定的方法可以从特定时刻推断出位置和速度的变化。例如，依据开普勒定律从瞬时位置和速度推导出整个轨道，并根据时间差预测后续的卫星位置和速度。但是，由于卫星受到多种外部因素的影响，这种推导只在一定时间范围内保持有效。

② 通过轨道参数的格式来指示星历信息。在这种情境下，网络侧需要指示卫星轨道的关键参数，包括半长轴 α（33bit、单位为 m）、离心率 e（19bit）、近日点辐角 ω（28bit、单位为 rad）、升交点黄经 Ω（28bit、单位为 rad）、轨道倾角 i（27bit、单位 rad），以及指定历元的平近点角 M（28bit、单位为 rad）。这种格式需要 21 字节的载荷。

获取时间信息后，可以依据轨道参数来推导相应的卫星位置和速度。

这两种星历格式各有所长。直接指示卫星位置和速度的状态向量适用于高精度的时频偏差预补偿，尤其适用于 NTN 中的高空平台通信、空地通信等没有轨道概念等场景。通过轨道参数的格式来指示星历信息，已在现有的卫星系统中得到广泛应用，便于用户进行长期和多星的预测，有利于无线资源调度和移动性管理。

7.3 时序优化增强技术

7.3.1 物理层时序优化增强

在卫星通信系统中，UE 在上行传输时，需要应用一个较大的定时提前量（范围从几十毫秒到几百毫秒）来确保上行同步。这将导致终端侧的上 / 下行帧定时存在一个较大的偏移量。在上行同步时，终端可能遇到以下两种情况。

① 终端在发送上行数据时应用了完整的定时提前量（即终端对整个传输链路进行的 TA 补偿），从而使基站侧的上 / 下行帧定时对齐。

② 终端在发送上行数据时仅应用了部分定时提前量，即终端只补偿了部分传输时延，剩余的传输时延需要由基站处理，这导致基站侧的上 / 下行帧定时不对齐。

针对上述两种情况，卫星通信系统需要对物理层的多种定时关系进行优化，以更好地适应卫星通信系统的特点，主要涉及上 / 下行交互的定时时序。此外，针对卫星通信系统高传输时延的特性，考虑到终端能耗，需要调整随机接入过程中一些下行监听窗的启动时刻，如随机接入响应窗口。

为了适应卫星通信系统的高空口传输时延特性，需要优化与上/下行定时交互相关的时序。优化的方法是在现有的传输定时基础上引入两个时延偏移量K_offset和K_mac。K_offset可被理解为终端到参考点之间的RTT，即服务链路的RTT与公共TA之和。而K_mac可被理解为参考点到信关站/基站之间的RTT。

在卫星通信系统中，物理下行共享信道（PDSCH）的接收定时单独参考下行的定时，不会受到终端侧上/下行帧定时不对齐的影响。因此，不需要优化PDSCH接收的定时关系，但需要优化其他涉及上/下行交互的定时关系。目前的优化方式是在现有的与上/下行交互相关的传输定时基础上，增加K_offset。

在初始接入阶段，网络可以通过系统信息为终端配置K_offset，这种配置可以是小区级别的也可以是波束级别的。小区级别的K_offset有助于节省信令开销，但在NTN场景中，一个小区可能包括多个波束，并且小区的覆盖面积相对较大，这可能会导致严重的端到端时延。波束级别的K_offset在一定程度上可以缓解初始接入过程中的端到端时延，但网络需要为每个波束配置一个K_offset，这在一定程度上会增加信令开销。目前，3GPP仅支持小区级别的K_offset配置。

LEO和GEO卫星的最大差分时延分别为3.2ms和11.3ms。对于GEO场景，即使将一个波束对应一个小区，不同终端的RTT可能相差20.6ms；对于LEO场景，不同终端的RTT可能相差6.3ms。如果终端在初始接入后继续使用系统信息广播的小区级别或波束级别的K_offset，将导致较高的调度时延。

根据上述分析，在初始接入后，网络需要更新K_offset，以降低不必要的调度时延。目前，更新K_offset的方法主要有以下两种。

一是通过RRC专用信令为终端配置K_offset。网络根据终端上报的位置信息或终端上报的TA及星历信息，确定合适的K_offset，并通过RRC信令为终端配置。

二是通过MAC CE将终端级别的K_offset指示给终端。网络根据终端上报的位置信息或终端上报的TA及星历信息，确定合适的K_offset，并通过MAC CE指示给终端。

对于连接态下的K_offset更新，3GPP支持通过MAC CE来调整K_offset的取值。此外，为了降低K_offset更新带来的信令开销，3GPP支持基于差分指示的方式调整终端级别的K_offset，即网络以小区级别的K_offset为基准，对于某一用户，通过指示其当前K_offset与小区级别K_offset的差值来指示用户当前的K_offset。用户根据MAC CE指示的K_offset，以及小区级别的K_offset确定当前的K_offset。对于小区级别的K_offset，其取值范围是0～1023ms，对于终端级别的K_offset，其取值范围是0～63ms。

对于在物理层规范中定义的MAC CE定时关系，MAC CE命令在终端发送与携带MAC CE命令的接收PDSCH相对应的HARQ-ACK之后3ms被激活或生效。以下是4种不同情况下基站与终端对MAC CE生效时延的理解。

① 上行TA为0，基站侧上下行帧定时是对齐的。在这种情况下，基站与终端对配置相关的MAC CE生效时延的理解是一致的，均为（$n+k1+3$）ms。

② 上行 TA 大于 0，但数值较小，且基站侧上 / 下行帧定时是对齐的。在这种情况下，基站与终端对 MAC CE 生效时延的理解是一致的，均为（n+k1+3）ms。

③ 上行 TA 很大，终端执行了完整的 TA，且基站侧上 / 下行帧定时是对齐的。在这种情况下，基站与终端对MAC CE生效时延的理解是一致的，均为（n+k1+K_offset+3）ms。

④ 上行 TA 很大，但终端只执行了部分 TA，导致基站侧上 / 下行帧定时不对齐。对上行配置相关的 MAC CE 生效时延，基站侧与终端侧的理解是一致的，均为（n+K_offset+k1+3）ms。但对于下行配置相关的 MAC CE 生效时延，基站侧的理解为（n+K_offset+K_mac+k1+3）ms，而终端侧的理解为（n+K_offset+k1+3）ms。这里，K_mac 可以理解为基站侧上 / 下行帧定时的偏差值，即参考点到基站之间的 RTT。

在波束失败恢复过程中，根据现有的地面通信协议，终端在完成 PRACH 传输后，需等待 4 个时隙才能开始监听物理下行控制信道（PDCCH）。但在卫星通信系统中，由于可能存在基站侧上 / 下行帧定时不对齐的情况，基站在时隙 n+4 并不能接收到终端发送的 Msg1（即 PRACH 消息），因此，不会发出响应消息。针对此问题，需增强波束失败恢复过程中的时序。一个可行的方案是，在现有的波束失败恢复过程中，在发送 PRACH 与启动 PDCCH 监听时间位置间的时间间隔基础上增加一个 K_mac。具体来说，在终端发送完 PRACH 后，不是立即在 4 个时隙后启动 PDCCH 监听，而是延迟 4+K_mac 个时间单位再启动 PDCCH 监听。这样的调整可以避免终端执行无谓的 PDCCH 监听，从而避免不必要的能耗。通过这些增强措施，可以有效应对卫星通信系统中基站侧上 / 下行帧定时不对齐的情况，保障通信的准确性与效率。

K_mac 可以通过高级信令传递给终端，例如通过系统信息或 RRC 专用信令。目前，3GPP 允许通过系统信息向终端配置 K_mac，K_mac 的取值范围为 1 ～ 512ms。另外，考虑到卫星的高速运动，从参考点到基站之间的 RTT 会随时间变化，这就凸显出更新 K_mac 的必要性。然而，目前并没有为更新 K_mac 设计特定的增强机制，仅通过系统信息更新的方法来更新 K_mac。这种方式可能不足以应对卫星快速移动和时延变化的挑战，未来可能需要探索更灵活和实时的 K_mac 更新机制，以确保卫星通信系统的稳定性和效率。

7.3.2 高层时序优化增强

在高层相关流程中，通常 RRC 流程不考虑生效时间，因此传输时延的增加不会导致时序问题。同样地，SDAP、PDCP 及 RLC 层的流程主要负责数据包的排序和 QoS 控制，对时序的敏感度较低。但高层时序问题主要表现在MAC层，包括两大类：一是与随机接入相关的时序问题；二是与数据传输相关的时序问题。

在卫星通信系统中，同一波束覆盖范围内的 UE 传输时延差异可能超过 10ms。若 UE 不能准确估算传输时延，并确定发送前导码的时刻，基站将无法正确接收前导码。

7.4 HARQ

在蜂窝通信系统中，无线信道的时间变化特性和多径衰落对信号传输带来的影响，以及一些不可预测的干扰会导致信号传输失败。为了确保服务质量，通常采用前向纠错（FEC）编码技术和自动重传请求（ARQ）等方法来进行差错控制。

大多数无线分组传输系统将ARQ与FEC混合使用，即采用HARQ机制。在HARQ中，FEC用于减少重传的次数并降低误码率，ARQ通过重传和循环冗余校验来保证分组数据传输等要求极低误码率的场合。该机制是一种折中的方案，在纠错能力范围内自动纠正错误，超出纠错范围则要求发送端重新发送，既增加了系统的可靠性，又提高了系统的传输效率。

在5G系统中，PHY/MAC层的现有HARQ协议是为地面通信设计的。该协议采用停等式机制，即发送端每发送一个数据分组包后暂时停止，并等待接收端的确认信息（ACK/NACK）。如果接收到ACK信息，则发送新的数据，否则重新发送上次传输的数据包。这种机制实现简单，相应的信令开销小，对收端的缓存容量要求低。但在等待确认信息期间，信道是空闲的，不发送任何数据，这会导致资源浪费，从而降低系统的吞吐量。

为了解决这个问题，5G系统中的HARQ程序会在发送端同时激活多个HARQ进程。对于DL中的16个HARQ进程，基站侧可以同时发起16个进程传输数据。然而，面对卫星网络中更高的传输时延，可以采取以下4种方式进一步优化HARQ进程。

① 对于下行通信，网络侧根据卫星轨道高度和通信时延要求，在终端的每个HARQ进程中开启或关闭HARQ反馈。

② 对于上行通信，网络侧为每个HARQ进程配置采用扩展RTT的非连续接收HARQ定时器。

③ HARQ的进程从16个扩展到32个。

④ 对于半持久调度（SPS）激活的HARQ反馈，网络可以通过RRC信令进行激活。

7.5 链路层和系统层评估

校准和性能评估都应考虑单卫星和多卫星仿真系统。

7.5.1 系统层仿真

系统层仿真的目的是评估不同卫星轨道（GEO、LEO1200、LEO600）和频率波段（S波段和Ka波段）下的性能。

（1）仿真假设

用于系统级模拟器校准的卫星参数组（1）见表7-6，所有卫星参数都适用于每个波束。

表 7-6　用于系统级模拟器校准的卫星参数组（1）

参数		GEO	LEO1200	LEO600
卫星高度		35786km	1200km	600km
卫星的天线模式		3GPP TR38.811.V15.2.0 中的 6.4.1 节	3GPP TR38.811.V15.2.0 中的 6.4.1 节	3GPP TR38.811.V15.2.0 中的 6.4.1 节
DL 传输的有效载荷特性				
等效卫星天线孔径	S 波段（2GHz）	22m	2m	2m
卫星 EIRP 密度		59dBW/MHz	40dBW/MHz	34dBW/MHz
卫星 Tx 最大增益		51dBi	30dBi	30dBi
波束宽度 3dB		0.4011°	4.4127°	4.4127°
卫星波束直径		250km	90km	50km
等效卫星天线孔径	Ka 波段（20GHz）	5m	0.5m	0.5m
卫星 EIRP 密度		40dBW/MHz	10dBW/MHz	4dBW/MHz
卫星 Tx 最大增益		58.5dBi	38.5dBi	38.5dBi
波束宽度 3dB		0.1765°	1.7647°	1.7647°
卫星波束直径		110km	40km	20km
UL 传输的有效载荷特性				
等效卫星天线孔径	S 波段（2GHz）	22m	2m	2m
G/*T*		19dB/K	1.1dB/K	1.1dB/K
卫星 Rx 最大增益		51dBi	30dBi	30dBi
等效卫星天线孔径	Ka 波段（30GHz）	3.33m	0.33m	0.33m
G/*T*		28dB/K	13dB/K	13dB/K
卫星 Rx 最大增益		58.5dBi	38.5dBi	38.5dBi

注：1. 等效卫星天线孔径的值相当于 3GPP TR38.811.V15.2.0 第 6.4.1 节中的天线直径。
　　2. EIRP（有效全向辐射功率）密度值在所有频率再利用系数选项中都是相同的。
　　3. *G*/*T* 是指天线增益—噪声—温度

用于系统级模拟器校准的卫星参数组（2）见表 7-7，所有卫星参数都适用于每个波束。

表 7-7　用于系统级模拟器校准的卫星参数组（2）

参数	GEO	LEO1200	LEO600
卫星高度	35786km	1200km	600km
卫星的天线模式	3GPP TR38.811.V15.2.0 中的 6.4.1 节	3GPP TR38.811.V15.2.0 中的 6.4.1 节	3GPP TR38.811.V15.2.0 中的 6.4.1 节
DL 传输的有效载荷特性			

续表

参数		GEO	LEO1200	LEO600
等效卫星天线孔径	S 波段（2GHz）	12m	1m	1m
卫星 EIRP 密度		53.5dBW/MHz	34dBW/MHz	28dBW/MHz
卫星 Tx 最大增益		45.5dBi	24dBi	24dBi
波束宽度 3dB		0.7353°	8.8320°	8.8320°
卫星波束直径		450km	190km	90km
等效卫星天线孔径	Ka 波段（20GHz）	2m	0.2m	0.2m
卫星 EIRP 密度		32dBW/MHz	2dBW/MHz	–4dBW/MHz
卫星 Tx 最大增益		50.5dBi	30.5dBi	30.5dBi
波束宽度 3dB		0.4412°	4.4127°	4.4127°
卫星波束直径		280km	90km	50km
UL 传输的有效载荷特性				
等效卫星天线孔径	S 波段（2GHz）	12m	1m	1 m
G/T		14dB/K	–4.9dB/K	–4.9dB/K
卫星 Rx 最大增益		45.5dBi	24dBi	24dBi
等效卫星天线孔径	Ka 波段（30GHz）	1.33m	0.13m	0.13m
G/T		20dB/K	5 dB/K	5 dB/K
卫星 Rx 最大增益		50.5dBi	30.5dBi	30.5dBi

用于系统级模拟的 UE 特性见表 7–8。VSAT 的特性可以用相控降天线实现，其他 UE 包括移动平台、建筑要装设备等。

表 7–8　用于系统级模拟的 UE 特性

参数	VSAT	手持装备	其他 UE
频率带宽	Ka 波段（UL 为 30GHz、DL 为 20GHz）	S 波段（2GHz）	Ka 波段（UL 为 30GHz、DL 为 20GHz）
天线类型及参数	方向性 3GPP TR38.811 V15.2.0 第 6.4.1 节，等效孔径 60cm	（1，1，2）具有全向性的天线元件	方向性（M，N，P，Mg，Ng）=（待讨论，待讨论，2，1，1）；（dV，dH）=（待讨论，待讨论）λ，带有定向天线元件，半功率波束宽度（HPBW）为 65°
极化	圆形	线性：45° 交叉极化	线性：45° 交叉极化
Rx 天线增益	39.7dBi	每个元件 0dBi	待讨论
天线温度	150K	290K	待讨论
噪声参数	1.2dB	7dB	待讨论

续表

参数	VSAT	手持装备	其他 UE
Tx 传输功率	2W（33dBm）	200mW（23dBm）	待讨论
Tx 天线增益	43.2dBi	每个元件 0dBi	待讨论

单卫星模拟的波束布局基于 *UV* 平面进行定义，通过六边形映射来安排波束孔的视线方向，并仅使用 3dB 波束宽度参数来计算波束直径和间距，确保每个波束的有效覆盖。基准布局基于环绕机制，包含 19 个波束，即 18 个波束围绕中心波束分布在两个不同的“层”上。

在 *UV* 平面中，天底点坐标为（0，0），*U* 轴被定义为轨道平面上与卫星—地球连线垂直的方向，而 *V* 轴指向地球中心，如图 7-3 所示。

对中心波束孔视线方向的定义有两种情况：一是中心波束的中心在天底点，二是根据特定仰角目标调整中心波束的视线方向。

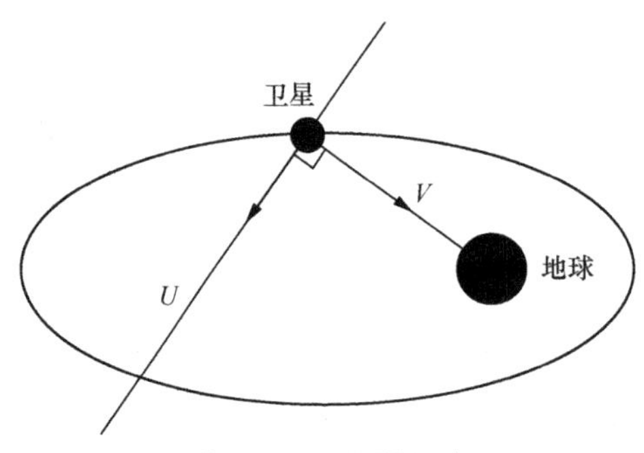

图7-3　*UV*平面示意

系统级校准的模拟假设见表 7-9。

表 7-9　系统级校准的模拟假设

参数	A、C2 和 D2
频率带宽	S 波段（2GHz）/Ka 波段（DL 为 20GHz、UL 为 30GHz）
每个波束的最大带宽	S 波段：DL 和 UL 均为 30MHz。 Ka 波段：DL 为 400MHz、UL 为 400MHz。 每个波束的带宽必须根据频率因子和偏振再利用选项进行调整
卫星天线模式	3GPP TR38.811.V15.2.0 第 6.4.1 节中描述的 Bessel 函数
卫星极化配置	圆形

续表

参数	A、C2 和 D2
频率重用系数	选项 1： 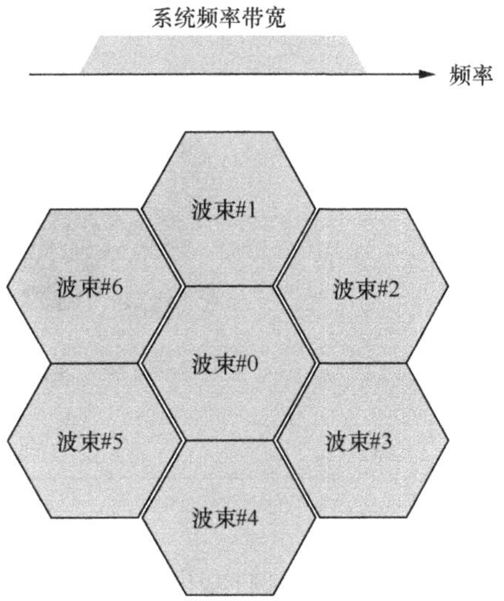 选项 2： 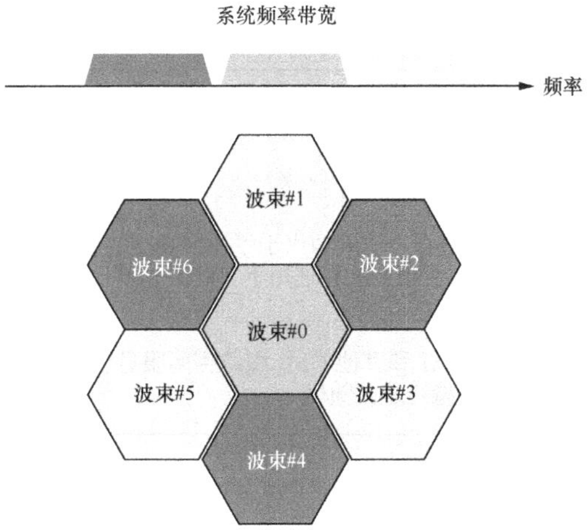

续表

参数	A、C2 和 D2
频率重用系数	选项 3：选项 2 启用极化重用功能 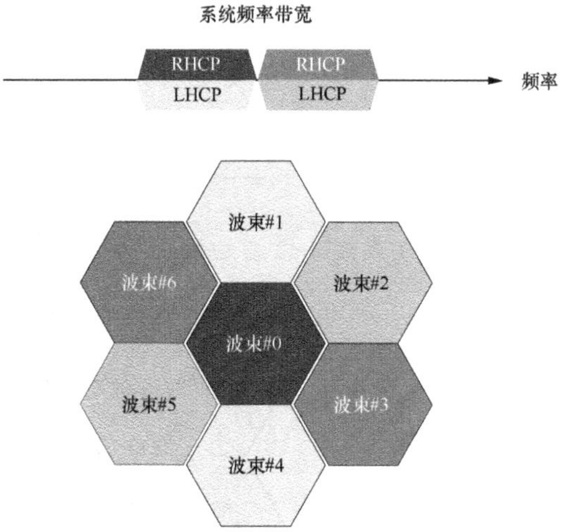 系统频率带宽 RHCP RHCP LHCP LHCP 频率 波束#1 波束#6 波束#2 波束#0 波束#5 波束#3 波束#4
极化重用	选项 1：禁用 选项 2：启用 只有在终端天线为圆形极化时，才使用极化重用
信道模型	使用 3GPP TR38.811 V15.2.0 中的大尺度模型
部署场景	基准为农村环境，但可以提供其他部署场景的结果
传播条件	基准为晴朗天空下的视距链路
UE 室外 / 室内分布	均位于室外
UE 分布	校准基线：每个波束至少有 10 个 UE，UE 均匀分布在与每个波束相关的所有 Voronoi 小区区域内
UE 参数	S 波段：主要适用于手持终端（场景 A 可选）。 Ka 波段：主要适用于 VSAT 和其他 UE（场景 A 可选）
UE 方向	VSAT 和其他 UE：跟踪空闲服务波束。 手持终端：随机
切换边界	0dB
UE 连接	RSRP
校准指标	基准：耦合损耗，几何形状 注意：耦合损耗定义为天线端口到天线端口的信号损耗

需要注意的是：除了时延，馈电链路造成的典型损失（如额外的频率误差、信噪比损失）通常可以忽略不计，但在必要时可以在评估中考虑并报告具体数值。UE 在纬度 20° ～ 60°，应考虑大气吸收损失，而电离层闪烁损失应被视为零。

系统级模拟中使用的环绕机制通过周围单元或波束的镜像效应来降低计算负荷。但在 NTN 中，除了中央波束在天底（90° 仰角）的特定情况，所有额外的环绕波束都应该被单独模拟，以准确评估星内干扰。基于 FRF 配置的附加层波束的环绕示意如图 7-4 所示。

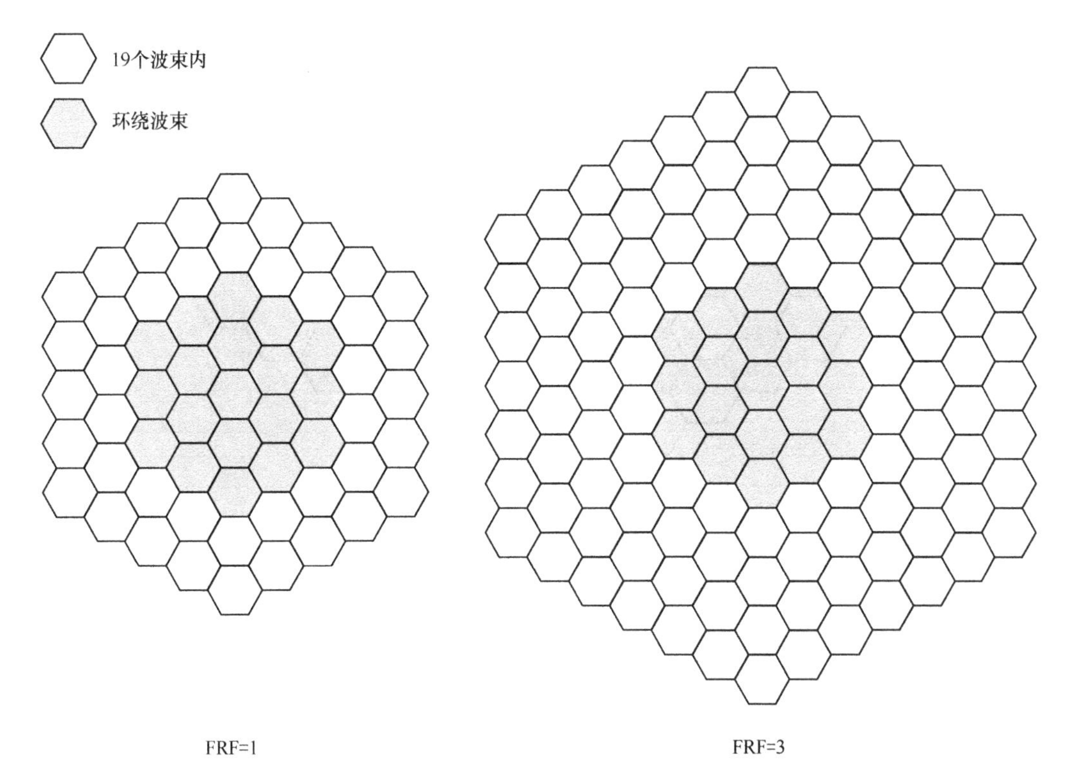

图7-4　基于FRF配置的附加层波束的环绕示意

对于 FRF=1，在围绕 19 个波束布局的模拟中考虑两层额外波束；对于 FRF > 1，在围绕 19 个波束布局的模拟中考虑 4 层额外波束。

在 DL/UL 中，当一个 UE 连接到一个波束时，如果所有剩余的波束共享相同的频段 / 极化，则都被视为干扰。度量统计（例如，耦合损耗、几何形状）只考虑放置在 19 个波束内部的 UE。需要考虑的干扰波束的定义如图 7-5 所示。

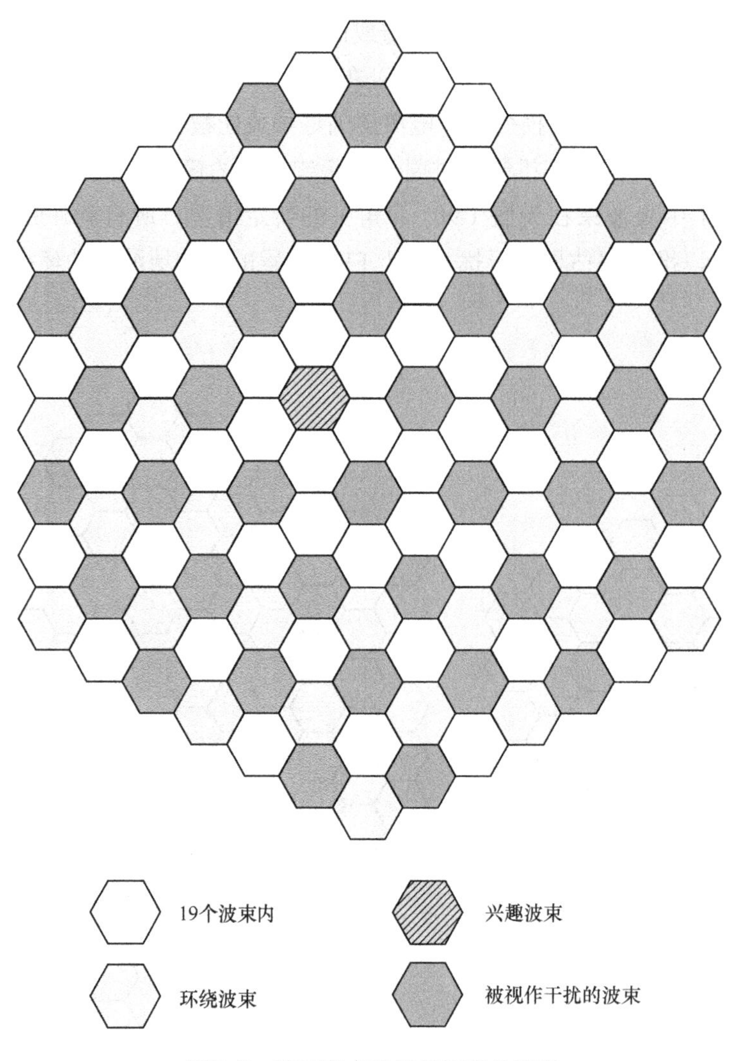

图7-5 需要考虑的干扰波束的定义

单卫星模拟的波束布局参数见表 7-10。

表 7-10 单卫星模拟的波束布局参数

参数	场景 A	场景 C2/D2
载波频率	S 波段：2GHz Ka 波段：DL 为 20GHz	S 波段：2GHz Ka 波段：DL 为 20GHz
UV 平面上的相邻波束间距 $\left(\text{ABS}=\sqrt[3]{\sin(\text{HPBW}/2)}\right)$	S 波段： 组 1 为 0.0061 组 2 为 0.0111 Ka 波段： 组 1 为 0.0027 组 2 为 0.0067	S 波段： 组 1 为 0.0668 组 2 为 0.1334 Ka 波段： 组 1 为 0.0267 组 2 为 0.0667
卫星位置	GEO 上的任何位置	LEO 上的任何位置
中心波束中心仰角目标	基准：45°	基准：90°

续表

参数	场景 A	场景 C2/D2
中心波束孔视线方向坐标（在 *UV* 平面上）	基准：（0.107，0）	基准：（0，0）
UV 平面信关站方向坐标	基准：与 *UV* 平面中心波束孔视线方向坐标相同。 注意：不需要校正	

在进行手持终端的校准、评估和链路预算计算时，假设天线端口和天线元件之间存在以下关联。

① 每个天线元件与一个 Tx 分支相关的一个 Tx。

② 每个天线元件与一个 Rx 分支相关的两个 Rx。

若没有上述关联，则另行评估。

对于 DL 传输，两个 Rx 分支的组合可以防止去极化损耗。手持终端的 DL Rx/Tx 配置示例如图 7-6 所示。

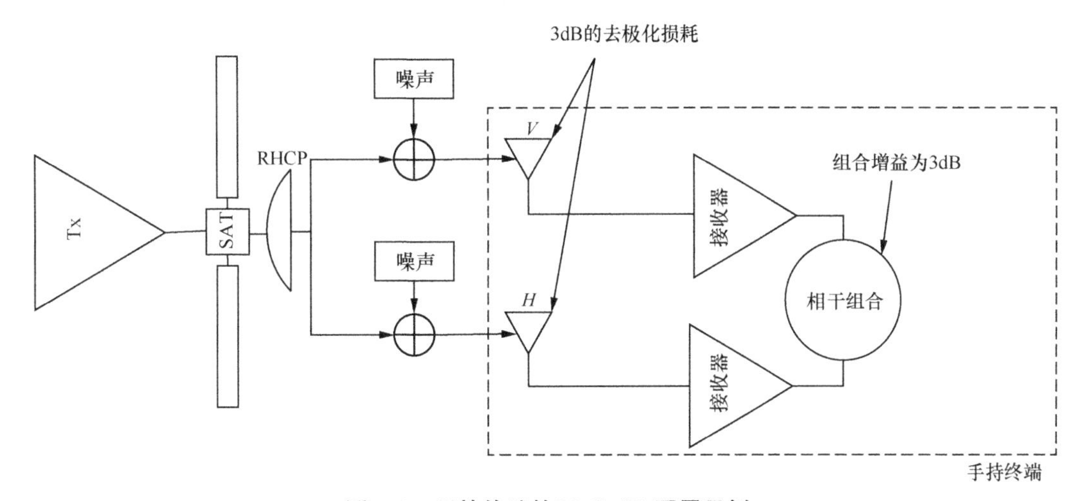

图7-6　手持终端的DL Rx/Tx配置示例

对于 UL 传输，情况稍微复杂，主要取决于卫星接收的方式：当应用了极化重用且卫星接收实现圆极化时，应考虑 3dB 的去极化损耗（图 7-7 中的配置 A）；当卫星接收实现每个波束的双极化时，可以假设去极化损耗为 0dB（图 7-7 中的配置 B）。手持终端的 UL Rx/Tx 配置示例如图 7-7 所示。

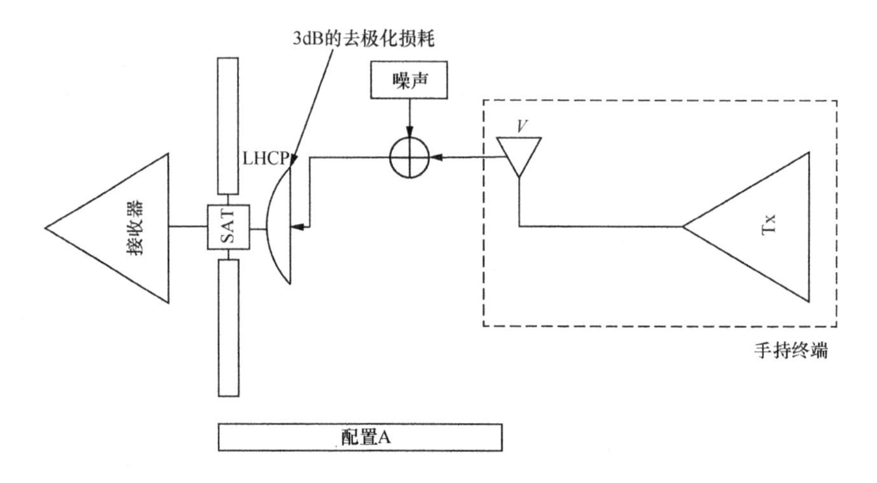

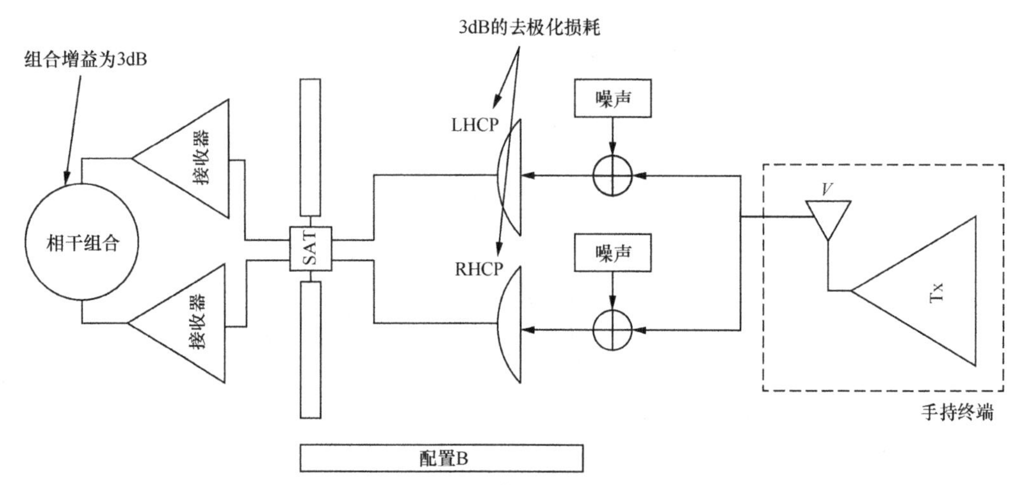

图7-7　手持终端的UL RX/TX配置示例

对于 VSAT，应在假设无去极化损耗的情况下计算校准结果和链路预算。

卫星有效载荷和卫星运动对射频信号引入的损害见表 7-11。

表 7-11　卫星有效载荷和卫星运动对射频信号引入的损害

参数	S 波段	Ka 波段
相位噪声模型	可选	根据 3GPP TR38.803 的相位噪声剖面
机载振荡器长期漂移	$[0.5\times10^{-6}]$	$[0.5\times10^{-6}]$
最大归一化多普勒频移 （最小仰角为 10°）	场景 A：0.15×10^{-6} 场景 C2/D2： LEO1200 为 0.2×10^{-4} LEO600 为 0.24×10^{-4}	
假设在卫星有效载荷侧有预先 / 事后补偿机制的最大归一化多普勒频移	场景 A：N/A 场景 C2/D2： 对于 LEO1200， 波束直径为 90km（S 波段）：0.91×10^{-6} 波束直径为 40km（Ka 波段）：0.40×10^{-6} 波束直径为 190km（S 波段）：1.91×10^{-6}	

续表

参数	S 波段	Ka 波段
假设在卫星有效载荷侧有预先 / 事后补偿机制的最大归一化多普勒频移	波束直径为 90km（Ka 波段）：0.91×10^{-6} 波束直径为 1000km（最大波束脚印大小）：9.17×10^{-6} 对于 LEO600， 波束直径为 50km（S 波段）：1.05×10^{-6} 波束直径为 20km（Ka 波段）：0.42×10^{-6} 波束直径为 90km（S 波段）：1.88×10^{-6} 波束直径为 50km（Ka 波段）：1.05×10^{-6} 波束直径为 1000km（最大波束脚印大小）：1.582×10^{-5}	

注：1. 可再生场景的相位噪声可以被认为是 gNB 的相位噪声；透明转发场景的相位噪声则应该被视为附加相位噪声，而不是 gNB 和 UE 产生的相位噪声。
2. 机载振荡器长期漂移的数值仅供参考，在无线电层 1 分析中没有考虑该值的原因：在透明转发卫星有效载荷的情况下，假设 gNB 能够检测并补偿机载振荡器长期漂移造成的频移；在可再生卫星有效载荷的情况下，假设机载振荡器的漂移小到可忽略不计

校准研究案例见表 7-12。

表 7-12　校准研究案例

案例	卫星轨道	卫星参数	中心波束仰角	终端	频带	频率 / 极
1	GEO	组 1	45°	VSAT	Ka 波段	选项 1
2	GEO	组 1	45°	VSAT	Ka 波段	选项 2
3*	GEO	组 1	45°	VSAT	Ka 波段	选项 3
4*	GEO	组 1	45°	手持终端	S 波段	选项 1
5*	GEO	组 1	45°	手持终端	S 波段	选项 2
6	LEO600	组 1	90°	VSAT	Ka 波段	选项 1
7	LEO600	组 1	90°	VSAT	Ka 波段	选项 2
8*	LEO600	组 1	90°	VSAT	Ka 波段	选项 3
9	LEO600	组 1	90°	手持终端	S 波段	选项 1
10	LEO600	组 1	90°	手持终端	S 波段	选项 2
11*	LEO1200	组 1	90°	VSAT	Ka 波段	选项 1
12*	LEO1200	组 1	90°	VSAT	Ka 波段	选项 2
13*	LEO1200	组 1	90°	VSAT	Ka 波段	选项 3
14	LEO1200	组 1	90°	手持终端	S 波段	选项 1
15	LEO1200	组 1	90°	手持终端	S 波段	选项 2
16**	GEO	组 2	45°	VSAT	Ka 波段	选项 1
17**	GEO	组 2	45°	VSAT	Ka 波段	选项 2
18**	GEO	组 2	45°	VSAT	Ka 波段	选项 3
19**	GEO	组 2	45°	手持终端	S 波段	选项 1
20**	GEO	组 2	45°	手持终端	S 波段	选项 2
21**	LEO600	组 2	90°	VSAT	Ka 波段	选项 1
22**	LEO600	组 2	90°	VSAT	Ka 波段	选项 2

续表

案例	卫星轨道	卫星参数	中心波束仰角	终端	频带	频率 / 极
23**	LEO600	组 2	90°	VSAT	Ka 波段	选项 3
24**	LEO600	组 2	90°	手持终端	S 波段	选项 1
25**	LEO600	组 2	90°	手持终端	S 波段	选项 2
26**	LEO1200	组 2	90°	VSAT	Ka 波段	选项 1
27**	LEO1200	组 2	90°	VSAT	Ka 波段	选项 2
28**	LEO1200	组 2	90°	VSAT	Ka 波段	选项 3
29**	LEO1200	组 2	90°	手持终端	S 波段	选项 1
30**	LEO1200	组 2	90°	手持终端	S 波段	选项 2

注：无星为第一优先，* 为第二优先，** 为第三优先；只有在第一优先的情况下，才会在校准阶段 1 被考虑

（2）校准结果

基于上述仿真假设进行 DL 传输和 UL 传输的校准。DL 传输的校准结果见表 7-13，UL 传输的校准结果见表 7-14。这些结果代表了不同公司在特定条件下的平均业绩，包括耦合损耗、信号干扰比（SIR）和信号噪声干扰比（SINR）。

表 7-13　DL 传输的校准结果

	耦合损耗			几何 SIR			几何 SINR		
	@5%	@50%	@95%	@5%	@50%	@95%	@5%	@50%	@95%
SC1	109.3	113.6	117.9	–3.0	–1.0	1.2	–3.2	–1.2	1.0
SC2	109.2	113.6	118.0	8.4	9.0	9.2	5.5	7.4	8.4
SC3	109.3	113.7	118.0	9.7	10.0	10.2	6.0	8.1	9.2
SC4	138.0	140.3	142.5	–3.1	–1.1	1.1	–4.0	–2.1	–0.1
SC5	138.0	140.3	142.5	8.0	8.9	9.2	1.5	3.3	4.9
SC6	96.2	97.5	98.9	–3.0	–1.1	1.1	–3.2	–1.2	0.8
SC7	96.2	97.5	98.9	8.3	9.0	9.2	6.6	7.6	7.8
SC8	96.2	97.5	98.9	9.7	9.9	10.1	7.5	8.1	8.5
SC9	123.7	125.3	127.0	–3.0	–1.1	1.1	–3.1	–1.1	1.0
SC10	123.7	125.3	127.0	8.3	9.0	9.2	7.3	8.2	8.5
SC11	102.2	103.5	105.0	–3.0	–1.1	1.1	–3.2	–1.2	0.8
SC12	102.2	103.5	105.0	8.3	9.0	9.2	6.6	7.6	7.8
SC13	102.2	103.5	105.0	9.7	9.9	10.1	7.5	8.1	8.5
SC14	129.8	131.3	133.0	–3.0	–1.1	1.1	–3.1	–1.1	1.0
SC15	129.8	131.4	133.0	8.3	9.0	9.2	7.3	8.2	8.5
SC16	117.3	121.7	126.0	–3.0	–1.0	1.2	–4.3	–2.2	0.0
SC17	117.3	121.7	126.0	8.3	9.0	9.2	–0.3	3.2	6.0

续表

	耦合损耗			几何 SIR			几何 SINR		
	@5%	@50%	@95%	@5%	@50%	@95%	@5%	@50%	@95%
SC18	117.4	121.8	126.1	9.7	10.0	10.1	−0.2	3.4	6.4
SC19	143.4	145.8	148.1	−3.1	−1.1	1.0	−5.9	−4.0	−2.1
SC20	143.4	145.8	148.1	8.3	9.1	9.5	−3.3	−1.2	0.9
SC21	100.3	105.5	111.1	−3.0	−1.1	1.1	−4.5	−2.3	−0.1
SC22	100.3	105.5	111.1	8.3	9.0	9.2	−1.3	3.4	6.4
SC23	100.4	105.6	111.1	9.7	9.9	10.1	−1.2	3.5	6.9
SC24	129.8	131.5	133.3	−3.0	−1.0	1.2	−3.3	−1.4	0.7
SC25	129.8	131.5	133.3	8.3	8.9	9.3	5.0	6.2	6.9
SC26	106.1	111.6	117.3	−3.0	−1.1	1.1	−4.6	−2.3	0.0
SC27	106.1	111.6	117.2	8.3	9.0	9.2	−1.4	3.3	6.5
SC28	106.2	111.6	117.3	9.7	9.9	10.1	−1.4	3.5	7.0
SC29	135.8	137.6	139.4	−3.0	−1.0	1.2	−3.3	−1.4	0.7
SC30	135.8	137.6	139.4	8.3	8.9	9.3	5.0	6.2	6.9

注：几何 SINR =−10log10（$I/C + N/C$），其中，C、I 和 N 为配置信号带宽中测量到的载波、干扰和噪声功率级

表 7-14 UL 传输的校准结果

	耦合损耗			几何 SIR			几何 SINR		
	@5%	@50%	@95%	@5%	@50%	@95%	@5%	@50%	@95%
SC1	109.2	113.5	117.8	−6.9	−1.3	4.4	−7.0	−1.5	1.0
SC2	109.2	113.5	117.8	3.6	8.3	12.9	3.1	7.6	12.2
SC3	109.2	113.5	117.8	4.5	9.3	14.1	3.5	8.1	12.7
SC4	137.9	140.2	142.5	−4.6	−1.0	3.3	−9.8	−7.3	−5.0
SC5	138.0	140.3	142.5	8.0	8.9	9.2	1.5	3.3	4.9
SC6	96.1	97.4	98.8	−3.9	−1.1	2.6	−3.9	−1.1	2.6
SC7	96.1	97.4	98.8	6.1	8.3	10.4	6.1	8.3	10.4
SC8	96.1	97.4	98.8	6.9	9.3	11.6	6.9	9.3	11.5
SC9	123.7	125.3	127.1	−4.0	−0.8	3.2	−4.1	−1.1	2.7
SC10	123.7	125.4	127.1	6.9	9.0	11.1	5.2	7.1	9.0
SC11	102.2	103.4	104.8	−4.0	−1.1	2.6	−4.0	−1.2	2.5
SC12	102.2	103.4	104.8	5.9	8.2	10.4	5.9	8.2	10.3
SC13	102.2	103.4	104.8	6.7	9.2	11.6	6.7	9.2	11.5
SC14	129.7	131.4	133.1	−4.0	−0.8	3.2	−4.5	−1.7	1.5
SC15	129.7	131.4	133.1	6.9	9.0	11.1	2.3	4.1	5.8
SC16	117.2	121.5	125.8	−6.7	−1.2	4.5	−7.6	−2.6	2.5

续表

	耦合损耗			几何 SIR			几何 SINR		
	@5%	@50%	@95%	@5%	@50%	@95%	@5%	@50%	@95%
SC17	117.2	121.5	125.8	3.7	8.3	12.9	0.9	5.3	9.6
SC18	117.2	121.5	125.8	4.5	9.3	14.1	0.3	4.7	9.0
SC19	143.4	145.7	148.1	−4.6	−0.9	3.5	−13.9	−11.6	−9.3
SC20	143.4	145.7	148.1	6.3	9.1	11.8	−13.6	−11.2	−8.9
SC21	100.1	105.4	111.0	−8.3	−1.6	4.9	−8.3	−1.6	4.9
SC22	100.1	105.4	111.0	2.2	8.0	13.7	2.1	7.9	13.7
SC23	100.1	105.4	111.0	3.0	9.0	14.9	3.0	8.9	14.8
SC24	129.8	131.5	133.4	−3.9	−0.7	3.5	−4.5	−1.6	1.7
SC25	129.8	131.6	133.4	7.1	9.3	11.6	2.1	4.0	5.9
SC26	106.0	111.4	117.1	−8.5	−1.6	5.0	−8.5	−1.7	4.9
SC27	106.0	111.4	117.1	2.0	8.0	13.9	1.9	7.9	13.8
SC28	106.0	111.4	117.1	2.9	9.0	15.1	2.7	8.7	14.8
SC29	135.8	137.6	139.5	−4.0	−0.7	3.5	−6.0	−3.6	−1.2
SC30	135.8	137.6	139.5	7.2	9.4	11.7	−2.8	−0.9	0.9

（3）系统级模拟评估结果

在 20% 和约 50% 的目标资源利用率（RU）下，UE 在特定条件下通过卫星链路（SLS）的吞吐量性能见表 7-15。这些数据来自特定的研究案例，假设每个小区有 10 个 UE，采用比例公平调度机制。

表 7-15 UE 的吞吐量性能

		GEO，Ka 波段 /（Mbit/s）		LEO600，Ka 波段 /（Mbit/s）		LEO600，S 波段 /（Mbit/s）		LEO1200，S 波段（/Mbit/s）	
研究案例		1	2	6	7	9	10	14	15
RU 为 20%	5%	0.96	0.48	2.04	1.02	0.11	0.03	0.11	0.05
	50%	2.7	2.05	4.08	2.78	0.31	0.15	0.3	0.19
	95%	4.93	3.9	6.43	4.7	0.52	0.34	0.52	0.41
RU 约为 50%	5%	5.34	4.03	6.91	4.76	0.44	0.3	0.4	0.31
	50%	8.53	6.61	10.03	7.75	0.74	0.58	0.78	0.6
	95%	11.99	9.99	13.7	11.22	1.09	0.88	1.09	0.9

可以看出，在资源利用率较低的情况下，相较于 LEO，GEO 卫星提供了更高的吞吐量性能。在 RU 为 20%，且无频率复用的情况下（研究案例 14），LEO1200，S 波段的 UE 的吞吐量性能见表 7-16。

表 7-16 UE 的吞吐量性能（无频率复用）

	LEO1200，S 波段 /Mbit/s
5%	0.2
50%	0.31
95%	0.44

7.5.2 链路层仿真

用于 DL 同步性能评估的 LLS 参数见表 7-17。

表 7-17 用于 DL 同步性能评估的 LLS 参数

参数	S 波段	Ka 波段
载波频率	2 GHz	20 GHz
信道模型	对于 GEO 卫星（可选）：3GPP TR38.811 V15.2.0 中的基准 TDL/CDL 模型，其中，时延 / 角扩展因子等于郊区 LOS 仰角 10° 的平均时延 / 角扩展和平均 K 因子。 对于 LEO：3GPP TR38.811 V15.2.0 中的基准 TDL/CDL 模型，其中，时延 / 角扩展因子等于郊区 LOS 仰角 30° 的平均时延 / 角扩展和平均 K 因子	
副载波间距	15kHz、30kHz	120kHz、240kHz
DL RS	SSB	
TRP（卫星）天线配置	1Tx	
UE 天线配置	全向天线单元（1，1，2）	具有 60cm 等效卫星天线孔径的 VSAT
UE 速度	3 km/h	0 km/h、1200 km/h
UE 仰角	对于 GEO 卫星（可选）：10°，对于 LEO：30°	
频率偏移	最终频率偏移的计算方法为 $FO=(A_{\text{UE}}+DS_{\text{sat}}+DS_{\text{UE}})\times10^{-6}\times f_{\text{service.DL}}$ 其中， A_{UE}——UE 晶体精度，为 1×10^{-5}。 DS_{sat}——卫星运动引起的多普勒频移，假设有预先 / 事后多普勒频移补偿。 DS_{UE}——UE 运动引起的多普勒频移，根据 UE 速度和仰角计算出的最大值。 $f_{\text{service.DL}}$——服务下行链路上使用的载波频率，单位为 Hz。 应假设 [$-FO$max，$+FO$max] 的均匀分布。 此外，应考虑基于 Jake 模型的瑞利衰落节拍上的多普勒频移（最小多普勒频移为 1Hz，见 3GPP TR38.811 V15.2.0 中的 6.9.2 节）	
相位噪声模型	可选	根据 3GPP TR38.803 的相位噪声剖面
指标	PCID 的单次初始小区检测精度； 在 SNIR 点的时间和频率残差的 CDF 对应小区 ID 的一次检测精度为 90% 的可能性。 注意：PCID 检测要求的 FAR=1%	
注：要评估的信噪比范围应基于每个信道的链路预算分析		

用于 PRACH 性能评估的 LLS 参数见表 7-18。

表 7-18　用于 PRACH 性能评估的 LLS 参数

参数	S 波段	Ka 波段
载波频率	2 GHz	30 GHz
信道模型	3GPP TR38.811 .V15.2.0 中的基准 TDL/CDL-D 模型，时延 / 角扩展因子等于每种情况下郊区对应仰角的平均时延 / 角传播和平均 K 因子	
TRP（卫星）天线配置	1 Rx 2 Rx(可选)	
终端天线配置	带有单线性极化天线单元的全向天线	具有 60cm 等效卫星天线孔径的 VSAT
频率偏移	如果网络同时执行预先和事后共同多普勒频移补偿，最终频率偏移的计算方法为 $FO=(DS_{sat}\times10^{-6}+DS_{UE}\times10^{-6}+1)\times(DS_{sat}\times10^{-6}+DS_{UE}\times10^{-6}+1)\times(RO\times10^{-6}+1)\times f_{service.UL}-f_{service.UL}$ 其中，RO 是同步后的剩余多普勒频移，为 0.1×10^{-6}	
UE 速度	3 km/h	0 ～ 1000 km/h
时间偏移	在有理想的共同时延补偿情况下，在 0 ～最大差分时延中均匀分布，特定情况下的最大差分时延可以根据 HPBW 和目标仰角计算得到	
相位噪声模型	可选	根据 3GPP TR38.803 的相位噪声剖面
PRACH 设计	每个公司应该提供配置的详细信息（格式、SCS、N_CS 等）	
衡量标准	PRACH 检测率，FAR（基于前导池大小不小于 64），频率 / 时间估计误差的 CDF	
接收者	鼓励公司报告 PRACH 检测的接收者	

PRACH 研究样例见表 7-19。

表 7-19　PRACH 研究样例

序号	仰角	差分时延	UL 频率偏移（包括 S 和 Ka 波段）	卫星波束组
1	LEO 为 90°	小	大	组 2
2	LEO 为 45°	中	中	组 2
3	LEO 为 30° 、GEO 卫星为 10°	大	小	组 2
4	同时具有开环计时和频率补偿功能	小	小	组 2

注：1. 作为基准，在一个随机接入场合（RO）中同时接入网络的 UE 数量为 2，这 2 个在 [0，Max_differential_delay] / [-max_UL_frequency_offset，max_UL_frequency_offset] 内随机挑选的 UE 可能有不同的时间偏移 / 多普勒频移。
2. UE 间固定功率偏移为 3dB。
3. 用于模拟的较强 UE 的 SINR 是基于额外偏移为｛-6-10 log10（带宽 [MHz]）]dB｝的链路预算（Ka 波段中，UL=1MHz 的带宽的 VSAT，手持终端使用 S 波段）的信噪比，其中，-6dB 的衰退被引入作为额外保证

用于数据传输性能评估的 LLS 参数见表 7-20。

表 7-20　用于数据传输性能评估的 LLS 参数

参数	S波段	Ka波段
载波频率	2GHz	DL 为 20GHz，UL 为 30GHz
信道编码方案	NR 信道编码	
子载波间隔	15kHz、30kHz	60kHz、120kHz
信道估计	现实估计	
频率偏移	DL 同步后的残余误差：假设 UL 预补偿 0.1×10^{-6}	
频率跟踪	选项 1：假设漂移预补偿 选项 2：假设不预补偿	
UE 速度	3 km/h	0~1000km/h
信道模型	对于 GEO（可选）： 3GPP TR38.811 V15.2.0 中的基准 TDL/CDL 模型，时延 / 角扩展因子等于所选信道条件下的平均时延 / 角传播和平均 *K* 因子。参数由公司提供。 对于 LEO： 3GPP TR38.811V15.2.0 中的基准 TDL/CDL 模型，时延 / 角扩展因子等于所选信道条件下的平均时延 / 角传播和平均 *K* 因子。参数由公司提供	
卫星天线配置	1Tx/Rx	
UE 天线配置	全向天线元件（1，1，2）	具有 60cm 等效卫星天线孔径的 VSAT
相位噪声模型	可选	根据 TR 38.803 的相位噪声剖面
衡量指标	块差错率（BLER）、吞吐量	

HPA 非线性建模不被认为是链路级模拟的基线的一部分。至少对于 3GPP R17，不必为 NTN 指定下行通道的峰值平均功率比（PAPR）优化。

7.5.3　链路预算分析

（1）链路预算计算

卫星与 UE 之间传输链路的载波噪声干扰比（CNIR）可由 CNR 和载波干扰比（CIR）求得

$$\mathrm{CNIR}=-10\log_{10}\left(10^{-0.1\mathrm{CNR}}+10^{-0.1\mathrm{CIR}}\right)$$

CNR 的计算公式为

$$\mathrm{CNR}=\mathrm{EIRP}+G/T-K-PL_{FS}-PL_{A}-PL_{SM}-PL_{SL}-PL_{AD}-B$$

其中，K 是玻尔兹曼常数，为 −228.6 dBW/(K · Hz^{-1})，PL_{FS} 是自由空间路径损耗，PL_{A} 是气体和雨水衰减造成的大气路径损耗，PL_{SM} 是阴影幅度，PL_{SL} 是闪烁损耗，PL_{AD} 是额外损耗，如在非可再生系统中由于馈电链路造成的衰减，B 是信道带宽。

G/T 可以通过 3GPP 得出

$$G/T=G_{\mathrm{r}}-N_{f}-10\log_{10}(T_{0}+(T_{\mathrm{a}}-T_{0})10^{-0.1N_{f}})$$

其中，G_r是接收天线增益，N_f是噪声系数，T_0是环境温度，T_a是天线温度。接收天线增益G_r为

$$G_r=\begin{cases}G_{r,e}+10\log_{10}(N_{r,a})-L_p, & \text{阵列天线}\\ 10\log_{10}\left(\eta\times\pi^2\times\dfrac{D^2}{\lambda}\right), & \text{抛物线型天线}\end{cases}$$

其中，$G_{r,e}$是接收天线元件增益，$N_{r,a}$是接收天线元件数量，L_p是偏振损耗，η是天线孔径效率（一个无尺寸参数，但是对于抛物线型天线有0.55～0.70的典型值），D是等效天线直径，λ是波长。

EIRP可以通过以下方式计算得出

$$\text{EIRP}=P_t-L_c+G_t$$

其中，P_t是天线发射功率，L_c是电缆损耗，G_t是发射天线增益并可由以下公式得出

$$G_t=\begin{cases}G_{t,e}+10\log_{10}(N_{t,a}), & \text{阵列天线}\\ 10\log_{10}\left(\eta\times\pi^2\times\dfrac{D^2}{\lambda^2}\right), & \text{抛物线型天线}\end{cases}$$

其中，$G_{t,e}$是发射天线元件增益，$N_{t,a}$是发射天线元件的数量。

（2）计算参数

链路预算分析参数配置见表7-21。

表7-21　链路预算分析参数配置

参数	说明
载波频率	对于DL和UL为2 GHz（S波段）， 对于DL为20 GHz，对于UL为30 GHz（Ka波段）
系统带宽	30 MHz（S波段），400 MHz（Ka波段）
信道带宽	DL：系统带宽/频率重用因子。 UL： S波段的UL（手持终端）：360 kHz。 否则：系统带宽/频率重用因子 注意：UL带宽可能是一个挑战
卫星高度	600 km、1200 km、35786 km
目标仰角	LEO为30°（LEO），组1的GEO卫星为12.5°、组2的GEO卫星为20°
大气损耗	3GPP TR 38.811中等式（6.6-8）
遮蔽衰弱	作为终端的VSAT为0dB，其他为3dB
闪烁损耗	3GPP TR 38.811中6.6.6节 电离层损耗：2.2 dB 对流层损耗：3GPP TR 38.811中的表6.6.6.2.1-1
额外损耗	0dB
频率复用因子	1、2、3

参数	说明
基于对数均值的卫星波束内平均 CIR	基于单卫星系统级的校准方法，平均 CIR 的统计数据只收集位于 19 个波束布局的中心波束中 UE 的数据。中央波束的视线方向是根据目标仰角假设计算得出的。当生成波束部分或全部覆盖在地球外时，数据将被丢弃。 对于 DL 校准，CIR 通过随机分布在参考波束上的 UE 的平均 CIR 计算所得。 对于 UL 校准和手持终端，信道带宽为 360kHz。 对于 VSAT，信道带宽为分配给每个波束的系统带宽除以 10。 一个波束中的设备被分配在相邻的频率资源上。假设所有波束的资源分配是相同的。 CIR 的计算方法是对参考波束上随机分布但同时传输的 10 个 UE 取平均值。应在多次实现中取平均值
卫星天线极化	圆偏振
极化重用	若频率复用因子为 2，则启用
终端类型	Ka 波段：VSAT S 波段：（M，N，P）=（1，1，2）
自由空间损耗	3GPP TR38.811 .V15.2.0 中的等式（6.6-2）
产出	CNIR

PL 校准下 UE 带宽分配的说明如图 7-8 所示。UL 校准下的 UE 带宽分配的说明如图 7-9 所示。

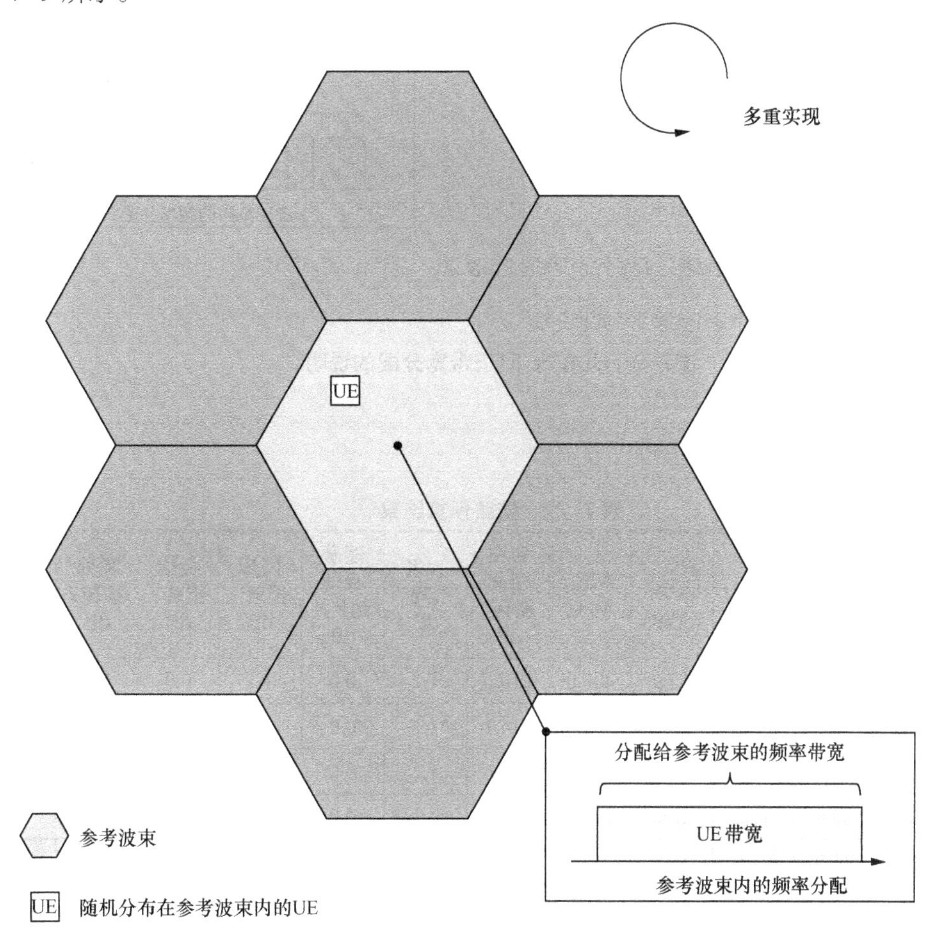

图7-8 DL校准下UE带宽分配的说明

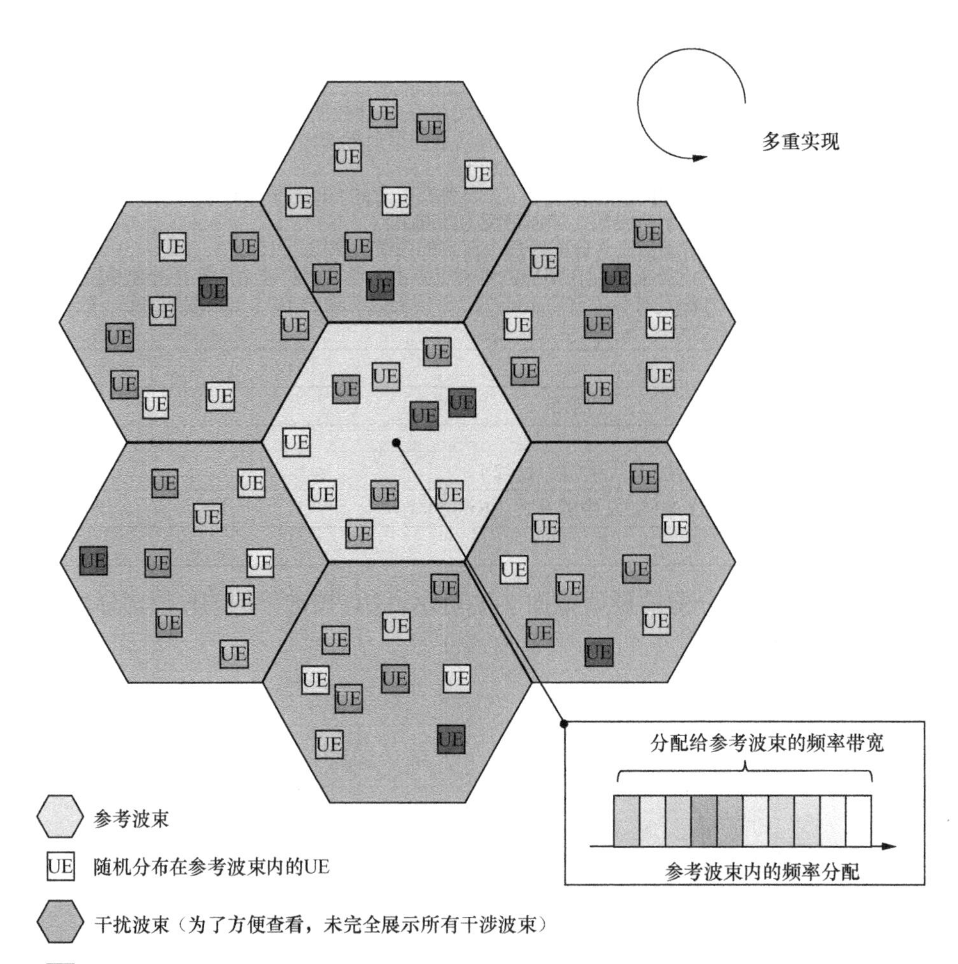

图7-9　UL校准下UE带宽分配的说明

（3）链路预算结果

链路预算结果见表7-22。

表7-22　链路预算结果

示例	传输方式	频率/GHz	Tx: EIRP/dBm	Rx: G/T/(dB/K)	带宽/MHz	自由空间损耗/dB	大气损耗/dB	遮蔽衰弱边界/dB	闪烁损耗/dB	极化损耗/dB	额外损耗/dB	CNR/dB
SC1	DL	20.0	96.0	15.9	400.0	210.6	1.2	0.0	1.1	0.0	0.0	11.6
	UL	30.0	76.2	28.0	400.0	214.1	1.1	0.0	1.1	0.0	0.0	0.5
SC2	DL	20.0	91.2	15.9	133.3	210.6	1.2	0.0	1.1	0.0	0.0	11.6
	UL	30.0	76.2	28.0	133.3	214.1	1.1	0.0	1.1	0.0	0.0	5.2
SC3	DL	20.0	93.0	15.9	200.0	210.6	1.2	0.0	1.1	0.0	0.0	11.6
	UL	30.0	76.2	28.0	200.0	214.1	1.1	0.0	1.1	0.0	0.0	3.5
SC4	DL	2.0	103.8	−31.6	30.0	190.6	0.2	3.0	2.2	0.0	0.0	0.0
	UL	2.0	23.0	19.0	0.4	190.6	0.2	3.0	2.2	0.0	0.0	−10.9

续表

示例	传输方式	频率 / GHz	Tx: EIRP / dBm	Rx: *G*/*T* / (dB/K)	带宽 / MHz	自由空间损耗 / dB	大气损耗 / dB	遮蔽衰弱边界 / dB	闪烁损耗 / dB	极化损耗 / dB	额外损耗 / dB	CNR / dB
SC5	DL	2.0	99.0	–31.6	10.0	190.6	0.2	3.0	2.2	0.0	0.0	0.0
	UL	2.0	23.0	19.0	0.4	190.6	0.2	3.0	2.2	0.0	0.0	–10.9
SC6	DL	20.0	60.0	15.9	400.0	179.1	0.5	0.0	0.3	0.0	0.0	8.5
	UL	30.0	76.2	13.0	400.0	182.6	0.5	0.0	0.3	0.0	0.0	18.4
SC7	DL	20.0	55.2	15.9	133.3	179.1	0.5	0.0	0.3	0.0	0.0	8.5
	UL	30.0	76.2	13.0	133.3	182.6	0.5	0.0	0.3	0.0	0.0	23.1
SC8	DL	20.0	57.0	15.9	200.0	179.1	0.5	0.0	0.3	0.0	0.0	8.5
	UL	30.0	76.2	13.0	200.0	182.6	0.5	0.0	0.3	0.0	0.0	21.4
SC9	DL	2.0	78.8	–31.6	30.0	159.1	0.1	3.0	2.2	0.0	0.0	6.6
	UL	2.0	23.0	1.1	0.4	159.1	0.1	3.0	2.2	0.0	0.0	2.8
SC10	DL	2.0	74.0	–31.6	10.0	159.1	0.1	3.0	2.2	0.0	0.0	6.6
	UL	2.0	23.0	1.1	0.4	159.1	0.1	3.0	2.2	0.0	0.0	2.8
SC11	DL	20.0	66.0	15.9	400.0	184.5	0.5	0.0	0.3	0.0	0.0	9.1
	UL	30.0	76.2	13.0	400.0	188.0	0.5	0.0	0.3	0.0	0.0	13.0
SC12	DL	20.0	61.2	15.9	133.3	184.5	0.5	0.0	0.3	0.0	0.0	9.1
	UL	30.0	76.2	13.0	133.3	188.0	0.5	0.0	0.3	0.0	0.0	17.8
SC13	DL	20.0	63.0	15.9	200.0	184.5	0.5	0.0	0.3	0.0	0.0	9.1
	UL	30.0	76.2	13.0	200.0	188.0	0.5	0.0	0.3	0.0	0.0	16.0
SC14	DL	2.0	84.8	–31.6	30.0	164.5	0.1	3.0	2.2	0.0	0.0	7.2
	UL	2.0	23.0	1.1	0.4	164.5	0.1	3.0	2.2	0.0	0.0	–2.6
SC15	DL	2.0	80.0	–31.6	10.0	164.5	0.1	3.0	2.2	0.0	0.0	7.2
	UL	2.0	23.0	1.1	0.4	164.5	0.1	3.0	2.2	0.0	0.0	–2.6
SC16	DL	20.0	88.0	15.9	400.0	210.4	0.8	0.0	0.5	0.0	0.0	4.8
	UL	30.0	76.2	20.0	400.0	213.9	0.7	0.0	0.5	0.0	0.0	–6.3
SC17	DL	20.0	83.2	15.9	133.3	210.4	0.8	0.0	0.5	0.0	0.0	4.8
	UL	30.0	76.2	20.0	133.3	213.9	0.7	0.0	0.5	0.0	0.0	–1.6
SC18	DL	20.0	85.0	15.9	200.0	210.4	0.8	0.0	0.5	0.0	0.0	4.8
	UL	30.0	76.2	20.0	200.0	213.9	0.7	0.0	0.5	0.0	0.0	–3.3
SC19	DL	2.0	98.3	–31.6	30.0	190.4	0.1	3.0	2.2	0.0	0.0	–5.2
	UL	2.0	23.0	14.0	0.4	190.4	0.1	3.0	2.2	0.0	0.0	–15.7
SC20	DL	2.0	93.5	–31.6	10.0	190.4	0.1	3.0	2.2	0.0	0.0	–5.2
	UL	2.0	23.0	14.0	0.4	190.4	0.1	3.0	2.2	0.0	0.0	–15.7

续表

示例	传输方式	频率 / GHz	Tx: EIRP / dBm	Rx: G/T / (dB/K)	带宽 / MHz	自由空间损耗 / dB	大气损耗 / dB	遮蔽衰弱边界 / dB	闪烁损耗 / dB	极化损耗 / dB	额外损耗 / dB	CNR / dB
SC21	DL	20.0	52.0	15.9	400.0	179.1	0.5	0.0	0.3	0.0	0.0	0.5
	UL	30.0	76.2	5.0	400.0	182.6	0.5	0.0	0.3	0.0	0.0	10.4
SC22	DL	20.0	47.2	15.9	133.3	179.1	0.5	0.0	0.3	0.0	0.0	0.5
	UL	30.0	76.2	5.0	133.3	182.6	0.5	0.0	0.3	0.0	0.0	15.1
SC23	DL	20.0	49.0	15.9	200.0	179.1	0.5	0.0	0.3	0.0	0.0	0.5
	UL	30.0	76.2	5.0	200.0	182.6	0.5	0.0	0.3	0.0	0.0	13.4
SC24	DL	2.0	72.8	–31.6	30.0	159.1	0.1	3.0	2.2	0.0	0.0	0.6
	UL	2.0	23.0	–4.9	0.4	159.1	0.1	3.0	2.2	0.0	0.0	–3.2
SC25	DL	2.0	68.0	–31.6	10.0	159.1	0.1	3.0	2.2	0.0	0.0	0.6
	UL	2.0	23.0	–4.9	0.4	159.1	0.1	3.0	2.2	0.0	0.0	–3.2
SC26	DL	20.0	58.0	15.9	400.0	184.5	0.5	0.0	0.3	0.0	0.0	1.1
	UL	30.0	76.2	5.0	400.0	188.0	0.5	0.0	0.3	0.0	0.0	5.0
SC27	DL	20.0	53.2	15.9	133.3	184.5	0.5	0.0	0.3	0.0	0.0	1.1
	UL	30.0	76.2	5.0	133.3	188.0	0.5	0.0	0.3	0.0	0.0	9.8
SC28	DL	20.0	55.0	15.9	200.0	184.5	0.5	0.0	0.3	0.0	0.0	1.1
	UL	30.0	76.2	5.0	200.0	188.0	0.5	0.0	0.3	0.0	0.0	8.0
SC29	DL	2.0	78.8	–31.6	30.0	164.5	0.1	3.0	2.2	0.0	0.0	1.2
	UL	2.0	23.0	–4.9	0.4	164.5	0.1	3.0	2.2	0.0	0.0	–8.6
SC30	DL	2.0	74.0	–31.6	10.0	164.5	0.1	3.0	2.2	0.0	0.0	1.2
	UL	2.0	23.0	–4.9	0.4	164.5	0.1	3.0	2.2	0.0	0.0	–8.6

7.5.4 多卫星模拟

对于多卫星模拟，可以考虑在 LEO 上确定优先次序。并且有以下两种方案可以实施。

1. 基于参考星座的模拟

卫星星座的参数说明如图 7-10 所示。卫星和波束布局及其相应的参数均已展示，多卫星的区域波束布局图解详细参数可结合波束的射频特性和星座的设计原则来确定，例如，如何实现全球覆盖。此外，模拟区域必须被定义，因为星座的覆盖范围取决于地球上用户所在的位置。

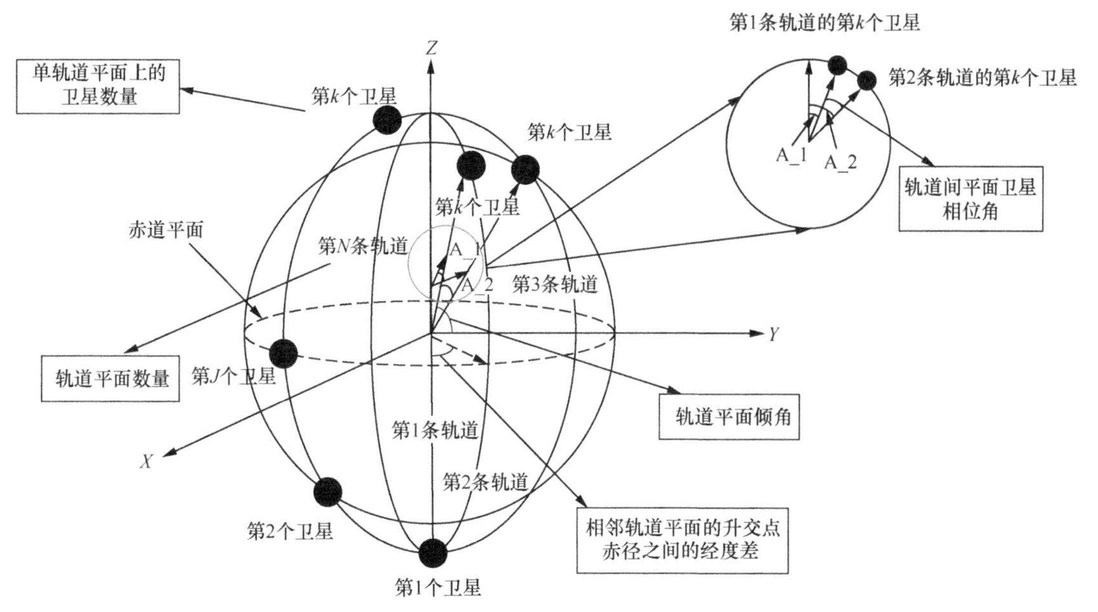

图7-10　卫星星座的参数说明（顺时针运动的极地轨道）

2. 基于多卫星的区域波束布局的模拟

为了方便起见，可以假设固定的轨道倾角并引入额外的参数，例如，轨道的数量和每条轨道的卫星，可使整个波束布局的覆盖范围具有灵活性。可以重复使用与单卫星模拟相同的卫星射频参数。

第 8 章

空口协议设计

8.1 整体需求和关键问题

空口协议设计时，要注意不同 NTN 场景有不同的时延约束要求。NTN 场景与时延约束的关系见表 8-1。

表 8-1 NTN 场景与时延约束的关系

参数	场景 A	场景 B	场景 C1	场景 C2	场景 D1	场景 D2
	GEO 透明载荷	GEO 可再生载荷	LEO 透明载荷		LEO 可再生载荷	
卫星高度	35786km		600km			
卫星相较于地球的速度	可忽略不计		7.56km/s			
馈电和服务链路的最低海拔	10° 用于馈电链路，10° 用于服务链路					
典型的最小 / 最大 NTN 波束脚印直径	100km / 3500km		50km / 1000km			
gNB 和 UE 之间的无线电接口上的最大往返时延	541.46ms（最坏情况）	270.73ms	25.77ms		12.89ms	
gNB 和 UE 之间的无线电接口上的最小往返时延	477.48ms	238.74ms	8ms		4ms	
UE 的最大往返时延变化	可忽略不计		最多 ± 93.0μs/s		最多 ± 47.6μs/s	

注：1. 波束脚印直径是指示性的，取决于轨道、地球纬度、天线设计和特定系统的无线电资源管理策略。
2. 时延变化是指往返时延（UE—卫星—信关站）随时间变化的速度，以 μs/s 为单位表示，对 GEO 场景来说可以忽略不计

当同时有多种 NTN 方案在时延约束方面具有优势时，只研究其中一种方案即可。

8.2 用户面增强技术

本节计算中使用的所有 PRACH 格式都是作为示例给出的，由 RAN1 来讨论和决定 NTN 中适用的 PRACH 格式。

8.2.1 MAC

1. 随机接入

（1）四步 RACH 的过程

PRACH 采用时隙 Aloha 作为访问方式，在 PRACH 无线电资源上竞争的系统访问尝试之间的 PRACH 前导码碰撞率为

$$P(\text{colliston})=1-\mathrm{e}\frac{\gamma}{M}$$

其中，γ 为每秒随机访问到达率。

随机接入容量可以通过查看随机接入机会、支持的碰撞率、频繁多路复用的频率，以及为每个随机接入机会配置的前导码数量计算得出。

PRACH 的每秒最大机会数为 ρ，每秒配置的接入机会数 M 为

$$M=\rho\times p_{\text{configured}}\times F$$

其中，$p_{\text{configured}}$ 是可用的配置前导码数量，最大值为 64。

因此，系统支持的每秒随机接入到达率为

$$\begin{aligned}\gamma_{\text{supported}}&=-\ln\left[1-P(\text{colliston})\right]\times M\\&=-\ln\left[1-P(\text{colliston})\right]\times\rho\times P_{\text{configured}}\times F\end{aligned}$$

因此，系统支持的 UE 密度为

$$\text{supportedUEdensity}=\frac{\gamma_{\text{supported}}}{\text{Coverage（RACHpersecondperUE）}}$$

其中，RACHpersecondperUE 是指随机接入信道数量每秒每终端。

以 PRACH 配置索引 27 为例，SFN 中可用的槽位有 0、1、2、3、4、5、6、7、8、9，每秒有 1000 个 PRACH 机会。FR1 配对的 PRACH 配置实例见表 8-2。

表 8-2　FR1 配对的 PRACH 配置实例

频率范围及配置	前导码格式	PRACH 配置索引	每秒 PRACH 的最大机会数（ρ）
配对 FR1	0	0	6、25
配对 FR1	0	21	200
配对 FR1	0	27	1000
配对 FR1	2	41	100

当碰撞率为 0.01，前导码格式为 0、数量为 56，PRACH 配置索引为 27 时，典型 GEO 和 LEO 小区支持的 UE 密度见表 8-3。

表 8-3　典型 GEO 和 LEO 小区支持的 UE 密度

	覆盖范围 /km^2	每个 UE 每秒 PRACH	每平方千米支持的最大 UE 数
GEO	650000（半径为 500km 的六边形）	1.157×10^{-5}（相当于每个 UE 每天 1 次）	596
	650000	2.78×10^{-4}（相当于每个 UE 每小时 1 次）	25
	650000	0.0017（相当于每个 UE 每 10 分钟 1 次）	4
	162500（半径为 500km 的六边形）	1.157×10^{-5}（相当于每个 UE 每天 1 次）	2383
	162500	2.78×10^{-4}（相当于每个 UE 每天 1 次）	99
	162500	0.0017（相当于每个 UE 每 10 分钟 1 次）	16

续表

	覆盖范围 /km²	每个 UE 每秒 PRACH	每平方千米支持的最大 UE 数
LEO	26000 半径为 500km 的六边形	1.157×10^{-5}（相当于每个 UE 每天 1 次）	14893
	26000	2.78×10^{-4}（相当于每个 UE 每小时 1 次）	620
	26000	0.0017（相当于每个 UE 每 10 分钟 1 次）	101
	6500 半径为 500km 的六边形	1.157×10^{-5}（相当于每个 UE 每天 1 次）	59571
	6500	2.78×10^{-4}（相当于每个 UE 每小时 1 次）	2479
	6500	0.0017（相当于每个 UE 每 10 分钟 1 次）	405

（2）四步 RACH 的改进措施

① 前导码检测的改进。

在 NTN 中，同一个小区内的两个终端可以体验到差分时延。因此，在同一个 RACH 场景下，不同终端发送的前导码可能在不同的时间到达网络。NTN 的前导码接收窗口如图 8-1 所示。为保证网络能够接收所有终端的前导码，前导码接收窗口应从（RO 定时 + 最小单向时延 ×2）开始，以（RO 定时 + 最大单向时延 ×2）结束。

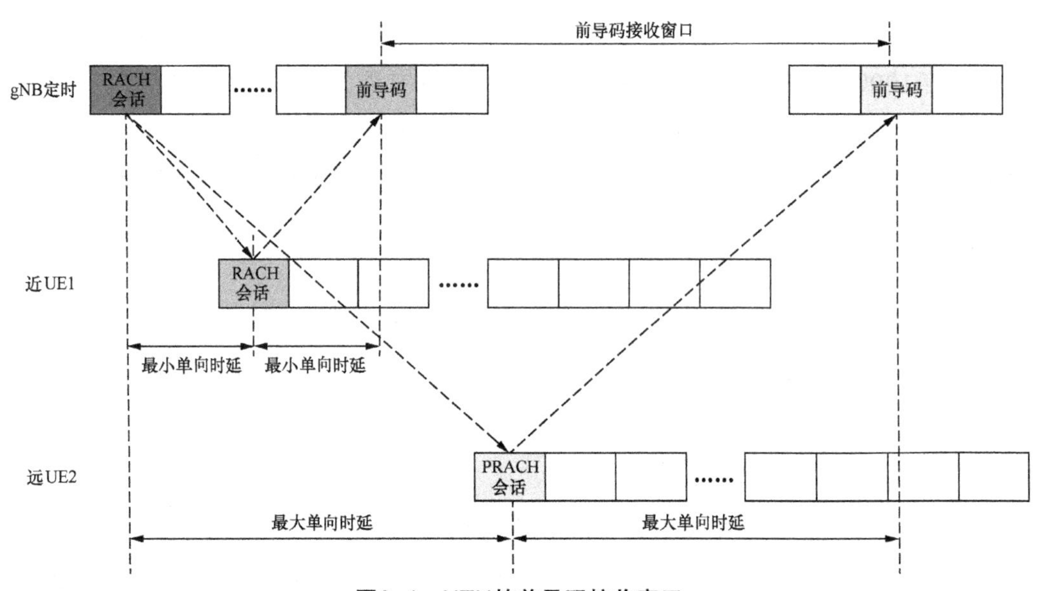

图8-1 NTN的前导码接收窗口

当接收一个前导码时，为了提前估计准确的时间，网络需要了解前导码与哪个 RO 相关。如果 RO 周期不够长，则两个连续 RO 的前导码接收窗口可能出现重叠，网络很难将收到的前导码连接到对应的 RO 上。网络端前导码接收不明确如图 8-2 所示。

解决方案如下。

方案 1：在时域中正确配置 PRACH。确保两个连续 RO 之间的间隔大于小区内的最大往返时延差。

方案 2：前导码的划分。前导码应被分成几组并映射到不同的 RO，所以时间间隔小

于小区内最大往返时延差的 RO 总是被分配到不同的前导码组。

此外，网络也可以通过跳频技术识别接收到的前导码的具体频段来识别对应的 RO。

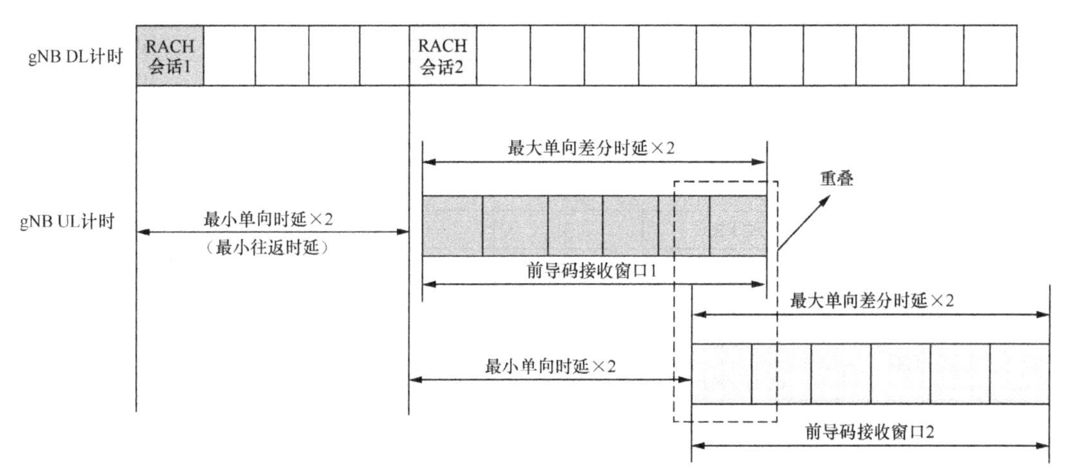

图8-2 网络端前导码接收不明确

当两步 RACH 程序更稳定时，可以研究与两步 RACH 有关的解决方案。对于使用两步 RACH 的情况，可以在 Msg1 中加入辅助信息（如 SFN 指数），帮助网络将接收到的前导码与相应的 RO 相连。

基于当前场景，只有通过方案 1，即适当配置 RACH 资源，才能避免前导码接收频段的模糊性，在这种情况下，两个连续 RO 之间的时间间隔要大于小区内的最大往返时延差。

典型的 GEO 和 LEO 小区的最大往返时延差见表 8-4。其中，小区规模 1000km 是指直径为 1000km 的六边形。

表 8-4 典型的 GEO 和 LEO 小区的最大往返时延差

	小区规模 /km	小区内的最大往返时延差 /ms
GEO	1000	6.44
	500	3.26
LEO	200	LEO600：1.306 LEO1200：1.308
	100	LEO600：0.654 LEO1200：0.654

只有有限的 PRACH 配置才能满足 RO 对时间间隔的要求，这对要满足的 RACH 时域密度有显著影响。

一个典型的 GEO 或 LEO 小区可用的 PRACH 配置实例见表 8-5。

表 8-5　一个典型的 GEO 或 LEO 小区可用的 PRACH 配置实例

	小区规模 / km	频率范围及配置	前导码格式	PRACH 配置索引	每秒 PRACH 的最大机会数（ρ）
GEO	1000	配对 FR1	0	16	100
		配对 FR1	1	44	100
		配对 FR1	2	58	100
	500	配对 FR1	0	19	200
		配对 FR1	1	47	200
		配对 FR1	3	78	200
LEO	200	配对 FR1	0	25	500
		配对 FR1	3	84	500
	100	配对 FR1	0	27	1000
		配对 FR1	3	86	1000

② RAR 窗口的改进。

在传输 Msg1 后，UE 会监测 PDCCH 上的 Msg2。如果响应窗口在这期间没有收到有效的响应，UE 将发送一个新的前导码。如果被发送的导码超过一定数量，RAR 将被指示给上层。

在地面通信中，RAR 预计将在相应的前导码发送后的几毫秒内被 UE 接收。在 NTN 中，由于传输时延要大得多，UE 无法在规定的时间内收到 RAR。因此需要调整响应窗口的行为，具体如下。

在 NTN 的响应窗口开始处引入一个偏移，该偏移量应根据不同情况配置，以补偿往返时延。对于有位置信息的 UE，如果能够准确估计往返时延并作为响应窗口的偏移量，那么没有必要延长响应窗口。对于没有位置信息的 UE，由于无法计算出准确的往返时延来扣除响应窗口的偏移，需要延长响应窗口。

NTN 中的 RAR 窗口如图 8-3 所示。图 8-3 说明了一个最坏的情况，即一个具有最小单向传输时延的 UE 和一个具有最大单向传输时延的 UE（如位于小区边缘）使用相同的时频资源进行随机接入。

假设配置的时延 RAR 窗口开始的偏移量等于最小往返时延，并忽略在 gNB 侧接收前导码和传输 RAR 之间的过程时延，则 RAR 监测持续时间至少应涵盖最大往返差分时延，否则 UE 的 RAR 将落在 RAR 窗口之外。最大差分时延被定义为最大单向传输时延减去最小单向传输时延。此外，非地面网络窗口（NW）需要灵活性来安排 RAR，这意味着应在最大往返差分时延的基础上额外增加几毫秒。

③ 争论解决计时器的改进。

当 UE 发送 RRC 连接（Msg3）时，它将监测 Msg4，以解决可能发生的随机接入争端问题，争论解决计时器在 Msg3 传输后开始计时。争论解决计时器的最大配置值足以覆盖 NTN 的往返传输时延。然而，为了节省 UE 功率并支持 NTN，应修改争论解决计时器的行为，如在 NTN 的争论解决计时器的开始引入一个偏移量。

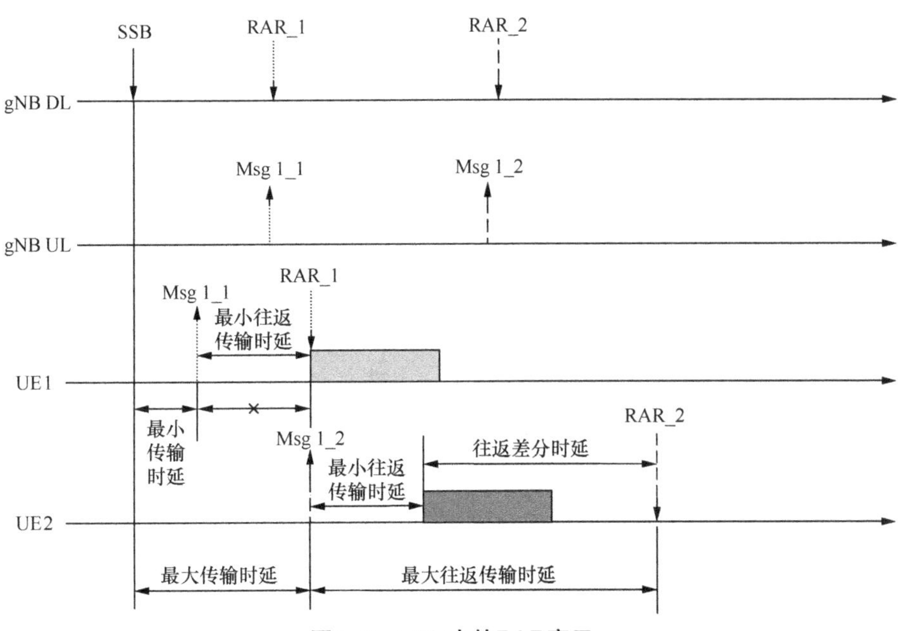

图8-3　NTN中的RAR窗口

④提前计时的改进。

定时提前（TA）是 UL 和 DL 帧同步的重要机制。特别是在 gNB 侧，TA 用于调整 UL 帧的定时，以补偿传输时延，确保来自不同 UE 的传输能够与 gNB 的接收窗口时间对齐。gNB 侧的定时对齐如图 8-4 所示。

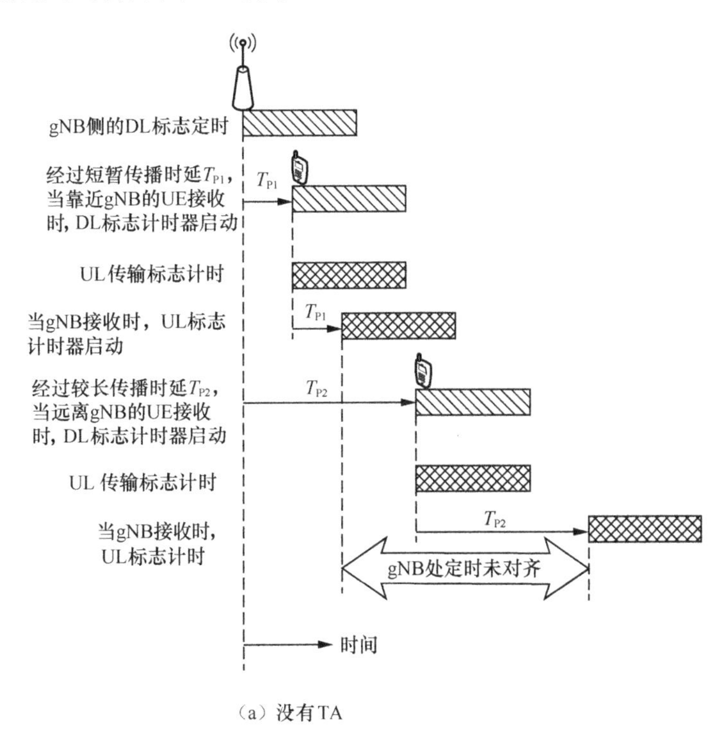

（a）没有TA

图8-4　gNB侧的定时对齐

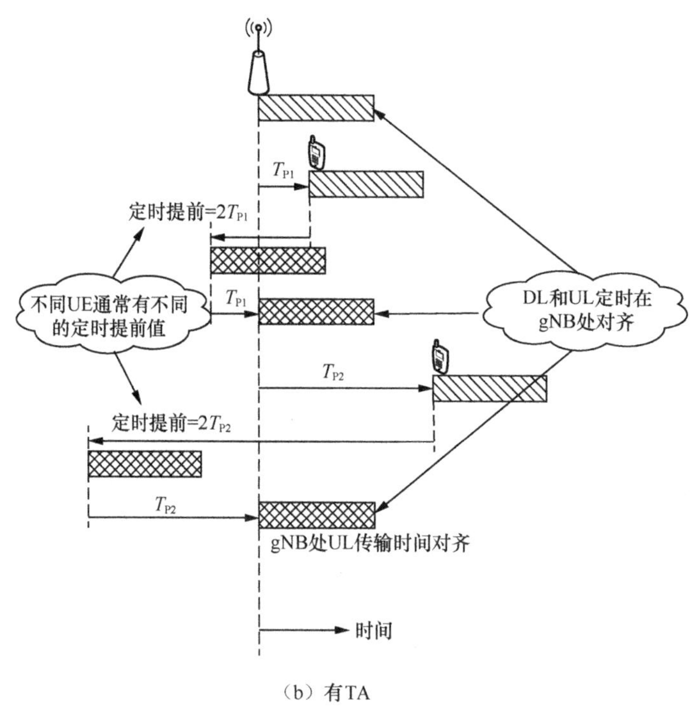

（b）有TA

图8-4 gNB侧的定时对齐（续）

TA是从UL接收的定时派生出来的，并由gNB发送到UE。UE使用定时提前信息来提前或延迟其向gNB传输的时间，以补偿传播时延，从而将来自不同UE的传输与gNB的接收器窗口进行时间对齐。

在随机接入过程中，gNB通过测量接收到的随机接入前导码来推导定时提前，并通过随机接入响应中的定时提前命令字段将值发送到UE。

在NR中，从UE传输的UL帧编号应在UE处相应的DL帧之前开始。UL—DL时序关系如图8-5所示。

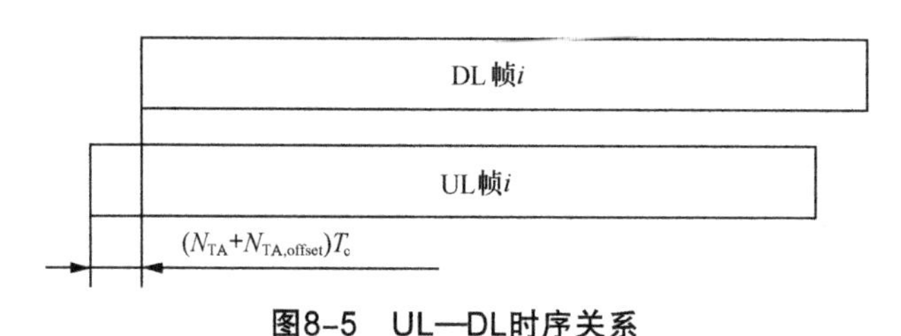

图8-5 UL—DL时序关系

$N_{TA,offset}$在SIB1中提供了下列可能的值：

n-TimingAdvanceOffsetENUMERATED { n0，n25600，n39936 }OPTIONAL，-- NeedS

在随机接入响应的情况下，用于TA组的定时提前命令指示T_A的N_{TA}值由索引值$T_A=0,1,2\cdots3846$组成，对于子载波间隔（SCS）为$2^{\mu}\times15\text{kHz}$的TA组，时间对齐量为$N_{TA}=T_A\times16\times64/2^{\mu}$。

不同SCS在初始访问时补偿的最大TA见表8-6。

表 8-6　不同 SCS 在初始访问时补偿的最大 TA

μ	SCS/kHz	初次访问时补偿的最大 TA/ms
0	15	2
1	30	1
2	60	0.5
3	120	0.27
4	240	0.15

在 RRC_CONNECTED 状态下，gNB 通过测量 UL 传输得出 TA 并通过定时提前命令完善 TA。

定时提前命令 T_A 为一个 TA 组通过 SCS 为 $2^{\mu}\times15$kHz 的索引值，T_A =0,1,2⋯63 表示当前N_{TA}的值（N_{TA_old}）调整为新的N_{TA}值（N_{TA_new}），$N_{TA\_new}=N_{TA\_old}+\left(T_A-31\right)\times16\times64/2^{\mu}$。

通过定时提前命令调整的最大 TA 见表 8-7。

表 8-7　通过定时提前命令调整的最大 TA

μ	SCS/kHz	通过定时提前命令调整的最大 TA/ms
0	15	0.017
1	30	0.008
2	60	0.004
3	120	0.002
4	240	0.001

在 NTN 中，由于卫星通信的特殊性，传统的 TA 机制可能无法满足需求，需要新的方法来补偿更高的传输时延，确保有效同步，具体如下。

对于没有位置信息的 UE，广播一个公共 TA 或者扩大现有 TA 偏移值范围，是 NTN 随机接入过程中初始 TA 的基准。UE 特定 TA 则通过随机接入响应中的定时提前命令字段进行补偿。

对于有位置信息的 UE，其位置数据是随机接入过程中初始 TA 的基准。具有位置信息的 UE 的四步随机接入程序框架如图 8-6 所示。

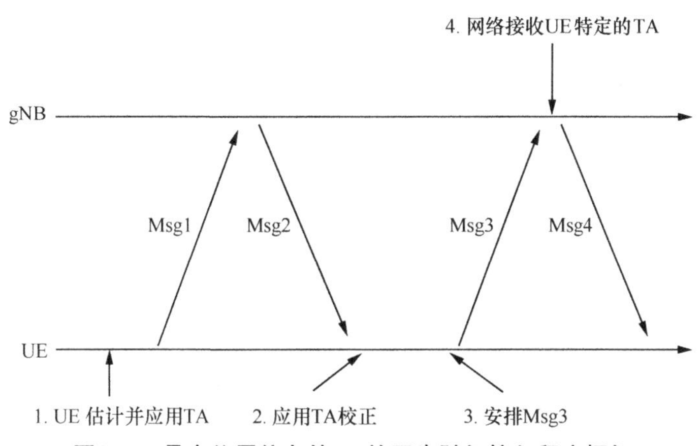

图8-6　具有位置信息的UE的四步随机接入程序框架

Msg1：发送随机接入前导码。在发送 Msg1 之前，UE 根据位置信息来估计其到卫星的时延。对于可再生模式，UE 可以通过卫星星历或者系统信息广播获取卫星的位置信息；对于透明转发模式，可用以下方式估计 UE 和 gNB 接口之间的时延。

一是广播卫星的位置，以及从卫星到 gNB 接口所在信关站的时延。

二是信号星历与信关站位置一起发送给 UE。

三是发出馈电链路时延信号或让 gNB 补偿馈电链路时延，以便 UE 只估计服务链路时延。

Msg2：接收随机接入响应。在 Msg2 中，当 UE 收到 RAR 时，应用 TA 校正。由于 UE 可能会低估或高估 TA，因此需要对其进行一些调整。例如，UE 根据 RAR 中的定时提前命令字段调整 UL 传输的时间；若 UE 的估计存在偏差，则应在后续的通信过程逐步调整 TA，以达到最佳同步效果。

Msg3：发送连接请求消息。网络可以在不知道 TA 绝对值的情况下安排 Msg3，例如，使用小区的最大传输时延或最大差分时延来调度 UE。

Msg4：接收连接建立完成消息。网络和 UE 完成连接建立，UE 特定的 TA 被确认并应用于后续通信。

对于有位置信息的 UE，另一种选择是在发送 Msg1 时，UE 只补偿其特定 TA，UE 的特定 TA 由 d_1-d_0 决定。网络侧负责补偿公共 TA，公共 TA 和 UE 特定 TA 的计算如图 8-7 所示，而 UE 特定 TA 的值由 d_1-d_0 决定。

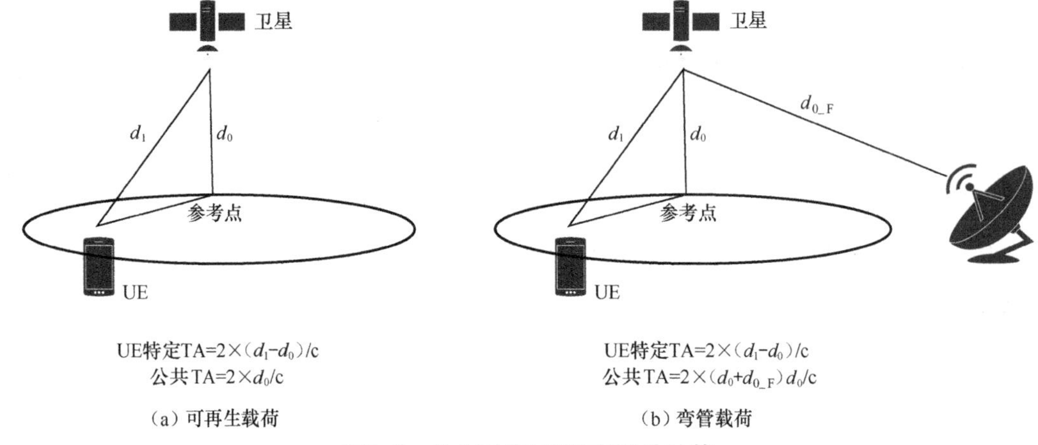

图8-7 公共TA和UE特定TA的计算

2. 非连续接收

（1）问题陈述

非连续接收（DRX）通过减少 PDCCH 监测时间来节省 UE 电源。几个 RRC 可配置参数被用来配置 DRX，如 drx-LongCycleStartOffset、drx-StartOffset、drx-ShortCycle、drx-ShortCycleTimer、drx-onDurationTimer、drx-SlotOffset 和 drx-InactivityTimer。然而，在 NTN 中，由于传输时延显著增加，需要调整某些定时器以适应这些变化。

drx-HARQ-RTT-TimerDL 和 drx-HARQ-RTT-TimerUL 分别表示 MAC 实体期望

HARQ 重传的 DL 和 UL 分配前的最小持续时间。在地面通信中，这个值通常在几毫秒的范围内配置，但对于与卫星建立的通信链路来说，这个值非常小。

drx-RetransmissionTimerDL 和 drx-RetransmissionTimerUL 定义了直到收到重传的最长时间。该定时器最晚在传输 4ms 后开始。在定时器运行期间，UE 监测 PDCCH。对于 NTN，这些定时器不需要修改。

（2）解决方案

如果 HARQ 反馈被 NTN 启用，则为 drx-HARQ-RTT-TimerDL 和 drx-HARQ-RTT-TimerUL 增加一个偏移以适应更长的 RTT。

如果 HARQ 反馈被禁用或只对一定数量的 HARQ 进程启用，UE 可能因不会产生的重传机会而被迫监测 PDCCH，导致浪费能量，降低电池寿命。因此，对于 DL 传输块传输反馈的一个简单的解决方案是确认当前实施的规范在 HARQ 反馈被禁用时未启动 drx-HARQ-RTT-TimerDL；对于 UL 传输块传输反馈的一个简单的解决方案是同意在规范中增加内容，即 UE 应只在相应的 HARQ 过程中启用 HARQ 反馈时启动 drx-HARQ-RTT-TimerUL。

在具有高传输时延的 NTN 中，UE 应避免监测 PDCCH，从而在 RTT 太长导致没有收到消息时节省能量。如图 8-8 所示，当 DRX 被配置时，UE 要么处于活动时间并持续监测 PDCCH，要么处于非活动时间并允许通过不监测 PDCCH 来节省能量。

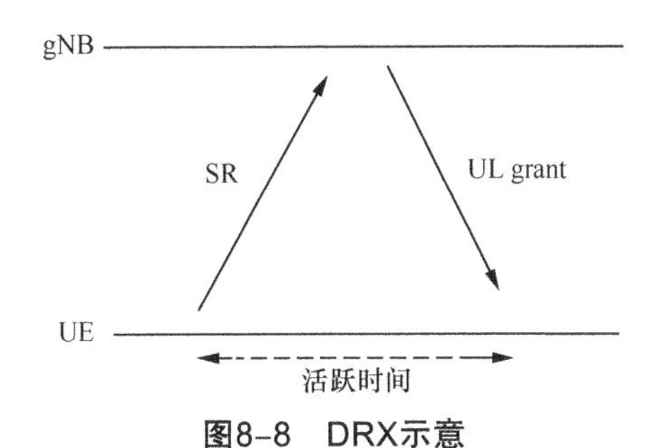

图8-8　DRX示意

活动时间的场景主要由网络配置控制，但在某些场景下 UE 进入活动时间不受网络控制，例如在发送一个调度请求后或者在无争论随机访问中回复 RAR 后。在这两种情况下，UE 将必须监测 PDCCH 至少一个 RTT，之后才可能收到任何类型的响应。为了节省电源，可允许 UE 在这段时间内不连续监测 PDCCH，且网络可以在发生上述情况之一后直接调度 UE。

在 PUCCH 上发送调度请求（SR）后，UE 开始偏移以触发 DRX 活动时间的开始，因此在偏移运行期间，UE 不需要监测 SR 响应（即 PDCCH）。

在无争端随机接入中，gNB 可以在回复 RAR 时包括一个偏移量，以触发 DRX 的活动时间。UE 可以根据 RTT 变量进行配置。

3. DRX 增强

（1）问题陈述

如果 HARQ 被禁用并且使用 HARQ 重传，那么可能对 DRX 程序产生影响，如图 8-9 所示。

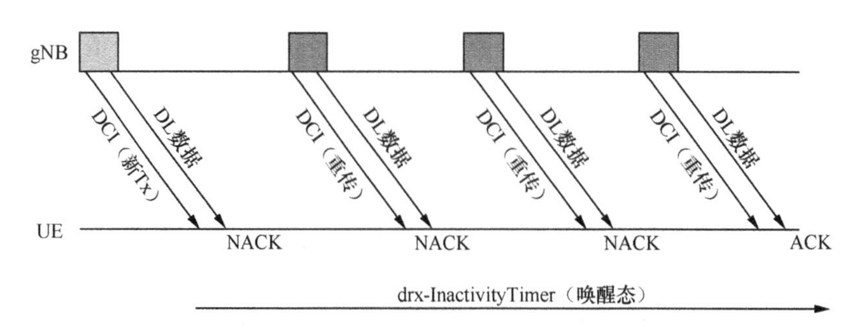

图8-9 HARQ重传示意

（2）解决方案

在通过 PDCCH 进行网络调度时启动 drx-RetransmissionTimer，使 UE 可以在 HARQ 重传之间休眠。如果在 drx-InactivityTimer 期间，则使用传统的 drx-InactivityTimer，以便给 gNB 安排 HARQ 重传的时间，或者使用专门设计的 drx-InactivityTimer 来处理 HARQ 重传。drx-RetransmissionTimerDL 的启动可以在 UE 收到 PDCCH 调度数据时触发；也可以由 PDCCH 调度。

在 RTT 毫秒之后，从 UE 来看，网络被允许重用 HARQ 进程 ID 并可以开始向 UE 发送 DCI 分配。由于这段时间很少与 UE 的 DRX 周期活动时间重合，网络则需要将任何传输延迟到该 RTT 毫秒后的第一个可用的 onDuration 期间，从而在 NTN RTT 的基础上引入额外时延。不必要的 PDCCH 监测和 HARQ 停顿导致的额外时延如图 8-10 所示。

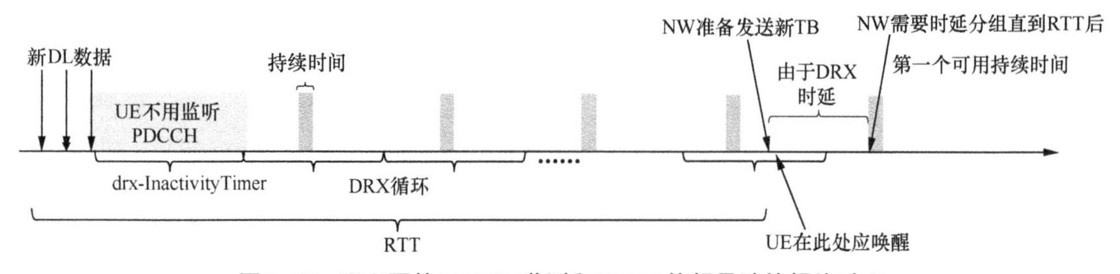

图8-10 不必要的PDCCH监测和HARQ停顿导致的额外时延

为了避免这些额外时延，提高通信效率，可以采取以下措施。

① 配置一个较长的 drx-InactivityTimer，以便有足够的时间来监测新的传输。NW 如果认为没有预期的传输，则通过 DRX 命令让 UE 停止监测 PDCCH。

② 在最初的几个 RTT 中，可以配置短的 DRX 周期来监测 PDCCH 的新传输和重传请求，在短的 DRX 到期后将使用长的 DRX。

③ UE 可以进入活动时间，并在最原始的尚未确认的传输块的 RTT 毫秒后开始监测 PDCCH。

④ 无论数据是否被成功解码，UE 都可以启动 drx-RetransmissionTimerDL。

4. 调度请求

UE 可以使用调度请求（SR）向 gNB 请求 UL-SCH 资源，用于新的传输或具有更高优先级的传输。SR 传输是由 RRC 配置的，在禁止定时器激活期间，不再启动 SR。禁止定时器最迟将在 128ms 后过期并启动 SR。对于 GEO 系统，由于往返时延较大，128ms 的禁止定时器不能满足需求。为支持 NTN，应扩展禁止定时器的取值范围。

5. HARQ

HARQ机制是MAC子层中用于支持纠错和/或重复传输的重要功能，确保物理层对等实体之间的传输。

对于 DL 传输，网络可以在 UE 接收器处禁用上行 HARQ 反馈，以适应高传输时延的需求。即使 HARQ 反馈被禁用，HARQ 进程仍然被配置。启用或禁用 HARQ 反馈是由网络决定的，通过 RRC 信令半静态地通知 UE。这应该通过 RRC 信令在每个 UE 和每个 HARQ 进程的基础上进行配置。

对于 UL 传输，网络可以在 UE 发送器处禁用 HARQ 重传。即使 HARQ 上行链路重传被禁用，HARQ 进程仍然被配置。HARQ 上行链路重传的启用或禁用可以在每个 UE、每个 HARQ 进程和每个逻辑信道的基础上进行配置。

没有统一的标准规定何时启用或禁用 HARQ 反馈。可能考虑的因素是时延或吞吐量服务要求、往返传输时间等。SPS 应该在启用或禁用 HARQ 反馈的进程中被支持。

根据NR Release15，一个包中的同一传输块可以被多次传输，例如在下行链路中使用 pdsch-aggregationFactor > 1 和在上行链路中使用 pusch-aggregationFactor > 1。这种方法有助于降低剩余 BLER，特别是在 HARQ 反馈被禁用的情况下。接收者可以根据 NR Release15 对多个传输进行软合并。这意味着在同一HARQ进程中可以调度同一传输块而不切换新数据指示符。对于 UL，这种行为已经在 3GPP R15 规范中实现，对于 DL，可能需要对 UE 程序进行小的修改。

如果 HARQ 反馈对于特定数量（即不是全部）的 HARQ 进程是禁用的，那么不同 HARQ 进程的配置参数可能不同。

6. 上行链路调度

当数据到达 UE 的缓冲区时，通常会触发一个缓冲区状态报告（BSR）。UE 如果没有任何上行链路资源来传输 BSR，则会发送一个 SR 以请求资源。这个 SR 只是告诉网络 UE 需要调度的指示，网络不知道调度 UE 所需资源的全部范围，因此网络通常用足够大能够发送 BSR 的资源来调度 UE。UE 传输的调度如图 8-11 所示。

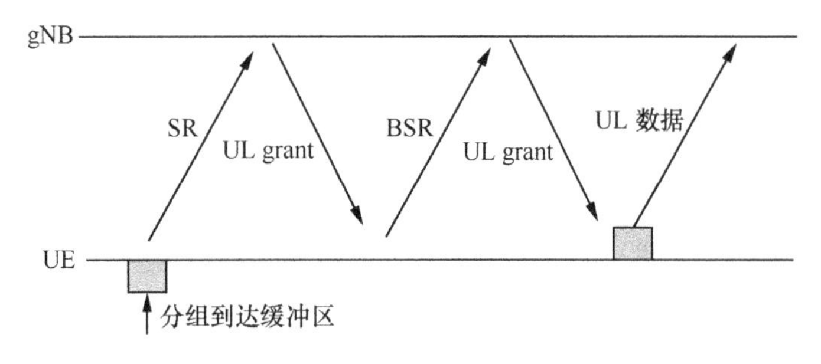

图8-11 UE传输的调度

从数据到达 UE 侧的缓冲区到能够使用适合待传数据和所需 QoS 的资源进行适当调度，至少需要 2 个 RTT。在 NTN 中，这个时间可能会变得非常长。为了缓解这个问题，提出了几种调度方案，详见表 8-8。

表 8-8　调度方案

调度方案	优点	缺点	时延
SR-BSR 程序	所需资源开销低	高时延	至少 2 个 RTT
为回应 SR 而分配大量补给资源	潜在的低资源开销	在 UE 获得 BSR 之前仍然需要 2 个 RTT； 因为网络不清楚 UE 的缓冲区情况，可能造成资源的浪费	1 ～ 2 个 RTT
可配置补给资源	正确配置下可实现低时延	开销大； 需要权衡时延和开销	0 ～ 1 个 RTT[1]
SR中的 BSR 指示	正确配置下可实现低时延	规模影响大； 资源开销影响不清楚，但大于 SR	1 个 RTT
两步随机访问的 BSR	低时延、低开销	需要 RACH 资源	0 ～ 1 个 RTT[2]

注：1. 基于 BSR 的全面调度开始之前的 RTT 数量；
　　2. 如果配置的补给资源 / 两步分配足够大，数据可以在其中传输

8.2.2　RLC

1. 状态报告

（1）问题陈述

状态报告可以由轮询程序触发，也可以通过检测无损模式协议数据单元（AMD PDU）的接收失败来触发，后者通过定时器 t-Reassembly 的到期来标识。当从下层收到 AMD PDU 段并将其放入接收缓冲区时，如果相应的服务数据单元（SDU）中至少有一个字节段丢失且定时器尚未运行，则启动该定时器。此机制应用于 RLC 确认模式（AM）和 RLC 非确认模式（UM），以检测下层 RLC PDU 的丢失。3GPP TS 38.322 定义的定时器 t-Reassembly 可以用 0 ～ 200ms 的固定值来配置。对于地面通信，这个定时器覆盖了最大时间间隔，在这段时间内，由于 SDU 分段或 HARQ 重传，相应的 SDU 片段必须乱序到达接收器，才会触发状态报告进而触发 ARQ 重传。然而，在支持 HARQ 的 NTN 环境中，可能需要扩展定时器 t-Reassembly，以包含 HARQ 传输所允许的最大时间。

（2）解决方案

① 如果 NTN 支持 HARQ，应扩展定时器 t-Reassembly 的范围。

② 考虑 UE 特定的往返时延、允许的 HARQ 重传尝试次数 nrof_HARQ_retrans，以及一个考虑 UE 和网络侧可能时延的可配置的偏移量 scheduling_offset，公式为

$$\text{t-Reassembly}=\text{RTD}\times\text{nrof\_HARQ\_retrans}+\text{scheduling\_offset}$$

这将确保在重组问题中正确考虑HARQ时延，而不需要修改定时器t-PollRetransmit和定时器t-statusProhibit。

2. RLC 序号

（1）问题陈述

在 3GPP TS 38.322 中，RLC AM 的序列号（SN）字段长度可以是 12 位或 18 位。AM 窗口大小最大为 131072。

无线承载所需的序列号空间取决于支持的数据速率、重传时间（包括往返时延、重传次数和调度时延）及 RLC SDU 的平均大小。

无线承载支持的 RLC 比特率的计算公式为

$$\text{RLC比特率} = \text{RLC\_SDU\_size} \times 2^{\text{SN\_length}-1} / \text{重传时间}$$

① RLC_SDU_size：取决于具体的流量，难以准确估计典型的SDU大小。对连续数据来说，RLC SDU 更可能是大的。本节主要介绍 500 字节和 1500 字节这两种情况。

② SN_length：取决于应用，但对于连续且高速率的应用，应选择较大的 SN 字段长度。

③ maxRetxThreshold：在NTN中，HARQ可能被禁用，因此RLC层的重传对可靠的通信链路来说是必不可少的。然而，如果配置了太多的重传，核心网络或应用所看到的时延会变得非常大。在 NTN 中，RLC 重传的最大数量将受到与高层互动的限制，且与地面网络相比将更小。这里考虑的是 1 个或 4 个 RLC 重传。

④ 重传时间：取决于丢失时重新传输的时间。简化方法是通过往返时延 ×（maxRetxThreshold+1）来估算。例如，当 maxRetxThreshold 分别为 1 和 4 时，对于往返时延为 25.77ms（在 LEO 场景下），重传时间分别为 51.54ms、128.85ms，四舍五入后为 75ms、150ms；对于往返时延为 541.46ms（在 GEO 卫星场景下），重传时间分别为 1082.92ms、2707.3ms，四舍五入后为 1.5s、3.0s。

透明转发模式下的 GEO 卫星系统和 LEO 系统可支持的 RLC 比特率分别见表 8-9、表 8-10。

表 8-9　透明转发模式下的 GEO 卫星系统可支持的 RLC 比特率

RLC_SDU_size /Byte	SN_length	往返时延 / ms	maxRetxThreshold	重传时间 /s	RLC 比特率 /（Mbit/s）
500	18	541.46	1	1.5	350
1500	18	541.46	1	1.5	1049
500	18	541.46	4	3.0	175
1500	18	541.46	4	3.0	524

表 8-10　透明转发模式下的 LEO 系统可支持的 RLC 比特率

RLC_SDU_size /Byte	SN_length	往返时延 / ms	maxRetxThreshold	重传时间 /ms	RLC 比特率 /（Mbit/s）
500	18	25.77	1	75.0	6991
1500	18	25.77	1	75.0	20972

续表

RLC_SDU_size /Byte	SN_length	往返时延/ms	maxRetxThreshold	重传时间 /ms	RLC 比特率 /（Mbit/s）
500	18	25.77	4	150.0	3495
1500	18	25.77	4	150.0	10486

（2）解决方案

方案 1：直接应用现有规范。

方案 2：延长 RLC SN 字段长度。

方案 3：减少 RLC 重传时延。

8.2.3 PDCP

1. SDU 丢弃

当 PDCP SDU 的 discardTimer 到期或状态报告确认成功交付时，发送的 PDCP 实体应丢弃 PDCP SDU。discardTimer 可以配置在 10 ～ 1500ms，也可以通过设置为无穷大来关闭。

discardTimer 主要反映了一个服务的数据包 QoS 要求。选择合适的 discardTimer 到期时间或 QoS 要求，应考虑 RLC 层或 HARQ 上的往返时延及重传次数。增加 discardTimer 的到期时间可能会导致缓冲区所需内存的增加。

2. 重订和需求内发送

为了检测 PDCPDataPDU 的丢失，3GPP TS 38.322 引入了定时器 t-Reordering。当 PDCP SDU 被传送到上层时，该定时器被启动或重置，且最大可配置的到期时间是 3000ms。该定时器会限制 RLC AM ARQ 协议的总重传次数，确保数据传输的完整性。

3. PDCP 序列号和窗口大小

（1）问题陈述

在 3GPP TS 38.323 中，12 位和 18 位被指定为可能的 PDCP 序列号（SN）字段长度，最多有 262144 个不同的 SN。

无线承载所需的序列号空间取决于要支持的数据速率、重传时间及 PDCP SDU 的平均大小。

无线承载支持的 PDCP 比特率的计算公式为

$$\text{PDCP比特率} = \text{PDCP\_SDU\_size} \times 2^{\text{PDCP\_SN\_Size}-1} / \text{PDCP的重传时间}$$

① PDCP_SDU_size：取决于具体的流量，难以准确估计典型的 SDU 大小。对于连续数据，PDCP SDU 可能更大。一般来说，PDCP 数据包比 RLC 数据包大，因为在 RLC 层可能会有分段，然而，对于大数据速率，假设它们与 RLC_SDU_size 在同一范围。本节主要介绍 500 字节和 1500 字节这两种情况。

② PDCP_SN_Size：取决于应用，但对于连续且高速率的应用，应选择较大的 SN 字段长度。

③ PDCP 的重传时间是 PDCP 层在创建数据包和登记传输成功或失败之间需要的时间。如果 HARQ 被禁用，它主要取决于 RLC 的重传时间。在 LEO 场景下，RLC 的重传时间为 75ms、150ms，在 GEO 卫星场景下，RLC 的重传时间为 1.5s、3.0s。

透明转发模式下的 GEO 卫星系统和 LEO 系统可支持的 PDCP 比特率见表 8-11 和表 8-12。

表 8-11 透明转发模式下的 GEO 卫星系统可支持的 PDCP 比特率

PDCP_SDU_size/Byte	PDCP_SN_Size	PDCP 的重传时间 /s	PDCP 比特率 /（Mbit/s）
500	18	1.5	350
1500	18	1.5	1049
500	18	3.0	175
1500	18	3.0	524

表 8-12 透明转发模式下的 LEO 系统可支持的 PDCP 比特率

PDCP_SDU_size/Byte	PDCP_SN_Size	PDCP 的重传时间 /ms	PDCP 比特率 /（Mbit/s）
500	18	75	6991
1500	18	75	20972
500	18	150	3495
1500	18	150	10486

（2）解决方案

方案 1：直接应用现有规范。

方案 2：延长 PDCP SN 字段长度。

方案 3：减少执行重传所需的时延。

8.3 控制面增强技术

从 NTN 中 UE 的角度来看，卫星波束或卫星是不可见的。但在 PLMN 层面仍区分网络的类型（如 NTN 和 TN），3GPP R15 的定义被认为是 NTN 的基准。PCI 映射到卫星波束的选项如图 8-12 所示。

在 NTN 中，可以考虑两种方案：一是几个卫星波束采用相同的 PCI；二是每个卫星波束采用一个 PCI。一个卫星波束可以由一个或多个 SSB 波束组成。一个 PCI 最多可以有 L 个 SSB 波束，其中，L 可以是 4、8 或 64，取决于波段。

在 TN 中，天线端口或物理波束与 SSB 索引的映射留待实现。在 NTN 中，卫星波束和 SSB 索引之间的关联留待实现（即不会被指定）。

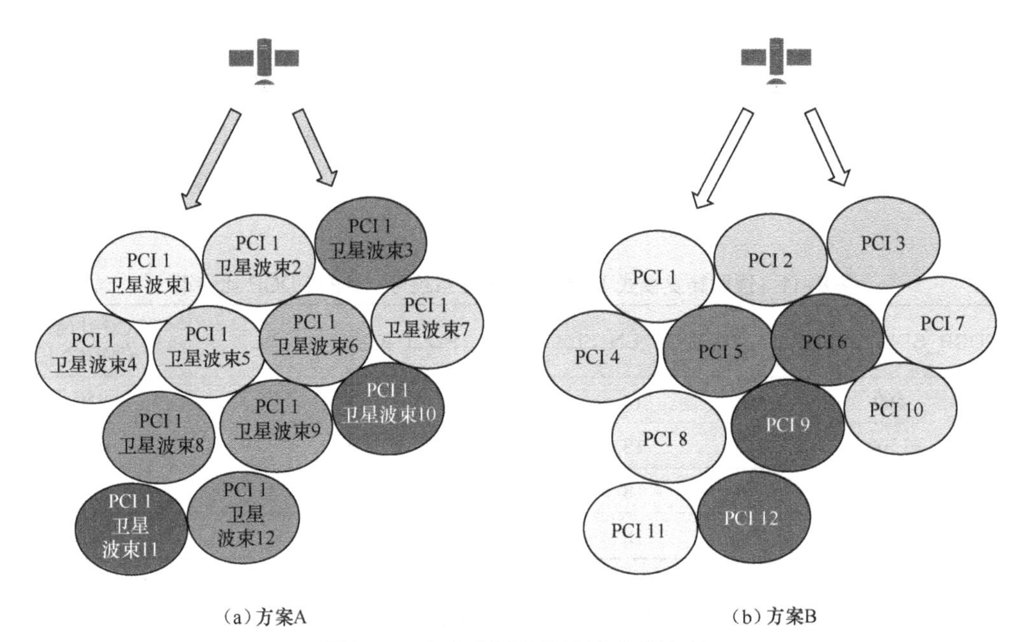

图8-12　PCI映射到卫星波束的选项

NTN 支持两种不同类型的 UE，分别为有 GNSS 支持和无 GNSS 支持。卫星星历、时间和 UE 位置可以在 RAN 中用于移动性管理。

GEO 的当前跟踪区域管理被认为是一个基准，有移动波束的 LEO 应研究固定和移动跟踪区域的解决方案。

8.3.1　闲置模式下的移动性增强技术

1. 一般性追踪区域

卫星可能覆盖数百平方千米的小区，会导致跟踪区域非常大。在这种情况下，跟踪区域更新（TAU）是最小的，但寻呼负载很高，因为它与跟踪区域的设备数量有关。

由于 TAU 和寻呼信号负载之间的反差过大，难以找到可行的折中办法，所以移动小区和随之移动的跟踪区域将很难在网络中管理。

一方面，小的跟踪区域将导致 UE 在两个跟踪区域之间的边界产生大量的 TAU 信号，如图 8-13 所示。

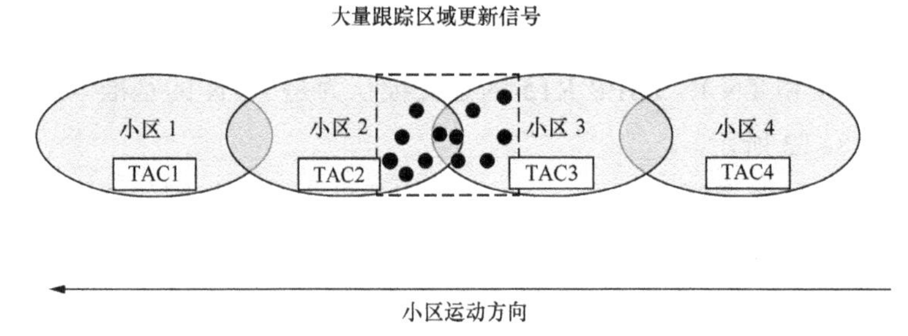

图8-13　移动小区和小的跟踪区域导致产生大量TAU信号

另一方面，大的跟踪区域将导致卫星波束中的高寻呼负荷，如图 8-14 所示。

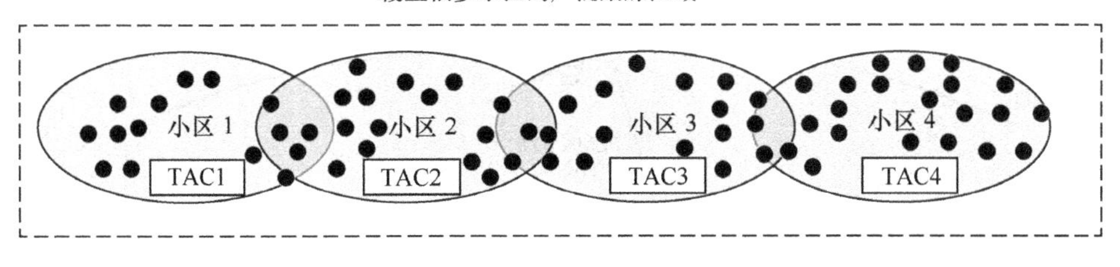

图8-14　移动小区和大的跟踪区域导致更高的寻呼负荷

然而，跟踪区域的尺寸必须实现最小化 TAU，因为在这个网络上 TAU 比寻呼的信号密集。

在实际的跟踪区域设计中，影响性能和容量的标准之一是MME/AMF 平台的限制能力和无线信道容量。

乒乓效应是指 UE 在相邻小区边界处频繁切换产生过多的 TAU。可以通过确保相邻小区之间 10% ～ 20% 的重叠和适当给 UE 分配 TAI 列表（特别是在小区 / 跟踪区域的边缘）来最小化 TAU。

2.NTN 低轨道卫星的移动跟踪区域

移动跟踪区域是指随着卫星波束覆盖地面而动态变化的跟踪区域。由于卫星的高速移动，卫星波束及为地球静止 UE 提供覆盖的小区经常改变，所以静止的 UE 将不得不在 RRC_IDLE 状态下不断进行注册区域更新（也可称为跟踪区域更新，即 TAU）。对于每个注册区域的更新，UE 需要启动与网络的连接。对于 NR Release 15，需要 4 个步骤的随机接入程序，然后通过服务链路进行一些 RRC 消息交换。如果注册区域内的所有 IDLE 模式 UE 需要在 LEO 经过时频繁执行 TAU，则可能产生不可接受的开销。如果注册区覆盖的面积很大，这个问题可能会稍微改善。然而，注册区域的大小和寻呼能力需要权衡，因为可能需要通过注册区域下的所有小区寻呼 UE，所以当网络发起的呼叫到来时，寻呼容量不足将成为一个问题。

3. NTN 低轨道卫星的固定跟踪区域

（1）方法 1：针对 UE 位置信息不可用的情况

为了不使 UE 因卫星运动而频繁执行 TAU，跟踪区域可以设计成固定在地面上。对于LEO，这意味着当小区在地面上扫描时，当小区到达下一个计划中的地球固定跟踪区域位置时，广播的跟踪区域代码（TAC）将被改变。

当 gNB 进入下一个计划跟踪区域时，gNB 广播的 TAC 或一组 TAC 需要被更新。当 UE 检测到进入一个不在UE之前网络中注册的跟踪区域列表中的跟踪区域时，将触发移动性注册更新程序。实时更新 TAC 和 PLMN ID 示例如图 8-15 所示。

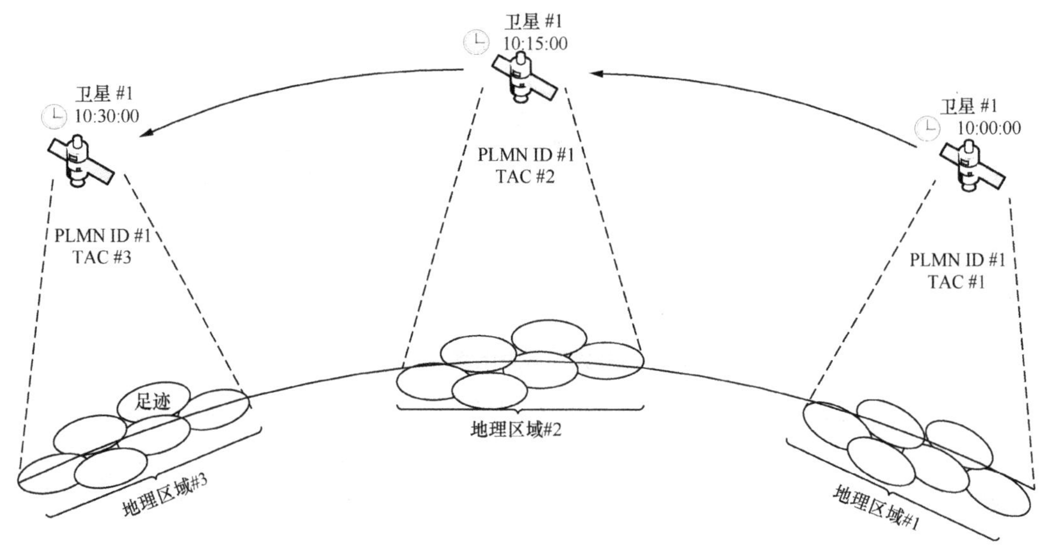

图8-15 实时更新TAC和PLMN ID示例

网络根据星历实时更新广播 TAC，并确认广播 TAC 与卫星波束覆盖的地理区域有关。UE 监听 TAI = PLMN ID + TAC，并且当它移出注册区域时，根据广播 TAC 和 PLMN ID 决定触发注册区域更新程序。

这种方法允许使用 3GPP R15 NR 网络程序，可以适用于有位置信息的 UE 或没有位置信息的 UE。

应研究两种可能的方案来更新广播 TAC。

"硬切换"选项：一个小区只为每个 PLMN 广播一个 TAC。新的 TAC 代替旧的 TAC，并且在边界地区可能会有一些波动。边界地区的 TAC 波动情况如图 8-16 所示，UE 将看到其 TAC 的变化，如从 T_1 到 T_3，TAC2 → TAC1 → TAC2。

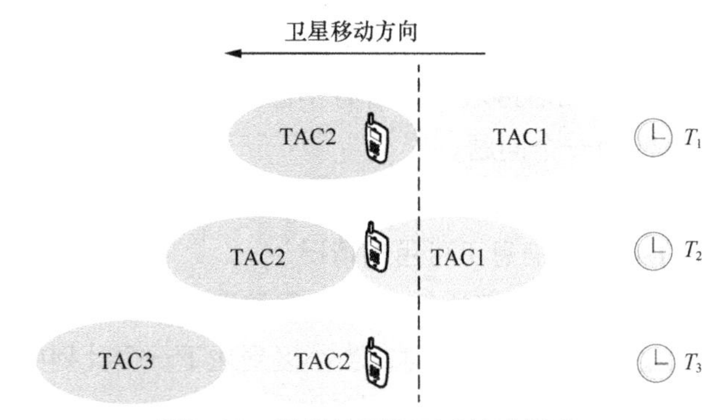

图8-16 边界地区的TAC波动情况

"软切换"选项：一个小区可以在每个 PLMN 广播一个以上的 TAC。小区在其系统信息中，在旧 TAC 外增加了新 TAC，并稍后删除旧 TAC。如果有一连串的跟踪区域，在小区扫过地面的时候，跟踪区域列表会多加一个新的跟踪区域，并删除一个旧的跟踪区域。这也减少了刚好位于边界地区的 UE 的 TAU 数量。然而，对于"软切换"选项，一个小区广播的 TAC 越多，它所经历的寻呼负载就越重，这通常会导致小区间寻呼负载

分配的严重失衡。因此，在网络规划和实施中，需要在寻呼负载和平衡“软切换”所带来的实际跟踪区域区域的波动之间进行权衡。在某些地区，gNB 可能无法提供 NTN 服务，因此，不广播 TAC。

（2）方法 2：针对 UE 位置信息可用的情况

一个可能的解决方案是将地球划分为许多地理区域，每个地理区域被映射为一个确定的 TAC。在初始注册过程中，UE 根据其位置信息得出 TAC（地理区域和 TAC 值之间的映射规则在 UE 和网络侧都有保存），根据得出的 TAC 和广播 PLMN ID 形成 TAI，并通过注册请求消息向网络报告 TAI。AMF 确认报告的 TAI，并在注册接收消息中包括 TAI 列表作为 UE 注册的注册区域。

当 UE 移动到一个新的地理区域时，UE 根据位置信息得出 TAC，并根据得出的 TAC 和 PLMN ID 形成 TAI。如果 UE 检测到进入一个不在 UE 先前注册的跟踪区域列表中的跟踪区域，则将触发移动性注册更新程序。UE 通过注册请求消息向网络报告自己得出的 TAI。AMF 确认报告的 TAI，并在注册接收消息中包含 UE 的新 TAI 列表。UE 在收到注册接收消息后，将删除旧的 TAI 列表并存储收到的 TAI 列表。

4. 空间 / 非活跃 UE 移动性增强技术

对于 NTN 的空闲 / 非活跃模式 UE 程序，TN 系统的 NR 机制被视为基准。关于现有程序的调整，考虑以下问题。

① 对于过于频繁的 SI 更新问题，如果没有发现其他情况，则这个问题可以通过网络实施来解决。

② 在地球固定跟踪区域机制下，扫过地球的小区不会因为 LEO 的频繁 TAU 而造成沉重的信号负担。

③ 对于低传输功率的 UE 驻留在高海拔小区的问题，如果 UE 能够识别 GEO 小区，则可以留给 UE 实施来避免这个问题，不需要额外的机制。

因为 GEO 卫星小区的覆盖范围非常大，所以 UE 的移动很少发生。对于 LEO，UE 的速度相较于 LEO 卫星的速度是可以忽略的。由于 MSE 的使用情况在 GEO 和 LEO 情况下都不明确，NTN 使用的 MSE 机制在具体实施时再决定。

8.3.2 连接模式下的移动性增强技术

对于 GEO NTN，移动性管理程序需要进行调整，以适应高的传输时延，特别是无线电链路管理，可能需要特定的配置。

对于 LEO NTN，移动性管理程序应得到加强，以考虑到与卫星移动有关的方面，例如，测量有效性、UE 速度、移动方向、高的和可变的传输时延及动态相邻小区集。

1.NTN 的移动性挑战

（1）与流动信号有关的时延

NTN 中的传输时延比地面系统高几个数量级，这为移动信号 [例如，测量结果报告、切换命令接收和切换请求 /ACK（如果目标小区来自不同的卫星）] 引入了额外的时延。

切换程序如图 8-17 所示，在 gNB 端和 UE 端都标注了处理时延。

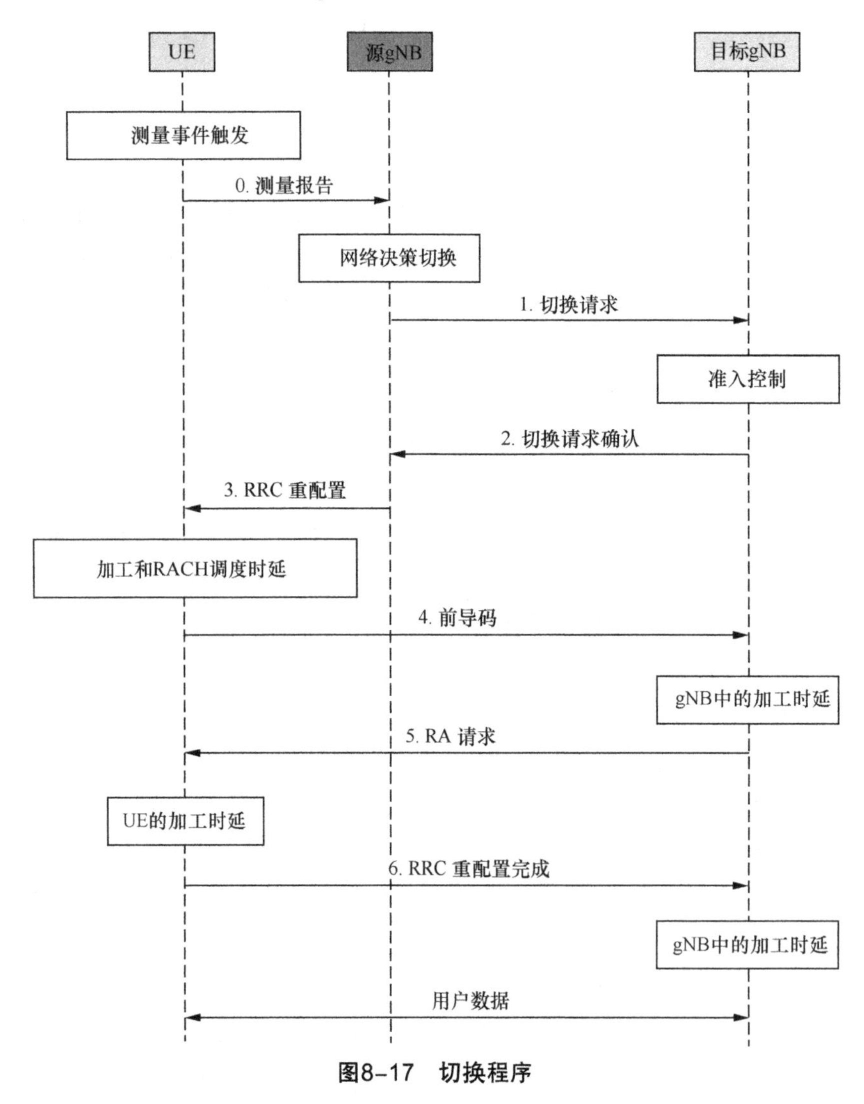

图8-17 切换程序

业务中断时间在 3GPP TR 36.881 中定义为终端停止与源 gNB 传输的时间到目标 gNB 恢复传输的时间。需要注意的是，UL 和 DL 的中断时间是不同的。

对于 DL，中断时间可以定义为从网络发送 RRC 重配置消息到目标 gNB 收到 RRC 重配置完成消息的时间。在步骤 3 与步骤 6 之间，gNB 不能再发送数据，所以在收到 RRC 重配置完成消息后，gNB 可以继续发送数据。对于 UL，终端可以继续向源 gNB 发送数据，直到接收到 RRC 重配置消息，中断时间可以定义为终端从接收到 RRC 重配置消息到目标 gNB 接收到 RRC 重配置完成消息的时间。

如果不考虑 RRC 处理时延和 UE 射频调整（小于 RTT）等时延，则下行中断时间为 2 个 RTT（GEO 约为 1080ms，LEO 约为 52ms），上行中断时间为 1.5 个 RTT（GEO 约为 810ms，LEO 约为 39ms）。

GEO 场景中的传输时延比 LEO 场景高得多，但后者需要考虑卫星运动。为了避免

扩展服务中断，在这两种情况下，都应该优先处理与移动性信号相关的时延。

需要注意的是，虽然这样的时延可能会导致业务中断，但这并不一定意味着终端将错过切换命令。

（2）测量的有效性

如果在传输测量报告和接收切换命令之间有足够的时延，那么基于3GPP R15测量的移动机制扩展到NTN可能会带来过时测量的风险。测量可能不再有效，会导致不正确的移动操作，例如，提前或推迟切换。

尽管LEO场景显示出较低的传输时延，但卫星移动可能影响测量的有效性。卫星星历或UE位置有助于解决这一问题。

在GEO场景中，考虑到较大的小区规模/重叠、较小的信号变化和较低的UE迁移率，测量有效性预计不会成为挑战。因此，GEO场景可以通过使用现有的3GPP 15机制进行适当配置来解决。

（3）小区重叠和减少信号强度变化

在地面系统中，由于与小区中心相比，RSRP的差异明显，UE可以确定其靠近小区边缘。这种影响在非地面部署中可能不明显，只会使重叠区域的两个波束之间的信号强度的差异很小。由于3GPP R15切换机制基于测量事件，UE可能难以区分哪个是较好的小区。

为了避免UE在小区之间移动导致的切换稳健性整体下降，应在GEO和LEO场景中优先解决这一问题。

（4）频繁且不可避免地切换

非GEO轨道上的卫星相对地球上的固定位置高速移动，导致静止和移动终端频繁且不可避免地切换。这可能会带来显著的信令开销，并影响功耗，加剧与移动性相关的其他潜在挑战，如信令时延导致的服务中断。

一个以恒定速度和方向移动的UE可以保持与小区连接的最大时间（切换频率）的近似计算公式如下。

$$\text{切换频率}=\frac{\text{小区直径}}{\text{UE的速度}+\text{卫星的速度}}$$

当UE与卫星同向移动时，相对速度为两者速度之差；相反时则为速度之和。此外，小区大小也会影响切换频率：最小小区以50km直径作为下限（即切换频率的最坏情况）；最大小区以1000km直径作为上限（即切换频率的最佳情况）。

忽略终端移动速度，仅考虑卫星移动速度，对于直径为50km的小区，UE最长可保持6.61s的连接；对于直径为1000km的小区，UE最长可保持132.38s的连接。考虑到实际UE的移动速度（如500km/h），这些值会有约4%的变化。如果忽略卫星移动速度并将UE移动速度设置为500km/h，则相当于地面终端由直径为0.918～18.39km的小区提供服务。

从上述分析可以得出结论，LEO在NTN中的切换频率与高速列车上的地面UE所经历的频率相似，但这表示最坏的情况，而不代表典型的地面网络。大的小区规模对UE

速度的影响小，所以预计 GEO 在 NTN 中不会发生频繁的切换。

（5）动态相邻小区集

在非 GEO 部署中，卫星相对于地球上的一个固定点不断移动。这样的移动可能会对 UE 产生一些影响，例如，一个候选单元将持续有效多长时间。

考虑到 LEO 中卫星的确定性运动，该网络可能通过现有的 3GPP R15 机制来补偿不断变化的单元集，可能还需要借助 UE 定位。

由于 GEO 卫星是相对静止的，所以预计动态相邻小区集不会是一个挑战。

需要注意的是，如果开发了增强功能，应该与 IDLE/INACTIVE 部分的小区选择 / 重选相协调。

（6）大量 UE 的切换问题

考虑到 NTN 的小区规模，很多设备可能在一个小区内被服务。根据星座假设（例如，传输时延和卫星速度）和终端密度，潜在的非常多的终端可能需要在给定时间内执行切换，这可能导致巨大的信号开销和服务连续性挑战。

一个小区完全移出原来覆盖区域产生的 UE 过渡如图 8-18 所示，虽然在给定时间内执行切换的 UE 实际数量会根据 UE 密度而变化，但可以通过观察小区完全脱离原始脚印

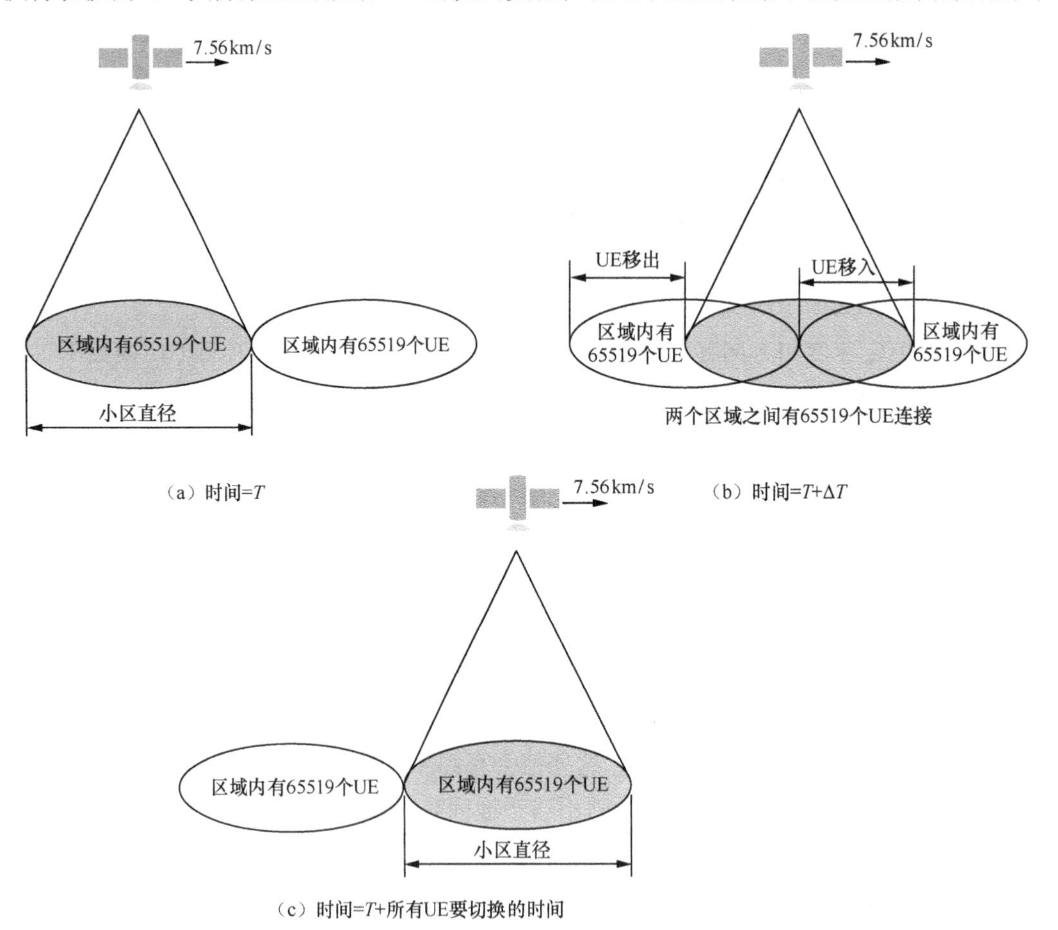

图8-18　一个小区完全移出原来覆盖区域产生的UE过渡

需要的时间来得出一个大致的结果。此时在 T 时，小区中服务的所有 UE 必须移交给一个新的小区。用连接的终端总数除以小区执行此转换所需的时间，可以得到对于给定直径的小区，终端必须移出平均速率的大致近似值。

然而，由于 UE 从不再由这个小区服务的区域“移出”，其他终端也从新的覆盖区域“移入”。为了简单起见，假设终端的分布相对均匀，终端离开小区的速度约等于终端进入小区的速度。因此，小区的总流动性（移入 + 移出）大约是移出速度的 2 倍。小区内需要 UE“移入”与“移出”的区域比较如图 8-19 所示。

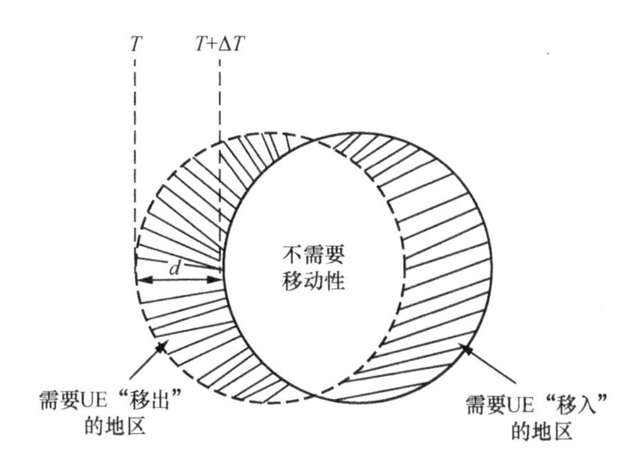

图8-19　小区内需要UE“移入”与“移出”的区域比较

（7）传输时延差异对测量的影响

假设一个由 LEO 卫星 S1 提供服务的终端，但也在 LEO 卫星 S2 的覆盖范围内。基于提供给 UE 的测量配置，UE 应该对来自 S2 的相邻单元进行测量以支持移动性操作，但是从 UE 到卫星 S1 和从 UE 到卫星 S2 的传输时延可能存在显著差异。

如果 SMTC 测量间隙配置不考虑传输时延差异，终端可能会错过 SSB/CSI-RS 测量窗口，从而无法对配置的参考信号进行测量。这个问题在 GEO 和 LEO 场景中都应被考虑到，但在 LEO 场景中应优先解决这一问题。对于 GEO 卫星，由于其相对地球是静止的，因此问题依然存在，但其规模和影响相对较小。

2.NTN 的移动性增强

在测量 / 配置报告方面，引入了基于 UE 位置的条件触发机制，即测量报告的触发可以依赖 UE 位置与参考位置的关系，或是位置与 RSRP/RSRQ 的组合。此外，测量报告中可包含位置信息，为网络在决定是否进行切换时提供额外依据，如信号开销影响和隐私问题。网络还能够补偿 UE 测量窗口中的卫星间传输时延差异，通过系统信息或专用信令以 UE 特定的方式实现，确保测量准确性。

在条件切换方面，基于测量的触发遵循移动性增强工作项目的协议，但针对 NTN 环境调整了触发阈值的配置或测量事件的选择，如考虑到 NTN 中小区中心和边缘质量变化较小。此外，增加了基于 UE 和卫星位置、时间、TA，以及源单元和目标单元仰角的触发条件。这些触发条件可以独立使用或与其他触发器结合。

在移动性配置方面，优化切换配置中的通用信令是提升 NTN 效率和服务质量的关键。通过 SIB 广播 T304 和 spCellConfigCommon 等参数，可以减少不必要的专用信令开销，但鉴于切换命令是 UE 特有的，且需要专门的信令，因此，需要进一步评估对信令开销的影响。

以下标准可作为评估广播信令的影响 / 效益的基准。

① 是否有足够多的 UE 共享相同的通用信令值以证明广播值与专用信令的合理性？

② 这些值是否能保持足够长时间的有效，以至于它们不需要经常修改（通过专用信令或更新的广播信息），从而减少信令开销？

③ UE 需要多长时间才能收到 NTN 接入的最低要求信息？

可以进一步分析以确定适用于广播传输的其他可能的信令（例如，共同时延、RRC Reconfiguration 消息的其他参数），网络的某些区域是否更适合广播信令（例如，在地面和非地面之间的覆盖边缘），或者是否可以通过索引提供典型的切换配置（可能有额外的 delta 配置）。在评估中，应考虑 UE、源和目标 gNB 之间的所有信令。

此外，从 Uu 接口的角度看，对于连接模式下，LEO NTN 的馈电链路转换的移动性，透明负载的架构选项和可再生负载的架构选项之间存在差异。

8.3.3 寻呼问题

（1）非多波束小区的寻呼能力

在非多波束情况下，每个寻呼帧（PF）中的 10 个子帧里有 4 个可用于寻呼，这意味着每个 PF 最多可以有 4 次寻呼机会（PO）。一个寻呼信息只能在一个 PO 中发送，且最多可以包含 32 条寻呼记录，每条寻呼记录包括被寻呼的 UE 的身份。因此，在 NR 非多波束小区中，理论上每秒支持的最大寻呼容量计算如下：

$$每秒支持的寻呼容量=N_{\mathrm{PF}}\times N_{\mathrm{PO\ per\ PF}}\times N_{\mathrm{UE\ per\ PO}}$$

其中，N_{PF} 表示每秒的 PF 数量；$N_{\mathrm{PO\ per\ PF}}$ 表示每个 PF 中的 PO 数量；$N_{\mathrm{UE\ per\ PO}}$ 表示每个 PO 中包含的最大 UE 寻呼记录数。

由于每个 RF 可以被配置为一个 PF，所以 100 个 PF 每秒的最大寻呼容量是 400。这意味着，理论上一个 NR 小区每秒可以呼叫 12800 个 UE，或相当于每小时 46080000 个 UE。

支持的寻呼容量应与每个小区所需的寻呼进行比较，其计算方法如下。

每秒每个小区的预计到达率 $=A\times$ UE 密度 × 到达会话率

如果跟踪区域大于一个小区，并且基站需要盲目寻呼它想到达的所有小区中的所有 UE，那么在最坏的情况下，所需的到达率的计算方法如下。

$$每秒每个跟踪区域的预计到达率 =M\times A\times \text{UE 密度}\times 到达会话率$$

为支持 UE 接入小区，寻呼容量也应与小区容量一起考虑。在被寻呼后，UE 使用随

机接入程序接入小区，该程序由 UE 在 PRACH 上传输随机接入前导码开始。

（2）计算示例

半径为 r 的六边形单元的面积如图 8–20 所示，一个六边形单元的半径为 r，该单元的面积可以表示为 $A=\sqrt{3}/2\times \mathrm{ISD}^2=2\times\sqrt{3}\times r^2$。如果小区面积是一个椭圆，则面积可以表示为 $A=\pi\times r_1\times r_2$。例如，对于 r=250km 的小区，其面积为 163000km^2。

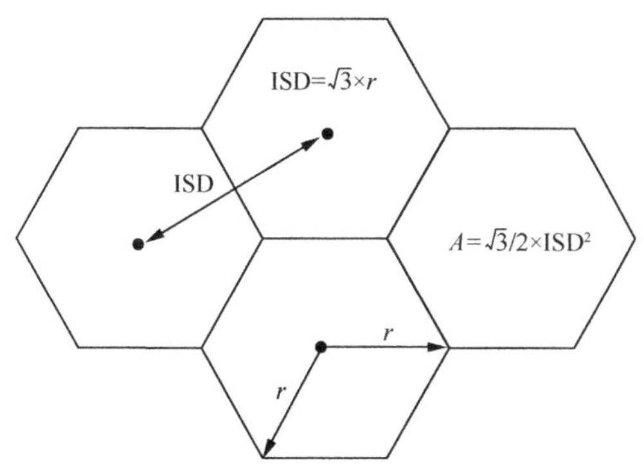

图8–20　半径为r的六边形单元的面积

在给定的到达会话率和 UE 密度下的寻呼通道负载见表 8–13，其中，M 为每个跟踪区域的小区数量，寻呼通道载荷通过每秒每个小区预期到达率 / 每秒支持的寻呼容量计算得出。

表 8–13　在给定的到达会话率和 UE 密度下的寻呼通道负载

N_{PF},$N_{PO\ per\ PF}$,$N_{UE\ per\ PO}$	UE 密度 /（UE/km^2）	到达会话率	M	r/km	寻呼信道载荷
410032	400	每小时 1 个	1	250	141%
410032	400	每 24 小时 1 个	1	250	5%
410032	20	每小时 1 个	1	250	7%
410032	20	每 24 小时 1 个	1	250	0.25%

此外，考虑到每个 UE 的到达会话率，支持的 UE 密度在很大程度上取决于波束的大小，给定的到达会话率下支持的 UE 密度见表 8–14，计算方式如下。

$$\frac{\text{支持的到达率}}{\text{到达的会话率}\times A}=\text{支持的UE密度}$$

表 8–14　给定的到达会话率下支持的 UE 密度

N_{PF},$N_{PO\ per\ PF}$,$N_{UE\ per\ PO}$	到达会话率	M	r/km	UE 密度 /（UE/km^2）
410032	每小时 1 个	1	250	≤ 280
410032	每 24 小时 1 个	1	250	≤ 6780

也可以比较寻呼容量需求的规模与跟踪区域的大小和不同的到达率，在最坏的情况

下，考虑到 UE 不知道任何 UE 的位置，因此，在整个跟踪区域内寻呼相同的 ID。

$$每秒每个跟踪区域的到达率 = M \times A \times UE密度 \times 到达会话率$$

如果小区是半径为 200km 和 500km 的圆形，UE 密度为 620 UE/km^2，到达会话率为 1/24 × x，其中 x 为 0.2 和 0.5，在这种情况下到达会话率为 0.008 和 0.021。LEO 情况下的寻呼能力要求如图 8–21 所示，GEO 情况下的寻呼容量要求如图 8–22 所示，其展示了需要的寻呼容量。

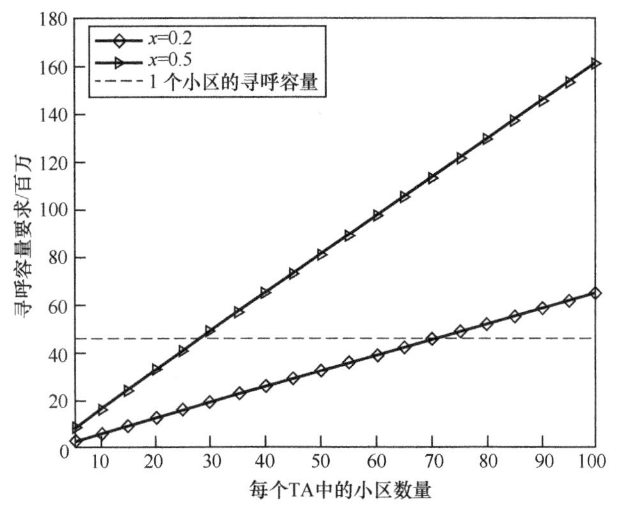

图8–21 LEO情况下的寻呼能力要求

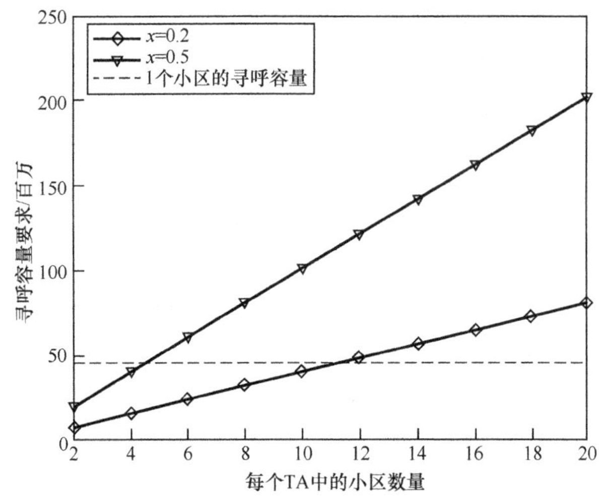

图8–22 GEO情况下的寻呼容量要求

8.3.4 NTN星历数据

1. 星历数据的提供和使用

在所有情况下，最小表示至少需要 7 个双精度浮点数，外加一些开销。这意味着对于拥有许多卫星的卫星网络，星历数据可能相当可观。LEO 网络的确切数据大小取决于卫星的数量（可能有几百颗）和星历参数表示的准确性。

在卫星网络中，所有卫星的轨道不是独立的，因为几个卫星通常共享一个共同的轨

道平面。为了减少所需的数据量，星历数据不能提供每颗卫星的信息，而只能提供共同轨道平面的信息。即使是一个拥有 100 个轨道平面的网络，星历数据也只有几 kB。在 UE 的 uSIM 中或直接在 UE 中，可以将星历数据存放到包含该星历数据的文件中。

综上所述，星历的数据量对于拥有许多卫星的网络来说是相当大的，并且很容易超过 uSIM 的容量，而 uSIM 是预先提供星历数据的一种方式，通常为 128kB。因此，uSIM 上的星历数据文件可能只包含关于轨道平面的信息。在这种情况下，星历数据不会提供特定卫星的位置，而是描述 UE 上方天空中的一个弧线，终端需要扫描这个弧线来寻找卫星。根据轨道参数的定义，采用半长轴、偏心距、倾角、上升节点右经、近心点角前 5 个参数，来确定椭圆轨道。因此，这些参数可以被作为基准星历数据提供给 UE。

这些基准星历数据或轨道平面可以被索引，并被进一步量化和子索引，然后在 RRC 中以一种有效的方式使用索引来指向存储的星历数据。利用星历平面信息，可以给 UE 提供其他小区的星历数据信息。例如，当一个 UE 被要求进行 RRM 测量时，UE 会被告知要测量的单元所在的轨道平面的索引。

在星历数据的帮助下，UE 可以搜索它连接到的第一个 NTN 小区。在探测到卫星广播的小区的 PSS/SSS（SSB）后，UE 可以读取该小区的初始系统信息。理想情况下，在尝试访问单元之前，UE 对 RTT 足够了解并能够进行随机访问。为此，初始系统信息需要包含小区（或广播小区的卫星）的确切位置的进一步星历信息。这些信息可以根据 UE 已经掌握的轨道平面信息给出。

考虑到轨道平面级轨道参数不足以得出卫星位置，而卫星级轨道参数更有助于 UE 搜索第一个NTN单元，并进行初始访问。因此，其他提供卫星级轨道参数的方案也值得评估。除了轨道平面的前 5 个轨道参数，还可以利用参考时间点的平均近点角和历元这两个轨道参数，确定卫星在某一时刻的确切位置。

综上所述，证明卫星级轨道参数的主要问题是这些信息的大小。然而，不需要一个终端存储所有卫星的轨道参数。如果预先提供了每颗卫星的轨道参数，UE 只需要存储可能为 UE 服务的卫星的星历数据。另一个卫星级轨道参数大小问题的可能解决方案是，广播服务卫星和几个邻近卫星的轨道参数，这为 UE 端进行初始访问和移动性处理提供了充分的条件。因此，可以考虑以下解决方案来提供每颗卫星的轨道参数。

① uSIM/UE 中可能为 UE 服务的所有卫星预先提供卫星级轨道参数，每个卫星的星历数据可以与卫星 ID 或索引链接。在系统信息中广播服务卫星的卫星 ID 或索引，使 UE 能够找到存储在 uSIM 中相应的详细星历数据，从而推导出服务卫星的位置坐标。卫星 ID 或邻近卫星的索引也可以通过系统信息或专用的 RRC 信号提供给 UE，以协助移动性处理。

② 系统信息中服务卫星的广播卫星级轨道参数，UE 将推出服务卫星的位置坐标。邻近卫星的星历数据也可以通过系统信息或专用的 RRC 信号提供给 UE。在 uSIM/UE 中提供基准轨道平面参数的情况下，只需要向 UE 广播参考时间点的平均近点角和历元，这样可以明显降低信号开销。

2. 更新存储的星历数据

对于预先规定的共同轨道平面或可能服务于 UE 的所有卫星的轨道参数的解，在未来进一步扩展预测时，会降低对卫星轨道或卫星位置的预测精度，因此，可能需要更新存储在 UE 中的星历数据。存储的星历数据的有效时间可能取决于 NTN 卫星的轨道参数及其所需的预测精度。由于有效时间决定了更新的频率，所以需要进一步研究。

网络提供的星历数据的主要目的是为 UE 提供初始访问的星历数据，例如，如果 UE 预期将被关闭的时间较长，或者作为存储在 UE 中的数据的替代品，在这种情况下它可能还包含轨道平面级或卫星级的信息。

UE 应该始终使用最新的星历数据。一旦 UE 获得了新的星历数据，存储在 UE 中的参数就过时了，而且不应再使用或用新的值覆盖。UE 中的每个参数都有一个关联的优先级语句，通过降低 UE 中的参数优先级，可以防止 UE 使用存储在 UE 中的过时值。

第9章

卫星互联网测试进展

卫星互联网通信系统组网结构的复杂性、应用需求的多样化，以及星地信道特性的变化，对卫星互联网系统和设备的功能、性能都提出了较高的要求。卫星互联网测试不仅要涵盖射频、协议、功能和性能等多个维度，针对星载通信设备和器件，还应考虑其特殊的使用环境和低能耗的要求。

9.1 卫星互联网测试标准情况

目前，3GPP、ITU、CCSA 等针对卫星互联网的标准研究尚处于初级阶段，研究重点在于场景，以及物理层协议、高层协议、增强技术等通信协议与关键技术的设计。

2022 年 3 月，3GPP 开展了终端射频特性测试方法和一致性要求的标准研制。但卫星终端的射频特性、产品结构、尺寸和性能，以及测试方法和限制要求等与 5G NR 终端的差异较大。因此，目前相关标准尚处于研制初期。3GPP R17 中的 TS 38.108 NR 规定了 FR1 中 NR NTN 卫星接入节点的最低射频特性和最低性能要求，未针对 FR2 中的卫星接入节点提出要求。3GPP TS 38.181 NR 针对 TS 38.108 规定的卫星接入节点，定义了射频测试方法和一致性要求。目前，这两种标准的研制尚未完结。而针对 10GHz 以上频段的相关设备技术要求与测试方法，将在 3GPP R18 中开展研究。

9.2 卫星互联网技术试验挑战及探索

9.2.1 毫米波波段器件特性

一方面，由于频谱资源日益紧张，宽带卫星互联网通信系统将更多布置在 Ka、Q、V 等毫米波波段。在毫米波波段，信号链路衰减加剧，射频对发射功率要求高，链路设计复杂。路径损耗和噪声使测试变得更复杂，测量不确定性随之增加。

另一方面，为了实现高数据吞吐量，系统往往采用大带宽、高阶调制的设计，对器件的非线性特性和噪声提出非常高的要求。测量方法、测量仪表性能、线缆等的稳定性都会直接影响测量的准确性。

在毫米波波段，为了应对路径损耗，保证链路的增益，越来越多的设备采用有源相控阵天线。但射频、性能等在低频段可以通过传导方式开展的测试项目均需要使用空中接口的测试方法，不仅测量成本升高，也更难测出精确的结果。此外，由于卫星终端、载荷的体积较大，地面终端、基站的测试方法要么不再适用，要么成本呈指数级升高，因此迫切需要创新测试方法。

9.2.2 跳变波束技术的验证

卫星波束覆盖的范围广，载波资源有限。跳变波束技术通过控制星载多波束天线的空间指向、带宽、频点和发射功率等参数，动态配置通信资源，能够提高卫星的带宽和功率使用效率。

目前，跳变波束技术尚未成熟，特别是在低轨道卫星通信系统中，相关资源调度算法还处于设计与仿真验证阶段。针对这一新技术及其通信系统，尚未有成熟的测试方案。

9.2.3 星载放大器测试

星载放大器是卫星通信系统的核心器件之一，其特性对通信系统的整体性能起着重要作用。受卫星资源的限制，星载放大器需要满足极高的性能标准，应对其开展全面的测试。

传统对放大器的测试包括噪声系数、三阶交调、1dB 压缩点和带内平坦度等。单靠其中一项参数不足以反映出器件的整体性能，需要对多项参数综合分析对比才能得到器件的特性。此外，受信号格式、信号带宽和载波数量等影响，不同体制的信号经过放大器后的性能也不尽相同。因此，在评估宽带卫星通信系统的载荷放大器时，应使用体制信号作为被测波形，通过误差矢量幅度（EVM）、PAPR 信号解调信噪比阈值和效率等通信性能指标进行验证。

1. EVM

EVM 是指一个给定理想无误差基准信号与实际发射信号的向量差，能全面衡量调制信号的幅度误差和相位误差，是评估调制信号质量的一种指标，具体表示接收机对信号进行解调时产生的 I/Q[1] 分量与理想信号分量的接近程度。EVM 的恶化主要是由非线性引起的（如功率放大器中的 AM-AM 失真[2]），所以 EVM 通常作为衡量器件或设备线性性能的指标。

误差矢量通常与 I/Q 调制方式有关，且常以解调符号的星座图表示。EVM 可定义为误差矢量信号平均功率的均方根与理想信号平均功率的均方根之比，以百分比的形式表示。EVM 越小，信号质量越好。与此同时，越高阶的调制方式，星座点越密，对 EVM 的要求越高。

2. PAPR

PAPR 是指信号峰值功率与均值功率的比值，通常用互补累计分布函数来表示。函数曲线表示的是信号的功率值和对应的出现概率，测试中通常选择 0.01% 的概率。峰值功率太高会将放大器推入非线性区，从而产生信号失真。峰值功率越高，放大器的非线性越强，就需要回退更多的功率来减小非线性。此外，PAPR 还会影响发射机频谱再生，例如邻道功率泄漏。

1　I/Q：In-phase/Quadrature，同相正交。

2　AM-AM 失真：输出信号和输入信号在幅度上的失真。

3. 信号解调信噪比阈值

信号解调信噪比阈值测试的是调制与编码策略（MCS）信号在不超过给定的块差错率（BLER）下，能够支持的最小的信道信噪比。在卫星通信系统中，网络调度用户时，会按照当前的信道特性，指示用户按照一个 MCS 进行数据映射和数据解调。通常会通过仿真给出 MCS 对应的最小信噪比矩阵表，但仍需要验证器件特性带来的影响。

BLER 是对单位时间内信道上接收到错误数据块的一个统计参数，表示数据块经过循环冗余校验的错误概率。它能够衡量接收机在噪声、衰落等复杂条件下的解调质量。因此，通常采用 BLER 作为解调信噪比阈值的判定指标。

4. 效率

卫星通信系统是典型的功率受限系统，因此星载放大器的效率在系统设计中是至关重要的。为了避免星载放大器进入饱和状态对信号削峰，导致信号质量恶化，通常会将星载放大器设置在非饱和的工作点运行。然而，这种功率回退虽然保护了信号质量，但也降低了星载放大器的效率。

在验证体制信号时，必须考虑星载放大器工作点的选择及其对效率的影响。理想的测试方案应该平衡信号质量和星载放大器效率之间的关系，确保在满足通信性能要求的前提下，尽可能提高星载放大器的工作效率。这不仅有助于优化卫星的有效载荷能力，还能延长卫星的使用寿命。

9.2.4 测试环境构建及在轨试验验证

卫星互联网技术试验，既可以在实验室搭建试验模拟环境，也可以通过发射试验卫星，并配套地面信关站、终端等设备，在真实的星地环境中进行测试。

实验室环境搭建需要在有限空间内模拟卫星通信前反向链路、无线信号传播特性和无线信道传播特性等。无线信号传播特性，需要考虑卫星、信关站和终端天线的收发特性，特别是相控阵天线、跳波束天线的特性，需要在微波暗室或者开阔场地搭建远场无反射环境。卫星互联网星地无线信道环境通常通过信道建模，并在信道模拟设备中播放来实现。

在卫星互联网通信技术发展的初期，要先开展通信体制的试验验证，确定通信体制的技术路线。卫星通信环境与地面通信环境在时延、多普勒频移、大尺度衰落和小尺度衰落等方面存在巨大差异，这就要求通信体制必须针对卫星互联网通信环境的特点进行适应性设计。与此同时，在进行关键技术验证时，要充分反映出信道特性对测试结果的影响。在轨测试是一种非常直观的测试方法。

通过发射试验卫星开展在轨测试，成本高昂、建造周期长，且在通信体制研制初期，对卫星等设备的技术要求尚待验证，贸然发射试验卫星存在较多的不确定性。通过充分利用现有卫星系统的设备，配合使用信关站、终端原型设备、通用仪表和软件平台等开展相关技术验证，是一种行之有效、经济高效的试验方法。

2020年，卫星互联网通信体制研制初期，尚未有符合卫星互联网技术要求的卫星终

端和信关站的调制解调模块。笔者所在团队使用自研测试平台与通用仪表结合的方式，实现了卫星互联网物理层信号的生成、收发和解调功能：通过测试平台与信号源组合的方式实现了信号的生成功能，用于生成卫星互联网体制信号；通过测试平台与频谱仪组合的方式实现了信号的解调功能，用于解调卫星互联网体制信号；将信号源、频谱仪使用射频线缆分别通过中频（射频）接口，接入既存卫星通信系统的地面信关站、地面终端设备，复用设备的射频、放大器和天线，实现完整的在轨测试链路。

测试平台具备卫星互联网信号体制标准的基带信号生成及接收解调功能，可提供对应 PDSCH、PDCCH、PUSCH 和 PUCCH 等物理信道的信号传输模拟功能。同时，在平台的解调功能基础上，实现了卫星互联网针对多普勒频移、时延等信道特性的补偿功能，针对相位噪声、群时延和带内平坦度等特性的补偿功能。通过对卫星互联网这些关键技术的测试，可以有效验证体制设计的合理性。

由于仪表不具有双向收发功能，因此，上/下行链路的关键技术需要分开验证(上行链路指信关站—终端的链路，下行链路指终端—信关站的链路)。下行关键技术验证系统连接如图 9-1 所示。使用测试平台和信号源替代信关站调制解调模块，发射下行信号；使用测试平台和频谱分析仪替代终端调制解调模块，接收信号。

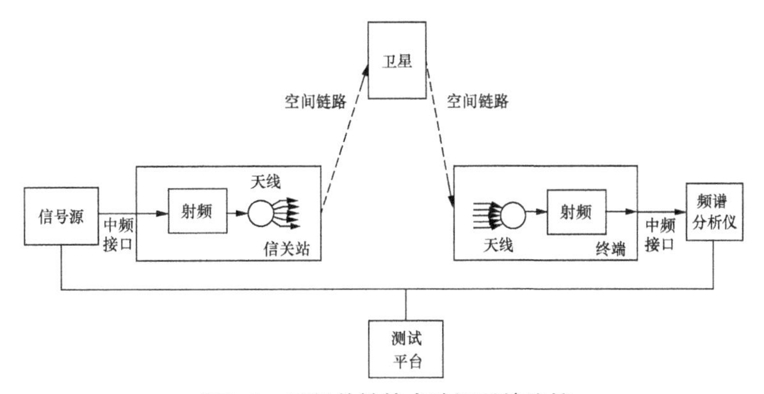

图9-1　下行关键技术验证系统连接

上行关键技术验证系统连接如图 9-2 所示。使用测试平台和信号源替代终端调制解调模块，发射上行信号；使用测试平台和频谱分析仪替代信关站调制解调模块，接收信号。

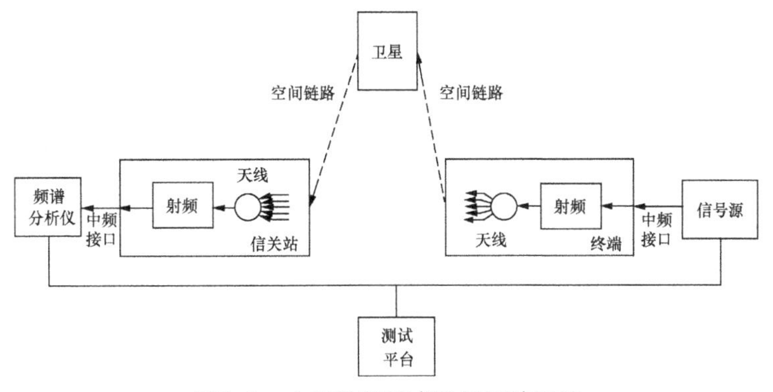

图9-2　上行关键技术验证系统连接

2020 年完成了优化的 5G 信号体制在低轨道卫星星座上应用的技术试验。该技术试验依托银河航天自主研制的低轨道宽带通信卫星、信关站、卫星终端和测运控系统，通信信号体制以 3GPP 制定的 5G NR 技术为基础，针对低轨道卫星星座的技术特点进行了优化。试验结果表明优化的 5G 信号体制单终端峰值通信速率达到 900Mbit/s，达到了世界领先水平。2021 年，中国信息通信研究院和银河航天继续深化和细化技术验证。试验中采用的通信信号体制以 3GPP 制定的 NTN 技术为基础，重点开展了正交频分复用（OFDM）信号波形、时频同步、多普勒频移消除、随机信道接入等方面的技术试验和验证。这一系列试验有效验证了 5G 的信号体制在星地大动态场景下的正常高效运行，为后续星地系统的研制积累了真实的实物环境验证数据。

2021 年 7 月，开展了高轨道高通量卫星通信体制技术试验。该技术试验依托中国卫通的中星 16 高通量卫星和信关站、终端等配套设备，以及中国信息通信研究院研制开发的专用基带处理平台和仪表。该试验采用了优化的 5G 信号体制，以 3GPP 制定的 5G NTN 技术为基础，重点开展了 OFDM 信号波形、调制方式和信道编码等方面的技术试验和验证，初步测试了高轨道卫星通信同步信道、随机接入信道的设计方案，积累了高轨道卫星通信系统信道传播特性等关键特性数据。数据分析表明，在 100MHz 带宽下，前向传输峰值速率达到 342Mbit/s，初步验证了优化的 5G 信号波形和调制编码方式可以在静止轨道卫星上正常运行，为后续进一步开展技术体制研究奠定了基础。

2022 年，完成 3GPP IoT NTN 上星试验，首次验证了基于 3GPP IoT NTN 协议的窄带物联网体制信号在低轨道卫星通信系统中的适用性。本次试验采用中国信息通信研究院开发的 IoT NTN 试验验证平台，依托银河航天的低轨道试验卫星和地面信关站，开展 3GPP IoT NTN 信号的卫星在轨测试。针对 Ka 波段低轨道卫星路径损耗大、信道环境变化快的特点，中国信息通信研究院优化了 IoT NTN 信号同步、频偏补偿等技术，验证了窄带物联网信号克服高时延、动态频偏的能力。本次试验将 NB-IoT 技术引入卫星通信领域，充分发挥 NB-IoT 技术灵敏度高、覆盖范围广的特点，使用口径 5.8cm、增益 7dB 的小口径终端天线，实现了上 / 下行信号正确解调。本次试验大幅缩小了终端天线的尺寸，为卫星物联网终端小型化指出了突破方向，为商用化发展提供了有力支撑。本次试验使用 Ka 波段开展测试，与中国信息通信研究院在 2021 年和 2022 年的测试结果相结合，探索了建设宽窄带一体化卫星通信系统的技术可行性，对于宽窄带融合的卫星通信发展有重要参考意义。

随着卫星互联网技术的逐步成熟，2022 年，终端原型设备和网络原型设备陆续被推出。基于原型设备与在轨卫星通信系统结合，可以开展卫星互联网协议流程、业务功能和业务性能的验证。端到端联试系统拓扑如图 9-3 所示。

2023 年，完成全球首次 S 波段 5G NTN 技术上星验证。此次验证使用我国自主研制建设的天通一号卫星移动通信系统，采用 3GPP R17 NTN 协议，突破了地球静止轨道卫星通信带来的频率同步、时间同步和时序关系增强等协议匹配性难题，实现了国产安全、自主可控的 5G NTN 端到端全链路连通，初步验证了基于 3GPP R17 NTN 协议的移

动电话直连卫星、天地一体物联网技术方案的可行性，性能基本符合预期。

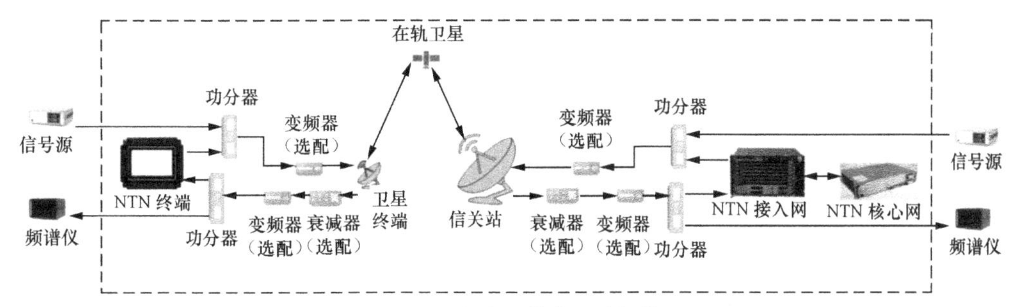

图9-3 端到端联试系统拓扑

2023 年 5 月，中国信息通信研究院、中国卫通集团股份有限公司和中信科移动通信技术股份有限公司依托中星 26 高轨道高通量卫星，以及中信科 NTN 终端与网络设备，联合开展 NR NTN 技术体制通信设备端到端在轨试验，从物理信道、高层协议流程、网络架构接口和端到端典型应用场景等方面充分验证 5G NTN 宽带协议体制的正确性和适用性。同时，重点验证了高轨道场景下的初始接入时延预补偿方案，以及基于信道上 / 下行实时测量的动态时偏频偏闭环调整算法，验证了 5G NTN 透明转发设备与在轨卫星系统的工程适用性问题，并针对不同天线类型进行了兼容性验证。试验结果基本满足设计预期，初步验证了 NTN 技术体制可以应用在高轨道通信场景。

9.3 卫星互联网星地无线信道建模

在研究卫星移动通信的过程中，一个必要的工作是研究信道传播特性。要实现可靠的信息传输，在卫星移动通信系统的规划设计阶段，必须针对信道传播特性选择与之相适应的各种通信技术，例如调制方式、多址方式、信道 / 信源编码方式以及功率控制技术等，同时通过信道模型可以方便仿真、验证各种通信技术的实用性和有效性。通信卫星特别是低轨道卫星的运行速度快，以及地球大气层对信号传播的影响，在卫星过境的过程中，时间变化的衰落、多普勒频移、时延、信噪比等信道特性将严重影响卫星通信的质量。为了在实验室开展通信体制及通信性能研究，需要建模研究低轨道卫星星地信道的特性。

卫星通信信道包括空间段信道与地面段信道两部分：空间段信道特性可分为大尺度衰落和小尺度衰落，主要包括自由空间传输损耗、大气损耗、云雨衰减、电离层效应、时延特性、多普勒效应和多径效应等；地面段信道特性主要考虑地面环境、多径、卫星到室内信道特性和阴影衰落等。

无线信道的复杂多变性表现为无线电波以不同的方式（例如直射、反射和散射等）到达接收机，这就导致了接收信号与发射信号并不相同。因此，精确还原无线信道传播特征，即进行信道建模就变得十分必要了。信道建模方法是使用数学对信道模型提取的信道参数进行无线信道还原的过程。一般的信道建模方法分为确定性建模方法、半确定性建模方法和统计建模方法。

确定性信道建模中最广泛应用的方法是射线追踪法。该方法依靠几何光学理论、几何绕射理论和一致性绕射理论等，将高频电磁波近似为射线，在特定场景中计算电磁参数和散射环境的具体参数，从而确定射线的传播路径和场强。IEEE 802.11ad 信道模型采用射线追踪法建立了室内传播环境中的信道模型。该方法能够取得较高的精确度，但只适用于特定环境，且计算量大、复杂度高。

半确定性建模方法最常用的是基于几何统计的随机信道模型（GSCM）。其确定性表现在以发射端、接收端的几何位置来确定二者之间的角度信息；其不确定性在于随机选择的散射体和某种固定的概率分布定义的信道模型参数，例如角度功率谱、多径的初相等。散射体几何信息是根据一定的概率分布函数随机生成的。该模型可以通过对由各散射体带来的多径分量进行加权来生成小尺度衰落，而且特别适用于建模随着收发两端或者散射的移动所造成的径的生灭。该建模方法可以严格地描述收发两端的几何关系的相对变化对信道模型的影响，在波束赋形、测向等对位置关系要求高的场合应用广泛。缺点是相对于统计建模计算量较大，需要通过“簇”的概念来描述周围环境对收发通信的影响，需要通过信道模型来区分通信场景。

统计建模方法以大量的实际测试为基础，结合概率统计理论对信道模型进行归纳总结。其不需要随机生成无线环境的几何信息，仅根据相应的概率密度函数以随机的方法描述无线传播径。该建模方法计算简单，普适性较强，可以充分描述信道特征参数，其缺点是与外场实际测试的一致性较差。

卫星信道较地面移动信道接收环境更开阔，具有明显的直射分量及少量的多径分量。

在上述分析的信道建模方法中，统计建模方法以其简单、输入参数少和计算时间短等优点，在卫星信道建模的研究中得到了广泛的应用。在卫星移动通信信道建模中，加拿大通信研究中心的 C.Loo 针对乡村和郊区较为开阔的区域建立了 L 波段的卫星信道模型 Loo，该模型认为接收信号由受到阴影遮蔽的直射分量和不受阴影遮蔽的多径分量之和组成。该模型被称为部分阴影模型，很多单状态概率统计模型都是由它派生出来的。如果假设 Loo 模型中的直射分量也受到和多径分量一样的阴影衰落，则构成 Corazza 模型，该模型也被称为全阴影模型。Corazza 模型第一次提出了非静止轨道卫星移动信道模型的研究思路。在 Corazza 模型的基础上，如果放宽“直射分量与多径分量服从相同的阴影衰落”这一限制而允许其彼此独立，则构成 Hwang 模型。如果 Loo 模型中的阴影衰落服从 Nakagami 分布而非 Lognormal 分布，则构成 Abdi 模型。

Suzuki 模型主要用于描述无线信道的衰落特性，当卫星移动终端处于城市地区时，由于建筑物等的遮蔽，不存在直射分量，只有受到阴影遮蔽的多径分量，此时的信道衰落特性和地面无线信道相似。同样，如果 Loo 模型中描述小尺度衰落的不是 Rician 分布，而是伽马分布，则该模型是 TongjunXie 模型。Tongjunxie 模型是一个通用的卫星移动信道统计模型，通过模型参数的调整，以上各种模型都是该模型的特例。挪威阿哥德大学移动通信组的 Patzold 教授从 20 世纪 90 年代中后期开始，在移动信道特性分析与

建模方面开展了深入的研究工作。1998 年，他提出的 Patzold 模型对卫星移动信道多普勒功率谱的非对称性进行了深入的分析和描述。从理论上来说，该模型对卫星移动信道统计特征的描述更加准确和完整。但实际应用时，功率谱的边界值不断变化，准确估计其值比较困难。

几何统计模型的研究主要是 3GPP/3GPP2 的空间信道模型和 WINNERII 的信道模型。WINNERII 的信道模型最初是由 3GPP/3GPP2 的空间信道模型发展而来的，其在一个几何示意图上定义了基站和移动台的位置，并且对于每一条链路生成了多径簇。多径簇的特点是由角度和时延扩展、阴影衰落，以及簇的莱斯因子 K 之类的大尺度参数决定的。依赖于一个具体无线环境的大尺度参数是相关的随机变量，并被用于生成离开角、到达角、时延以及簇的功率。模型通过将多个基站和移动台投放在一个几何示意图上，来支持对多用户和多站点的信道仿真。

例如，3GPP-38901 协议介绍了地面 5G 蜂窝网络的基于几何随机的信道建模方法，其考虑收发两端的几何位置关系、天线方向图和天线极化类型、阵子间距和来波角度等信息，把波束赋形、定位和导航测试等都添加到无线信道冲击中；3GPP-38811 协议讲述了非地面网络的信道建模方法，其与 3GPP-38901 协议一脉相承，并提供了基于星地无线通信的 CDL 模型和 TDL 模型，为星地无线信道建模提供了参考。另一个模型是 COST2100 模型，其采用了公用散射体的概念，以一种显性方式控制多用户的相关性。COST2100 模型被表述为由基站、移动台及散射体组成的虚构示意图。连接 3 个元素的线代表无线电波传播的径，也产生了一个虚拟的多径环境。通过随机操控散射体的位置和每一个多径的衰减，有可能近似真实传播环境中的监督、时延和功率特性。

ITU 在星地无线通信中也做了许多的工作。ITU-533 建议书详细介绍了电离层效应对星地通信的影响；ITU-618 建议书提供了设计地对空电信系统所需的传播数据和预测方法，主要介绍了降水和云引起的衰减；ITU-676 建议书给出了计算大气衰减的完整方法；ITU-680 建议书中解析了地对空水上移动通信中海面反射带来的衰落；ITU-681 建议书介绍了考虑建筑物遮蔽对卫星移动陆地业务系统的影响，同时提供了小尺度多状态信道建模的方法；ITU-833 建议书详细地解析了植被遮蔽带来的衰减；ITU-840 建议书解析了云雾引起的衰减。更多关于 ITU-R 的建议书可以参考 ITU-RP.1144 介绍和 ITU 官网。

开展卫星互联网星地无线信道建模，首先，研究决定整体接收信号强度的大尺度衰落模型参数，包括直射径概率、路径损耗、阴影衰落损耗、大气吸收损耗、云雨衰减损耗、闪烁损耗等建模方法和具体参数；其次，研究星地无线通信系统中的小尺度衰落模型，主要包括产生多径分量导致接收信号的快衰落、时延扩展、多普勒扩展和多径衰落信道的统计特征等。最后，研究目标用户环境对信道建模的影响，主要包括射频噪声建筑物遮蔽、植被遮蔽及海面衰减等对信道的影响。

由于低轨道卫星与地面之间的信道模型更复杂，下面以低轨道卫星信道模型为例介绍信道建模。

9.3.1 大尺度衰落

大尺度信道模型对于预测距发射端一定距离、处于接收端的场强变化具有重要的参考作用。信道的大尺度衰落一般表现为路径损耗、穿透损耗和阴影衰落。在自由空间中，路径损耗仅与传输信号的载波频率、传输距离以及收发天线的增益相关。而在实际的卫星无线信道环境中，通信仰角、对流层、电离层和地面环境散射体对无线信号的反射、绕射以及散射作用，路径损耗模型会有所不同。本节将介绍卫星无线信道模型中的大尺度衰落模型，包括直视径概率、自由空间损耗和阴影衰落等。

1. 直视径概率

在低轨道卫星通信系统中，尤其是地面站处于高仰角的开阔场景中时，当卫星过顶时，星地之间的传播路径中可能包含视线线路（LOS）路径；而其他传播路径由于经过地面建筑物的绕射及反射损耗，定义为非视距（NLOS）路径。星地 LOS/NLOS 路径示意分别如图 9-4 和图 9-5 所示。

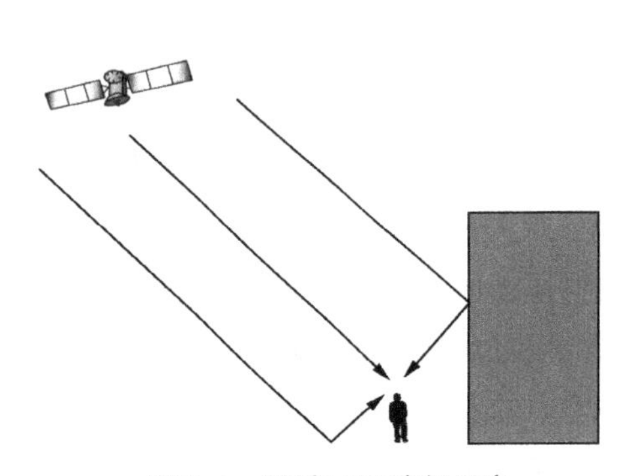

图9-4　星地LOS路径示意

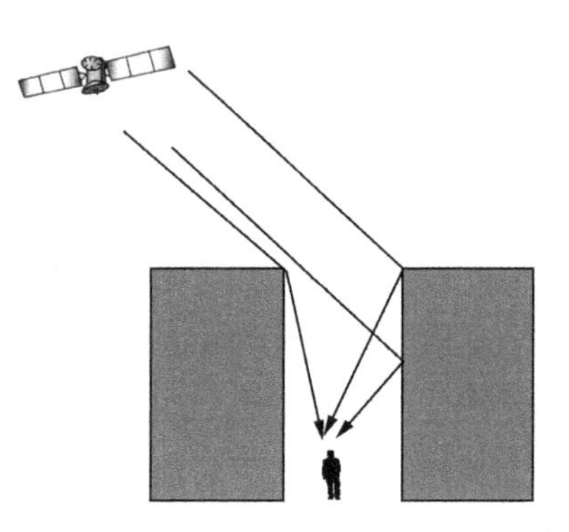

图9-5　星地NLOS路径示意

在信道建模过程中，通常使用 LOS 概率来对地面站与卫星间传播路径中是否包含 LOS 路径进行建模。LOS 概率为一个统计参数，表示 UE 与卫星间存在 LOS 路径的概率，取决于 UE 环境和仰角。LOS 概率见表 9-1，其参考仰角在 10° ~ 90°范围内。

表 9-1　LOS 概率

仰角	密集城区场景	城镇场景	城郊场景
10°	28.2%	24.6%	78.2%
20°	33.1%	38.6%	86.9%
30°	39.8%	49.3%	91.9%
40°	46.8%	61.3%	92.9%
50°	53.7%	72.6%	93.5%
60°	61.2%	80.5%	94.0%
70°	73.8%	91.9%	94.9%
80°	82.0%	96.8%	95.2%
90°	98.1%	99.2%	99.8%

2. 自由空间损耗

自由空间传播模型用于预测环境（发射机和接收机之间没有障碍物）中的接收信号强度，是卫星通信中经常采用的模型。用 d 表示发射机和接收机之间的距离（单位为 m），当使用各个方向异形的天线时，发射天线的增益为 G_t，接收天线的增益为 G_r，则距离为 d 的接收信号功率 $P_r(d)$ 可用式（9–1）表示。

$$P_r(d)=\frac{P_t G_t G_r \lambda^2}{(4\pi)^2 d^2} \tag{9-1}$$

其中，P_t 为发射功率（单位为 W），λ 为发射波长（单位为 m）。对式（9–1）取对数可以得到式（9–2）。

$$PL_F(d)=10\log_{10}\left(\frac{P_t}{P_r}\right)=-10\log_{10}\left(\frac{G_t G_r \lambda^2}{(4\pi)^2 d^2}\right) \tag{9-2}$$

假设没有天线增益（即 $G_t=G_r=1$ 时），则式（9–2）可简化为

$$PL_F(d)=10\log_{10}\left(\frac{P_t}{P_r}\right)=20\log_{10}\left(\frac{4\pi d}{\lambda}\right)$$

$$=32.45+20\log_{10}(f_c)+20\log_{10}(d)$$

其中，f_c 表示中心频率，单位为 GHz。

3. 阴影衰落

阴影衰落由发射机和接收机之间的障碍物造成，这些障碍物通过吸收、反射、散射和绕射等方式衰减信号功率，严重时会阻断信号，引起障碍物尺度距离上的功率变化。在无线通信传播环境中，电波在传播路径上若遇到起伏的山丘、建筑物和树林等障碍物阻挡，形成电波的阴影区，就会造成信号场强中值的缓慢变化，引起衰落。通常把这种现象称为阴影效应，由此引起的衰落又称为阴影慢衰落。它反映了中等范围内，数百波长量级接收电平的均值变化而产生的损耗。阴影衰落一般遵从零均值的对数正态分布，用 $N\left(0,\sigma_{SF}^2\right)$ 表示。星地无线信道不同场景阴影衰落标准差 σ_{SF} 参考值见表 9–2、表 9–3 和表 9–4。其中，CL 表示杂波损耗，该值模拟了由周围建筑物和地面物体引起的信号功率衰减，其参考仰角在 10° ～ 90°。

表 9–2　星地无线信道密集城区场景阴影衰落标准差 σ_{SF} 参考值

仰角	S 波段			Ka 波段		
	LOS	NLOS		LOS	NLOS	
	σ_{SF} /dB	σ_{SF} /dB	CL/dB	σ_{SF} /dB	σ_{SF} /dB	CL/dB
10°	3.5	15.5	34.3	2.9	17.1	44.3
20°	3.4	13.9	30.9	2.4	17.1	39.9
30°	2.9	12.4	29.0	2.7	15.6	37.5

续表

仰角	S 波段			Ka 波段		
	LOS	NLOS		LOS	NLOS	
	σ_{SF} /dB	σ_{SF} /dB	CL/dB	σ_{SF} /dB	σ_{SF} /dB	CL/dB
40°	3.0	11.7	27.7	2.4	14.6	35.8
50°	3.1	10.6	26.8	2.4	14.2	34.6
60°	2.7	10.5	26.2	2.7	12.6	33.8
70°	2.5	10.1	25.8	2.6	12.1	33.3
80°	2.3	9.2	25.5	2.8	12.3	33.0
90°	1.2	9.2	25.5	0.6	12.3	32.9

表 9-3　星地无线信道城镇场景阴影衰落标准差σ_{SF}参考值

仰角	S 波段			Ka 波段		
	LOS	NLOS		LOS	NLOS	
	σ_{SF} /dB	σ_{SF} /dB	CL/dB	σ_{SF} /dB	σ_{SF} /dB	CL/dB
10°	4	6	34.3	4	6	44.3
20°	4	6	30.9	4	6	39.9
30°	4	6	29.0	4	6	37.5
40°	4	6	27.7	4	6	35.8
50°	4	6	26.8	4	6	34.6
60°	4	6	26.2	4	6	33.8
70°	4	6	25.8	4	6	33.3
80°	4	6	25.5	4	6	33.0
90°	4	6	25.5	4	6	32.9

表 9-4　星地无线信道城郊场景阴影衰落标准差σ_{SF}参考值

仰角	S 波段			Ka 波段		
	LOS	NLOS		LOS	NLOS	
	σ_{SF} /dB	σ_{SF} /dB	CL/dB	σ_{SF} /dB	σ_{SF} /dB	CL/dB
10°	1.79	8.93	19.52	1.9	10.7	29.5
20°	1.14	9.08	18.17	1.6	10.0	24.6
30°	1.14	8.78	18.42	1.9	11.2	21.9
40°	0.92	10.25	18.28	2.3	11.6	20.0
50°	1.42	10.56	18.63	2.7	11.8	18.7
60°	1.56	10.74	17.68	3.1	10.8	17.8
70°	0.85	10.17	16.50	3.0	10.8	17.2

续表

<table>
<tr><th rowspan="3">仰角</th><th colspan="3">S 波段</th><th colspan="3">Ka 波段</th></tr>
<tr><th>LOS</th><th colspan="2">NLOS</th><th>LOS</th><th colspan="2">NLOS</th></tr>
<tr><th>σ_{SF} /dB</th><th>σ_{SF} /dB</th><th>CL/dB</th><th>σ_{SF} /dB</th><th>σ_{SF} /dB</th><th>CL/dB</th></tr>
<tr><td>80°</td><td>0.72</td><td>11.52</td><td>16.30</td><td>3.6</td><td>10.8</td><td>16.9</td></tr>
<tr><td>90°</td><td>0.72</td><td>11.52</td><td>16.30</td><td>0.4</td><td>10.8</td><td>16.8</td></tr>
</table>

4. 电离层闪烁

当无线电波穿过电离层时，受电离层结构不均匀和随机时间变化的影响，信号的幅度、相位、到达角和极化状态等会发生短周期的不规则变化，形成“电离层闪烁”现象。这种现象与卫星通信系统的工作频率、地理位置、地磁活动情况以及当地季节、时间等有关，且与地磁纬度和当地时间关系最大。当卫星移动通信的工作频率较低时，必须考虑电离层闪烁效应，若频率高于1GHz，一般其影响会大幅减轻。

3GHz以下跨电离层传播路径的信号，最严重的中断之一来自电离层闪烁。有时一直到10GHz也可能观测到电离层闪烁。折射率的变化形成了闪烁，而折射率的变化是由介质中的不均匀性造成的。在接收机端，信号的幅度和相位迅速变化，并存在对其时间相干性的改变。电离密度规模较小的不规则结构引起的闪烁现象，主要机制表现为前向散射和衍射，它使得接收机端信号不再稳定，在幅度、相位和到达方向上产生波动。闪烁的不同方面对系统性能的影响不同，这取决于系统的调制方式。最通常使用的表征波动强度的参数是闪烁指数 S_4，用式（9-3）表示。

$$S_4=\left(\frac{\langle I^2\rangle-\langle I^2\rangle}{\langle I^2\rangle}\right)^{\frac{1}{2}} \tag{9-3}$$

其中，I 是信号强度（与信号幅度的平方根成正比），$\langle\ \rangle$ 表示平均。

闪烁指数 S_4 与峰－峰闪烁强度有关。严格的关系依赖于强度的分布。当闪烁指数 S_4 的变化范围较大时，信号强度分布服从Nakagami分布。闪烁强度可以分为弱闪烁、中等强度闪烁或强闪烁3种类型。弱闪烁值对应的 S_4 小于0.3，中等强度闪烁值在0.3～0.6，而强闪烁值对应的 S_4 大于0.6。对于弱闪烁和中等强度闪烁而言，S_4 与 $f^{-\upsilon}$ 频率的相关性非常好，对于大部分多频观测而言，υ 的取值为1.5。此外，对弱闪烁而言，幅度呈现对数正态分布。在强闪烁类型中，已观测到 υ 因子降低，这是由于多次散射的强烈影响而引起了闪烁的饱和。当 S_4 趋近于1.0，强度呈现瑞利分布。有时 S_4 的值可能超过1而达到1.5。

相位闪烁呈现零均值的高斯分布。用标准偏差表示相位闪烁（σ_ϕ）的特点。对于弱闪烁和中等强度闪烁类型而言，在赤道区域的大多数观测显示，相位和强度闪烁具有强相关性；S_4 和 σ_ϕ（以弧度表示时）具有相似值。当闪烁指数 S_4 不大于1.0时，依据经验提供了 S_4 和近似的峰－峰波动值 P_{fluc} 之间的转换关系。当 $0\leqslant S_4\leqslant 1.0$ 时，这个关系能

够近似地表示为

$$P_{\text{fluc}} = 27.5S_4^{1.26}$$

解决电离层闪烁的有效方法是时间分集和编码分集（如重复发送和交织等技术），以及增加储备余量。图 9-6 给出了统计分析闪烁的地方时特性，可以看出，闪烁多发生在当地（中国南部低纬度地区处于磁赤道附近的海口、广州和昆明等地区）日落之后的夜晚，主要集中在夜间 20：00 至次日凌晨 02：00，白天则几乎没有观测到电离层闪烁事件发生。

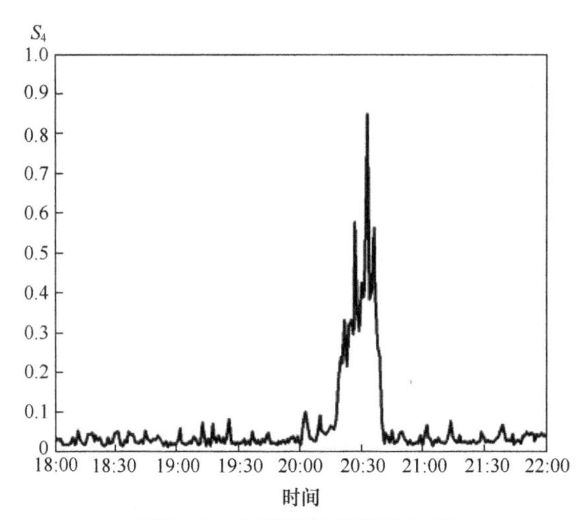

图9-6　电离层闪烁事件示例

5. 降雨衰减

信号传播路径上的降雨是影响 3GHz 以上的卫星移动通信系统的主要天气因素。对于 10GHz 以上的工作频段，雨衰问题更加突出。雨滴吸收和散射无线电波能量，造成雨衰（信号传输幅度的降低），会影响通信链路的可靠性和性能。雨衰特性首先取决于降雨的微观结构，如雨滴的尺度分布、温度、速度乃至形状等，特别是统计一条路径的降雨损耗特性时，还要考虑降雨的时空结构。

直接让系统长期在指定地点工作来进行降雨衰减测量是不可能的。必须采用降雨衰减预测模型，预测指定地点的降雨衰减。已有的用于预测降雨率和降雨衰减的年累计分布模型都是在假设降雨衰减 r_{R} 和降雨率 R_p 之间符合 $r_{\text{R}} = aR_p^b$ 关系的前提下，将降雨率作为统计变量进行降雨衰减预测。早期的降雨衰减模型建立在经验模型的基础上，将降雨率建模为地理位置的函数，根据地理位置确定降雨率，从而预测降雨衰减。中心频率为 28.3GHz 时，降雨衰减与降雨率的关系如图 9-7 所示。

ITU 提出的 ITU-R（ITU-R P.618 和 ITU-R P.838）降雨衰减模型是根据特定频率、仰角、降雨率、极化角和终端位置等参数，结合年平均降雨率统计分布来预测年降雨衰减统计分布的方法，也是当前最经典的降雨衰减预测模型。根据 ITU-R 降雨衰减模型，降雨衰减为

$$r_{\text{R}} = K(R_p)^{\infty} L(R_p, \varepsilon)$$

其中，R_p（单位为 mm/h）为系统中断率为 $p\%$ 时的降雨率。

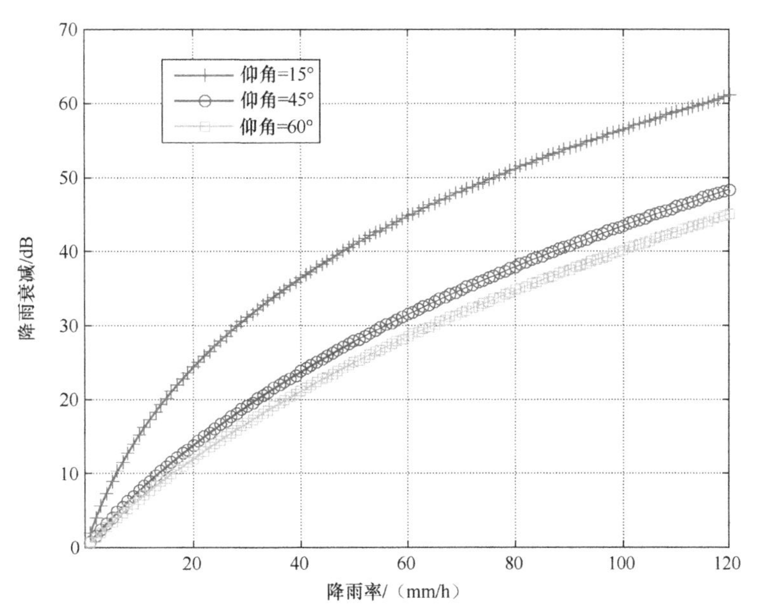

图9-7 降雨衰减与降雨率的关系

参数 K 和 L 是与频率、通信仰角和极化倾角有关的降雨衰减系数，可以通过 ITU-R P.838 得到，也可以通过式（9-4）、式（9-5）、式（9-6）得到。

$$\alpha=2.63f^{-0.272}, 25\text{GHz}<f<164\text{GHz} \tag{9-4}$$

$$K=4.21\times10^{-5}f^{2.42}, 2.9\text{GHz}<f<54\text{GHz} \tag{9-5}$$

$$L(R_p,\varepsilon)=[7.41\times10^{-3}R_p^{0.766}+(0.232-1.8\times10^{-4}R_p)\sin\varepsilon]^{-1} \tag{9-6}$$

可以看出，随着降雨率的变大，降雨衰减逐渐增大，并且通信仰角越低，降雨衰减越大。采用空间、时间或频率分集技术能够减少因局部地区降雨造成的通信质量下降。采用较窄波束宽度的天线能够降低由于降雨吸收产生的衰减，进而改进接收信噪比。

6. 云雾衰减

云雾的水粒子都很小，它们的损耗率为

$$\gamma_c(f,T)=K_1(f,T)M$$

其中，γ_c 表示云中比衰减量；K_1 表示云中液态水比衰减系数；M 表示云或雾中的液态水密度；f 表示中心频率；T 表示云中液态水温度。若 $f\geqslant$ 100GHz，则雾衰减非常显著。对于中等雾，雾中液态水密度通常为约 0.05g/m^3（能见度约为 300m），浓雾则为 0.5g/m^3（能见度约为 50m）。$K_1(f,T)$ 可以用式（9-7）表示。

$$K_1(f,T)=\frac{0.819f}{\varepsilon''(1+\eta^2)} \tag{9-7}$$

其中，$\eta=\frac{2+\varepsilon'}{\varepsilon''}$。

水的复介电常数为

$$\varepsilon''(f)=\frac{f(\varepsilon_0-\varepsilon_1)}{f_p[1+(f/f_p)^2]}+\frac{f(\varepsilon_0-\varepsilon_1)}{f_s[1+(f/f_s)^2]}$$

$$\varepsilon'(f)=\frac{(\varepsilon_0-\varepsilon_1)}{1+(f/f_p)^2}+\frac{(\varepsilon_1-\varepsilon_2)}{1+(f/f_s)^2}+\varepsilon_2$$

其中，$\varepsilon_0=77.66+103.3(\theta-1)$；$\varepsilon_1=0.0671\varepsilon_0$；$\theta=300/T$，$T$是液态水温度；$f_p=20.2-146(\theta-1)+316(\theta-1)^2$，$f_s=39.8f_p$。

如果没有云中液态水总柱状含量L（单位为kg/m^2）的当地数据，则应使用ITU-840中提供的数字地图根据经纬度得到。如果能得到云中液态水总柱状含量L，则云衰减为

$$A=\frac{LK_1^*(f,273.15)}{\sin(\varphi)}$$

其中，φ是仰角，K_1^*为

$$K_1^*(f,T)=\frac{0.819(1.9479\times10^{-4}f^{2.308}+2.9424f^{0.7436}-4.9451)}{\varepsilon''(1+\eta^2)}$$

其中，T=273.15K。$K_1^*(f,T)$和频率的关系，即云雾损耗率的理论值如图9-8所示。

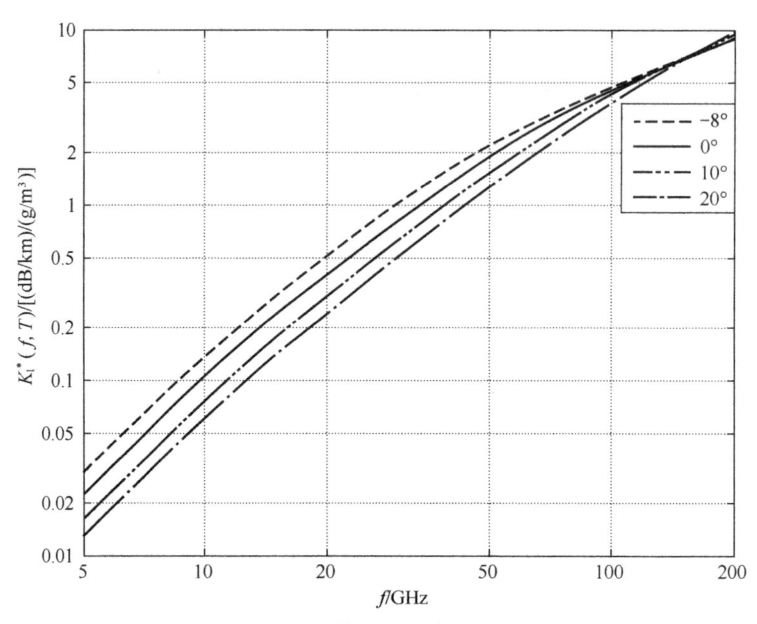

图9-8 云雾损耗率的理论值

7. 降雪损耗

降雪产生的损耗可用表示为

$$L_s=7.47\times10^{-5}fI(1+5.77\times10^{-5}f^3I^{0.6})$$

其中，f为中心频率；I为降雪强度，即每小时在单位容器内的积雪融化成水的高度。当$f\leqslant$15GHz时，$I\geqslant$4mm/h的中等强度的降雪时，才不能忽略L_S。降雪损耗与降雪强度

和中心频率的关系如图 9-9 所示。

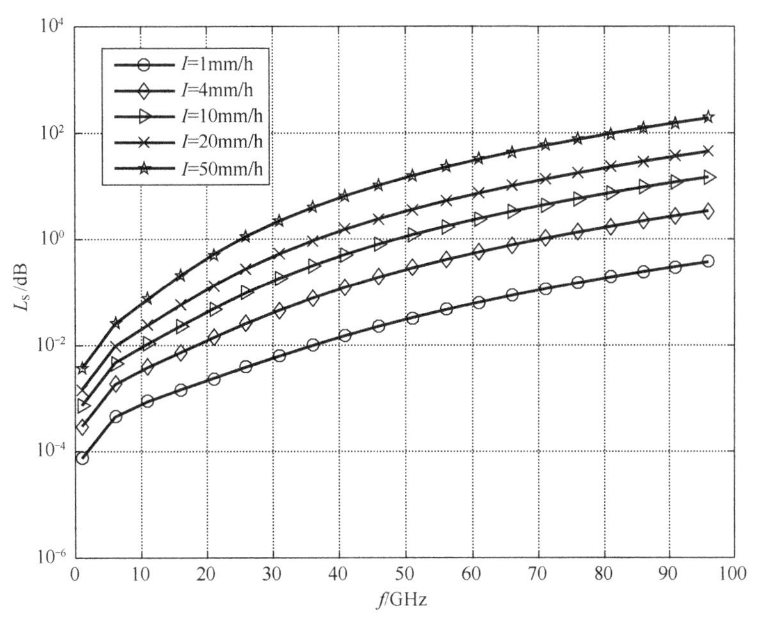

图9-9　降雪损耗与降雪强度和中心频率的关系

可以看出，随着中心频率的变大，降雪损耗逐渐增大；在相同的工作频率下，降雪强度越大，降雪损耗就越大。

8. 折射

电波在地球站与卫星之间传播时，由于大气密度随高度升高而减少，大气折射率也随高度而减少，波束随高度变化而生成向上的弯曲，上翘一个小的角度$\Delta\Phi_e$，由于大气折射率随高度变化引起的波束上翘现象如图 9-10 所示，而且这一偏移角还因传播途中大气折射率的变化而随时变化。但这种波束上翘现象造成卫星在仰角的误差一般不会超过 0.5°（地球站仰角大于 0.2°），对于波束宽度较宽的卫星移动通信并不重要。此外，由于对流层折射率随着高度升高而减小，折射情况因初始仰角而异，这将引起天线波束扩散，从而产生散焦损耗。

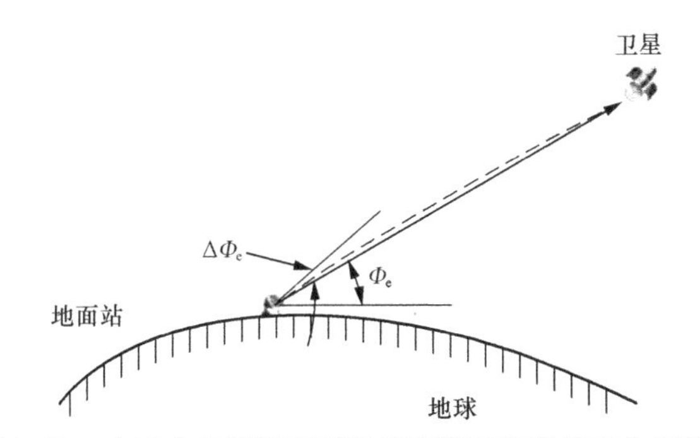

图9-10　由于大气折射率随高度变化引起的波束上翘现象

斜路径散焦损耗在 1 ～ 100GHz 频段内与频率无关，对于仰角大于 3°、纬度小于

53° 的低纬度地区和仰角大于6°、纬度大于53° 的高纬度地区，散焦损耗的影响是可以被忽略的。

对于所有纬度，当仰角小于 5° 时，年平均散焦损耗可用式（9-8）表示。

$$A_{bs}=2.27-1.16\log_{10}(1+\theta_0), A_{bs}>0 \quad (9-8)$$

其中，θ_0（单位为 rad）是仰角。对于纬度小于 53° 的低纬度地区，其最差月的平均散焦损耗也可以用式（9-8）估计。

对于仰角小于 6°、纬度大于 60° 的高纬度地区，最差月的平均散焦损耗可用式（9-9）表示。

$$A_{bs}=13-6.4\log_{10}(1+\theta_0), A_{bs}>0 \quad (9-9)$$

对于纬度 ψ 在 53°～60° 的地区，其散焦损耗可以用式（9-8）和式（9-9）的线性内插公式估算，即

$$A_{bs}=A_{bs}(>60°)-\frac{60}{7}\Delta A_{bs}+\frac{1}{7}\Delta A_{bs}\psi$$

其中，$\Delta A_{bs}=A_{bs}(>60°)-A_{bs}(<53°)$。

详细的因对流层折射造成的损耗见 ITU-R P.834 建议书(《对流层折射对无线电波传播的影响》)，该建议书为计算大气中大范围的折射效应，包括射线弯曲、大气波导层、有效地球半径、视在仰角及地—空路径和有效无线路径长度中的视轴角等提供了方法。

9. 大气闪烁

对流层中大气折射率的不规则起伏，引起接收信号幅度的起伏现象称为大气闪烁。这类闪烁的衰落持续时间约为几十秒。接收信号幅度的闪烁，实际上包括两种效应：一是来自波本身幅度的起伏；二是来自波的波前不相干引起的天线增益降低。综合以上两种效应并结合观测数据分析，幅度起伏的标准偏差为

$$\sigma=\sigma_{ref}f^{7/12}g(x)/(\sin\theta)^{1.2}$$

其中，f 为中心频率（单位为 GHz）；θ 为视距仰角（单位为°）。

$$\sigma_{ref}=3.6\times10^{-3}+1.03\times10^{-4}\times N_{wet}$$

其中，N_{wet} 为折射率湿项，它与环境温度 t(单位为℃）和水汽压强 e(单位为 mb）（t 和 e 都需要是一个月以上周期的平均值）的关系为

$$N_{wet}=3.73\times10^5\times e/(2.73+t)^2$$

$$g(x)=\sqrt{3.86(x^2+1)^{11/12}\sin\left(\frac{11}{6}\arctan\frac{1}{x}\right)-7.08x^{5/6}}$$

$$x=1.22\eta D_g^2 f/L$$

其中，D_g(单位为 m）为天线口面直径；n 为天线效率（若不知道真实值，可取保守值 0.5）；有效湍流路径长度 L 为

$$L=\frac{2000}{\sqrt{\sin^2\theta+2.35\times10^{-4}}+\sin\theta}$$

p% 时间超过的闪烁损耗深度为

$$A_p = \tau(p)\sigma$$

其中，$\tau(p) = -0.061(lgp)^3 + 0.072(lgp)^2 - 1.71lgp + 3, 0.01 \leqslant p \leqslant 50$。

10. 气体吸收

由于卫星移动通信系统中的卫星处于外层空间中，因此信号在传播过程中必然存在大气层传播损耗。这种损耗的大小与电波的频率有很大的关系。当电波的频率低于1GHz时，电离层的自由电子或离子的吸收在信号的大气损耗中起主要的作用，频率越低，这种损耗越严重；当频率高于0.3GHz时，其影响小到可以被忽略。在15～35GHz频段，水蒸气分子的吸收在大气损耗中占主要地位，并在22.2GHz处发生谐振吸收而出现第一损耗峰，大气吸收损耗与中心频率和距离的关系如图9-11所示。在15GHz以下和35～80GHz频段主要是氧分子吸收，并在60GHz附近发生谐振吸收而出现一个较大的损耗峰。云降雨等天气对电波的影响是比较严重的，这种影响与频率基本上呈线性关系，即频率越高，损耗越大。

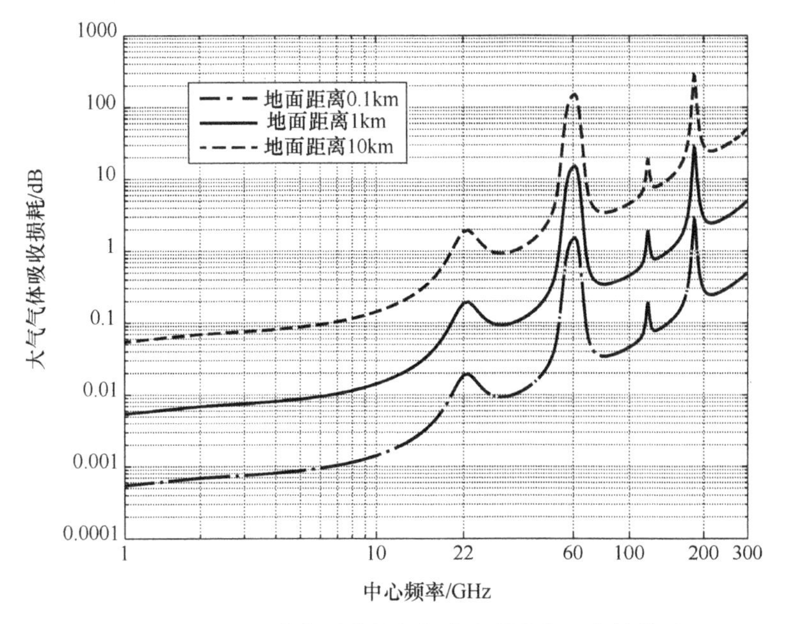

图9-11 大气吸收损耗与中心频率和距离的关系

9.3.2 小尺度衰落

小尺度衰落是指短期内的衰落，具体指当卫星和地面站双方相对移动一个较小距离时，接收信号在短期内的快速波动。当多径信号以可变相位到达接收天线时会引起干涉（即相位相同的相长干涉，相位不同的相消干涉）。换句话说，来自地面站散射体的大量信号的相对相位关系决定了接收信号的电平波动。而且每一个多径信号都可能发生变化，而这种变化依赖于星地双方相对速度和地面站周围物体的速度。

1. 多径传播和多径衰落

卫星移动通信的特点是信号以电磁波的形式传播。同一个卫星发射的电磁波在发送到地面接收端的过程中，会由于其传播路径上存在建筑物、树木、植被、起伏的地形、海面和水面等因素而引起无线电波的发射、散射和绕射，使得到达接收端的信号不是从单一路径传播来的，而是从许多路径传播来的众多反射波的合成，卫星移动通信多径传播机制如图 9-12 所示。

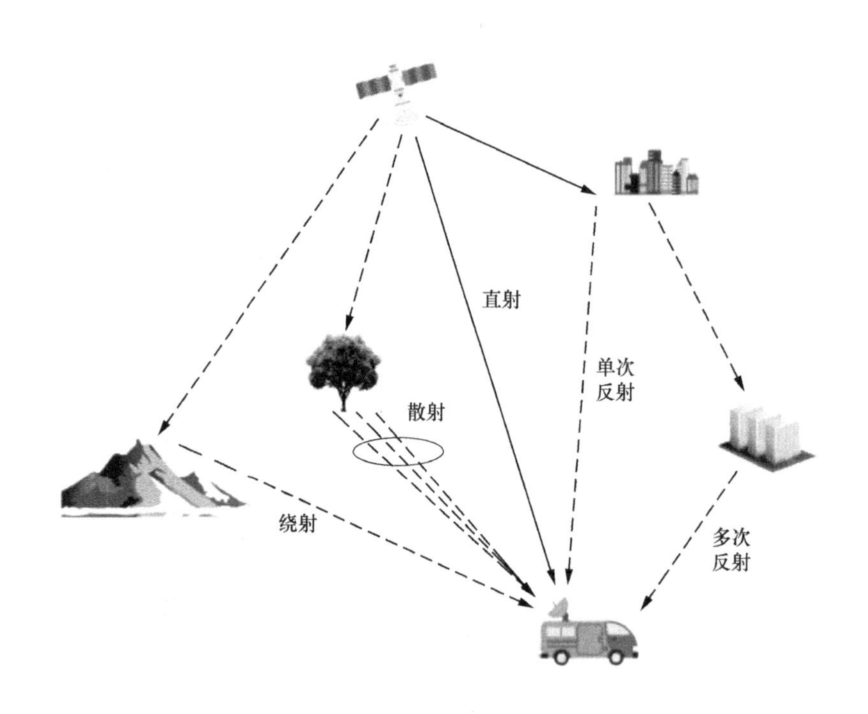

图9-12 卫星移动通信多径传播机制

由于多径分量之间的相对独立特性，大量多径分量通过的路径距离不同，因此由各条路径传播过来的发射波到达接收端的时间不同，其相对相位也就不同。这就导致这一合成可以是建设性的，也可以是破坏性的。这样，接收信号的幅度将急剧变化，从而产生衰落。多径传播引起信号幅度变化如图 9-13 所示。这种衰落是由多径传播所引起的，因此被称为多径衰落，也称为快衰落。在卫星移动通信中，移动终端的天线尺寸一般较小，而且几乎都是全向天线，会从多个方向接收信号，因此，卫星移动通信必然会经历多径衰落。

2. 功率时延谱

功率时延谱（PDP）是指在无线信道中接收端接收到的信号的功率与到达时延之间的关系。PDP 是无线信道建模中的重要参数，对于无线通信系统设计、信道估计和多径衰落处理等有着重要的作用。

在卫星无线通信环境中，信号在传播过程中可能会遇到多个障碍物的反射、散射和绕射等效应，导致信号的多路径传播效应，因此，接收信号的功率和时延之间可能存在多个峰值，这些峰值构成了 PDP。在 PDP 中，信号的峰值被称为路径，每个路径代表

着信号经过的不同路径，每个路径的时延带有一个相应的功率值。在无线通信系统中，PDP 可用于评估信道失真程度，并提供有效的信道模型。多径传播的功率时延谱如图 9-14 所示，是在无线信道仿真仪中加载多径衰落模型并使用 PDP 检测算法检测到的某一个时刻的典型 PDP。图中横坐标为多径相对时延，纵坐标为多径相对功率。

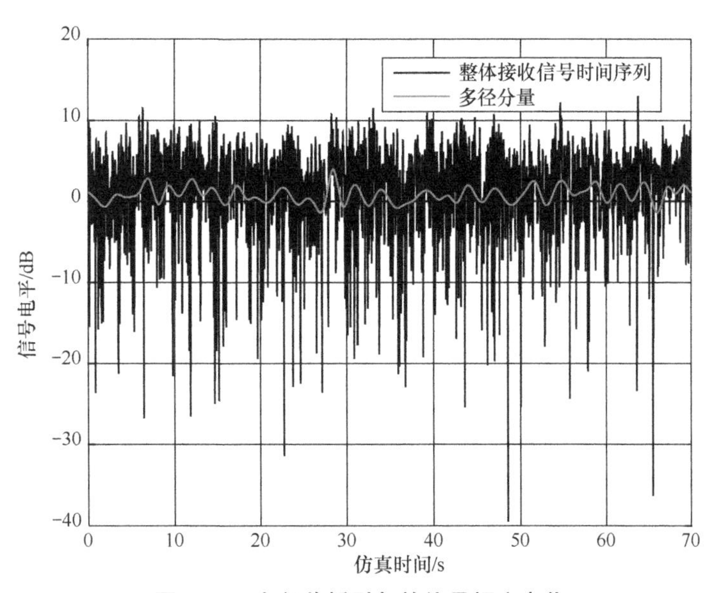

图9-13　多径传播引起的信号幅度变化

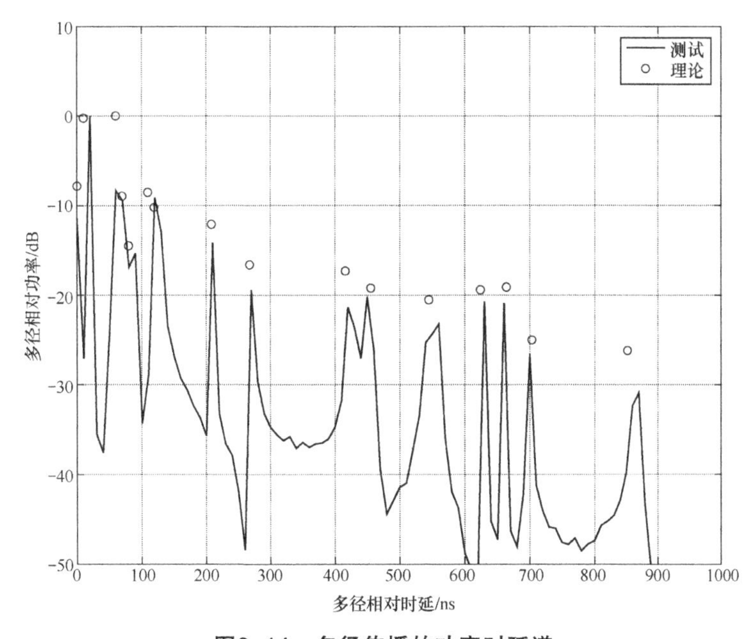

图9-14　多径传播的功率时延谱

3. 时延扩展

在卫星移动通信中，多径效应的存在使得接收端收到的信号与实际发送的信号相比，在时间上被拉长了，这种现象被称为多径时延扩展。时延扩展会引起信号的失真，多径时延扩展示意如图 9-15 所示。多径时延扩展现象的产生在发送端发送一个脉冲信号时，由于多径传输，接收端收到的信号被显著地拉长了。

多径时延扩展现象产生的原因主要是信号经过传播路径上散射体的反射而产生了多径信号，不同的多径信号经历的传输时延不同，接收端在接收到同一个发射信号时会收到多个到达时间不同的多径信号，相当于该发射信号在经过传播后在时间上被扩展了。在数字通信中，由于多径时延扩展，接收信号中一个码元的波形会扩展到其他码元周期中，引起码间串扰。为了避免码间串扰，应使码元周期大于多径效应引起的时延扩展。多径时延扩展现象常用最大附加时延扩展、平均附加时延和均方根（RMS）时延扩展来表征。多径时延示意如图 9-16 所示。

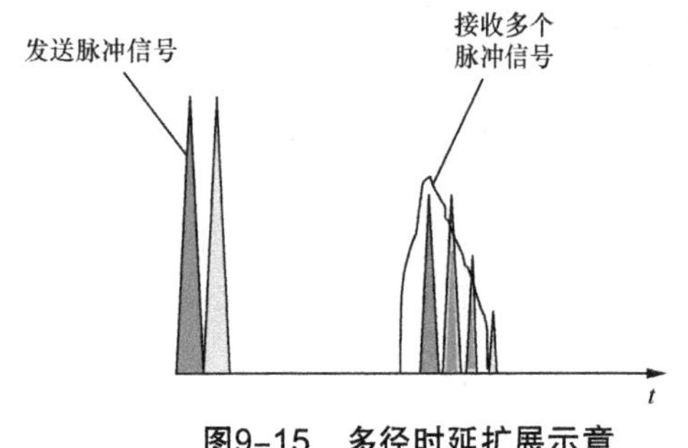

图9-15　多径时延扩展示意

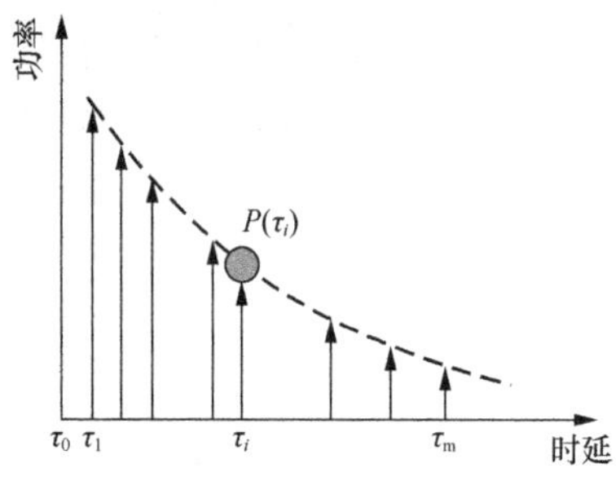

图9-16　多径时延示意

上图中，$P(\tau_i)$ 表示时延为 τ_i 的可分辨径的功率。最大附加时延扩展 T_m、平均附加时延 $\bar{\tau}$ 和均方根时延扩展 σ_τ 可以分别用式（9-10）、式（9-11）、式（9-12）表示。

$$T_m = \tau_m - \tau_0 \tag{9-10}$$

$$\bar{\tau} = \frac{\sum_i [P(\tau_i)\tau_i]}{\sum_i P(\tau_i)} \tag{9-11}$$

$$\sigma_\tau = \sqrt{\overline{\tau^2}} - (\bar{\tau})^2 \tag{9-12}$$

其中：

$$\overline{\tau^2} = \frac{\sum_i [P(\tau_i)\tau_i^2]}{\sum_i P(\tau_i)}$$

$$\bar{\tau} = \frac{\sum_i [P(\tau_i)\tau_i]}{\sum_i P(\tau_i)}$$

4. 多普勒效应

在无线通信系统中，通信双发的相对运动会使接收信号的载频相对发送信号发生变化，此现象被称为多普勒效应。由多普勒效应导致的接收信号频率与发送频率不同而产生了偏移，即多普勒频移，多普勒频移计算示意如图 9-17 所示，可用式（9-13）表示。

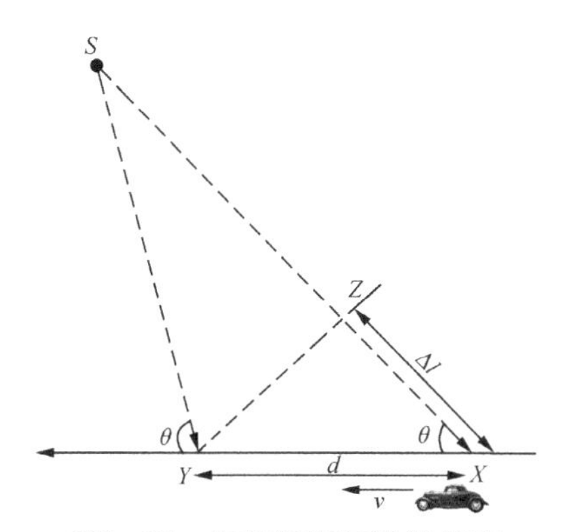

图9-17　多普勒频移计算示意

$$f_d = \frac{v}{\lambda}\cos\theta \qquad (9\text{-}13)$$

其中，v（单位为 m/s）表示收发两端的瞬时相对移动速度；λ（单位为 m）表示载波波长；θ（单位为°）表示入射电波与移动台运行方向之间的夹角。从上式可以看出，载波频率越高或者相对移动速度越大，多普勒频移就会越大；当移动台朝入射波方向运动时，多普勒频移为正；当移动台背向入射波方向运动时，多普勒频移为负。同时，由于多径的存在，实际产生的偏移量并不是真正的单一的频率偏移，而是一个宽带的扩展谱，即多普勒扩展。多普勒扩展示意如图 9-18 所示，其带宽是由最大多普勒频移 $f_{d,\max}$ 决定的，可用式（9-14）表示。

$$f_{d,\max} = \frac{v}{\lambda} \qquad (9\text{-}14)$$

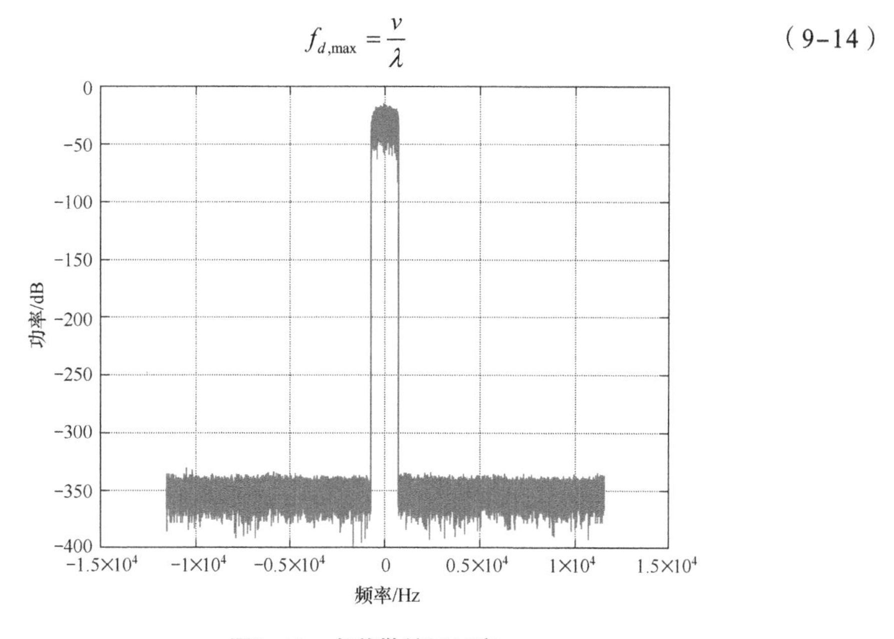

图9-18　多普勒扩展示意

5. 相干时间

相干时间 T_c 就是信道在时域保持基本恒定的最大时间差范围。一般来说，相干时间

与多普勒扩展成反比，即

$$T_c = \frac{1}{B_d}$$

其中，B_d 为多普勒谱带宽，满足 $B_d = 2f_{d,\max}$。上式是在信道变化十分缓慢的假设条件下得到的，如果信道的变化非常迅速，则可用式（9-15）表示。

$$T_c \approx \frac{9}{16\pi f_{d,\max}} \tag{9-15}$$

对上述两种情况求几何平均就可以得到常见的相干时间定义，如式（9-16）所示。

$$T_c \approx \sqrt{\frac{9}{16\pi f_{d,\max}^2}} = \frac{0.423}{f_{d,\max}} \tag{9-16}$$

6. 相干带宽

相干带宽是表征多径信道特性的一个重要参数，它是指某一特定的频率范围，在该频率范围内的任意两个频率分量都具有很强的幅度相关性，即在相干带宽范围内，多径信道具有恒定的增益和线性相位。通常，相干带宽与 RMS 时延扩展成反比，如式（9-17）所示。

$$B_c \approx \frac{1}{\sigma_\tau} \tag{9-17}$$

式（9-16）会随着相干带宽定义的不同而不同。例如，当相干带宽定义为相关函数大于等于 0.9 所对应的带宽时，相干带宽和 RMS 时延扩展的关系为

$$B_c \approx \frac{1}{50\sigma_\tau}$$

当相干带宽定义为相关函数大于等于 0.5 所对应的带宽时，相干带宽和 RMS 时延扩展的关系为

$$B_c \approx \frac{1}{5\sigma_\tau}$$

7. 时间色散衰落和频率色散衰落

收发两端的相对移动导致接收信号的衰落是由传输方案和信道特点决定的。传输方案由信号的带宽或符号周期等定义，无线信道的特点由多径时延扩展和多普勒扩展定义。多径时延扩展和多普勒扩展分别会引起时间色散效应和频率色散效应。根据时间色散的程度和频率色散的程度，它们将分别引起频率选择性衰落或时间选择性衰落。

对于给定的信道频率响应，频率选择性主要是由信号带宽决定的。由多径信道的时间扩展引起的衰落特性如图 9-19 所示。图 9-19 直观地说明了信道的特点如何受信号带宽的影响。由于多径效应会引起时间扩展，所以信道频率响应会随频率的改变而改变。一方面，当信号带宽足够小时，发射信号经过平坦的信号频率响应，会经历非频率选择性衰落。另一方面，当信号带宽足够大时，发射信号会被有限的信道带宽过滤，会经历频率选择性衰落。

当信道的频率响应在同频带内保持恒定幅度和线性相位时，只要信道的带宽比信号

的带宽大，接收信号就会经历非频率选择性衰落。由于信号在其带宽内经历的信道幅度为定值，因此也可以称为信号经历平坦衰落。在图 9-19 中，信号带宽较窄说明符号周期 T 比多径信道 $h(t, \tau)$ 的时延 τ 大。只要 T 比 τ 大，当前的符号就不会对下一个周期的符号产生太大影响，这说明符号间的干扰并不显著。如果信号的带宽比信道的带宽小很多，即使在非频率选择性衰落信道中振幅是慢速变氏的，通常也将其称为窄带信道。因此，发射信号经历非频率选择性衰落必须满足条件：$B_s \leqslant B_c$；$T \geqslant \sigma_\tau$。

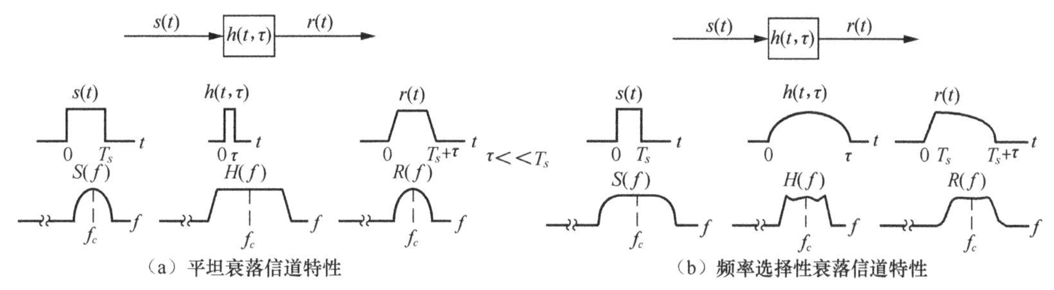

图9-19　由多径信道的时间扩展引起的衰落特性

其中，B_s 表示发射信号的带宽；T 表示发射信号的符号周期；B_c 表示相干带宽；σ_τ 表示 RMS 时延扩展。

只有在比发射信号更小的带宽内，无线信道的频率响应才满足恒定幅度和线性相位，此时的发射信号将会经历频率选择性衰落。此时，信道脉冲响应的时延扩展比发射信号的一个符号周期长，发射信号的多个时延分量将与之后的符号发生明显重叠，从而引起符号间的干扰，如图 9-19(b)所示。由于信道的时延扩展远大于符号周期 T，所以时域的符号间干扰很明显。这说明信号带宽 B_s 比相干带宽 B_c 大，接收信号的频率响应具有不同的幅度，信号经历了频率选择性衰落。由于在频率选择性信道中信号的带宽比信道脉冲响应的带宽大，所以经常称这种信道为宽带信道。综上，发射信号经历频率选择性衰落必须满足条件：$B_s > B_c$；$T > \sigma_\tau$。

即使信道衰落依赖于调制方案，但只要 $\sigma_\tau > 0.1T$，就将其称为频率选择性衰落。

多普勒扩展会引起频率色散，根据多普勒扩展的程度，接收信号会经历快衰落或慢衰落。在快衰落信道中，相干时间比符号周期短，因此在一个符号周期内，信道脉冲响应快速变化，信号在时域的波动与发射机和接收机之间的相对运动密切相关。快衰落示意如图 9-20 所示，发射信号在满足以下条件时经历快衰落。

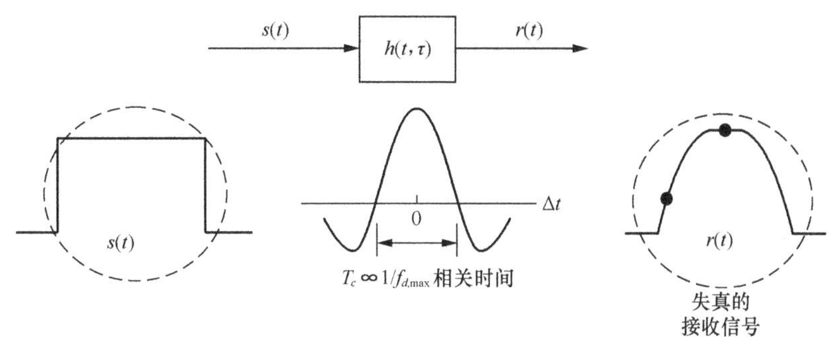

图9-20　快衰落示意

假设信道在一个或多个符号周期内不变，称之为静态信道，这说明多普勒扩展比基带发射信号的带宽小很多，慢衰落示意如图 9-21 所示。发射信号经历慢衰落必须满足条件：$T > T_c$ ；$B_s < B_d$。

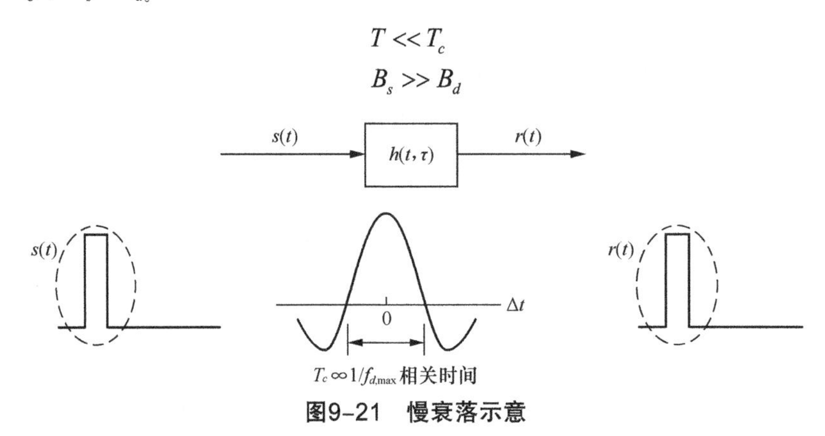

图9-21　慢衰落示意

8. 多径衰落信道的统计特征

了解多径衰落信道的特征对于理解信道以及对信道进行正确建模是必不可少的。由于影响信道的因素众多，因此找到一个确定的特征来描述信道是不可能的。描述多径衰落信道特征唯一可行的方法是描述信道的统计特征，即建立统计模型。对信道的系统方程进行完整的统计描述是建立统计模型的一种方式。尽管这种建模结果较为准确，但在实际通信系统的性能仿真和验证中，仍需要复杂的计算流程来重现信道。而更为常见且较实用的统计建模方法是借助多径衰落的接收包络以及相位的特定参数，例如对水平交叉率（LCR）、平均衰落时长（AFD）等进行建模，提取概率密度函数，并结合多径衰落的二阶统计参数描述，构建基于多径衰落随机性的统计信道模型。

在许多无线通信场景中，接收到的复数信号是由大量的平面波叠加而成的。每一个时变复数衰减包络 $h_l(t)$ 包含多条多径分量，可以用式（9-18）表示。

$$h_l(t) = \sum_{n=1}^{N} c_n(t) \mathrm{e}^{-\mathrm{j}\Phi_n(t)} \tag{9-18}$$

其中，N 是多径的数量，$c_n(t)$ 是时变的幅值，$\Phi_n(t)$ 是时变的相位。根据中心极限定理，$h_l(t)$ 为复数衰减包络，其概率密度函数符合高斯分布。在这种情况下，复数包络 $c(t)=|h_l(t)|$ 在 t 时刻都符合瑞利分布，见式（9-19）。

$$f_c(x) = \frac{2x}{\Omega_p} \exp\left\{-\frac{x^2}{\Omega_p}\right\}, x \geqslant 0 \tag{9-19}$$

其中，$\Omega_p = E[c^2]$，是平均包络功率。

在某些无线通信环境中具有镜面反射或者直视路径分量，这时复数衰减包络为

$$h_l(t) = \sqrt{\frac{K}{K+1}} c_{\mathrm{LOS}} \mathrm{e}^{-\mathrm{j}\Phi_{LOS}} + \sqrt{\frac{1}{K+1}} \sum_{n=1}^{N} c_n(t) \mathrm{e}^{-\mathrm{j}\Phi_n(t)}$$

其中，K 是莱斯因子，定义为镜面反射功率 s^2 与散射功率 Ω_p 的比值；c_{LOS} 和 Φ_{LOS} 分别代表直视路径分量的幅值和相位。复数包络 $c(t)=|h_l(t)|$ 在 t 时刻都符合莱斯分布，见式（9-20）。

$$f_c(x)\frac{2x}{\Omega_p}\exp\left\{-\frac{x^2+s^2}{\Omega_p}\right\}I_0\left(\frac{2xs}{\Omega_p}\right),x\geqslant 0 \tag{9-20}$$

式中，$s^2=h_l^i(t)^2+h_l^Q(t)^2$，$h_l^I(t)$ 和 $h_l^Q(t)$ 分别代表 $h_l(t)$ 的同相分量和正交分量，即

$$h_l(t)=h_l^I(t)+jh_l^Q(t)$$

上式中复数包络的相位可以表示为

$$\Phi(t)=\tan^{-1}\left(\frac{h_l^Q(t)}{h_l^I(t)}\right)$$

通常认为瑞利衰落的相位在 $[-\pi,\pi]$ 之间内服从均匀分布。

包络水平交叉率和平均衰落时长是与包络衰落相关的两个重要的二阶统计量，包络水平交叉率 $L_c(r_g)$ 是指信号的包络每秒以正/负斜率穿过一个设定的水平线 r_g 的次数。因此，水平交叉率的含义是包络穿过一个特定水平线的频率。利用传统的基于概率密度的方法，对于莱斯衰落，可以得到式（9-21）。

$$L_c(r_g)=\sqrt{2\pi(K+1)}f_{D\rho e}{}^{-K-(K+1)\rho^2 I_0}\left[2\rho\sqrt{K(K+1)}\right] \tag{9-21}$$

其中，$\rho=r_g/\sqrt{\Omega_p}$。对于瑞利衰落（K=0）和散射体均匀分布在收发两端周围的情况，上式可以简化为

$$L_c(r_g)=\sqrt{2\pi}f_{D\rho e}{}^{-\rho^2}$$

平均衰落时长 $T_c-(r_g)$ 是信号包络 $c(t)$ 维持在一个确定水平线 r_g 以下的平均时间。因此，平均衰落时长表示信号包络维持在一个特定水平线下的时间长度。莱斯衰落信道的平均衰落时长 $T_c-(r_g)$ 可以表示为

$$T_c-(r_g)=\frac{1-Q\left(\sqrt{2K},\sqrt{2(K+1)r_g}\right)}{L_c(r_g)}$$

其中，$Q\left(\sqrt{2K},\sqrt{2(K+1)r_g}\right)$ 表示广义马尔可姆 Q 函数。如果上式 K=0，就可以得到平均衰落时长包络在衰落呈现瑞丽分布的情形。

9.3.3　目标用户无线衰落环境模拟

星地无线通信过程中，地面的目标用户除了会受到上文所述的大尺度衰落和小尺度衰落影响外，还会受到地面用户所处环境的影响，例如来自自然噪声源和人为噪声源传播噪声影响、城市环境中的建筑物遮蔽影响、丛林或者道路旁的植被遮蔽影响，以及处于海面的用户由于海面造成的衰减等。

1. 射频噪声

大气中与传输无线电波相互作用的任何介质，不仅会造成信号幅度的降低，也会成为一个热噪声功率辐射源。与此有关的噪声称为射频噪声。

产生射频噪声的噪声源众多，包括自然（地球和地球外）噪声和人为噪声。地球噪声源包括大气气体（氧气和水蒸气）的辐射、水汽凝结体（雨和云）的辐射、闪电放电的辐射、地面或天线波束内其他障碍物的二次辐射；地球外噪声源包括宇宙背景噪声、太阳和月亮辐射、天地射电源的辐射（射电星）；人为噪声源包括电力器械、电子和电器设备的无意辐射、输电线、内燃机点火和其他通信系统的辐射。

根据基尔霍夫定律，在热力学平衡的条件下，气体的热噪声辐射与其吸收相等，这种相等对所有频率都成立。地面站观测的大气中给定方向上的噪声温度 t_b 可由辐射传输定理给出，见式（9–22）。

$$t_b = \int_0^{\infty} t_m \lambda e^{-\tau} dl + t_{\infty} e^{-\tau_{\infty}} \quad (9\text{–}22)$$

其中，t_m 为环境温度，γ 为吸收系数，τ=4.343A，A（单位为 dB）为所讨论路径上的吸收。对于恒温大气（t_m 相对于高度保持不变），式（9–22）可以简化为

$$t_b = t_m(1-e^{-\tau}) = t_m\left(1-10^{-\frac{A}{10}}\right)$$

其中，t_m 取值在 260 ～ 280K，也可以通过式（9–23）计算。

$$t_m = 1.12t_s - 50 \quad (9\text{–}23)$$

其中，t_s 为表面温度。

在通信系统中的噪声利用等效噪声温度 t_a（单位为 K）及噪声系数 F_a（单位为 dB）来表示，见式（9–24）。

$$F_a = 10\lg\left(\frac{t_a}{t_0}\right) \quad (9\text{–}24)$$

其中，t_0 为参考环境温度，设为 290K。同样，噪声系数也可以表示为

$$F_a = 10\lg\left(\frac{p_a}{kt_0 b}\right)$$

其中，p_a 为天线终端处的噪声功率，k 为玻尔兹曼常数，b 为接收系统的噪声功率带宽。详细的有关无线电噪声相关内容可以参考 ITU–R P.372–16 建议书。

2. 建筑物遮蔽

假定建筑物高度具有瑞利分布，由此建立的城市地区路边建筑物遮蔽模型几何示意如图 9–22 所示。

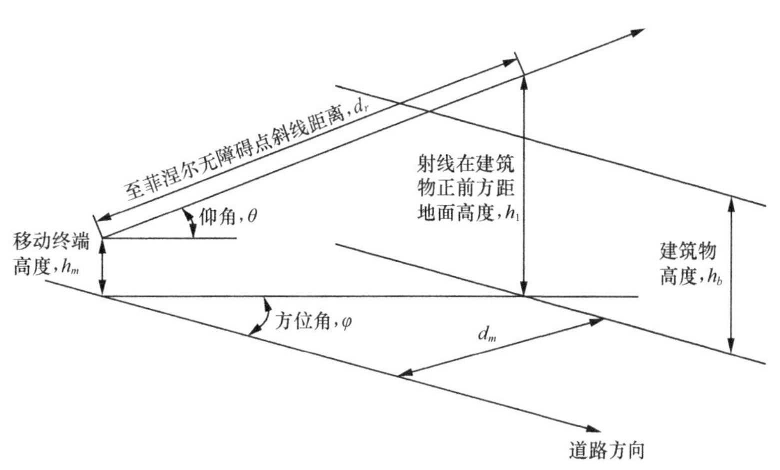

图9-22 路边建筑物遮蔽模型几何示意

因建筑物造成的阻碍概率百分比为

$$p = 100\mathrm{e}^{-\frac{(h_1-h_2)^2}{2h_b^2}}$$

其中，

h_1 为射线在建筑物正前方距离地面的高度，由式（9-25）给出。

$$h_1 = h_m + (d_m \tan\theta / \sin\varphi) \tag{9-25}$$

h_2 为所要求在建筑物之上的菲涅尔无障碍距离，由式（9-26）给出。

$$h_2 = C_f(\lambda d_r)^{0.5} \tag{9-26}$$

h_b 为最常见（模型化）建筑物高度。

h_m 为移动终端距离地面的高度。

θ为指向卫星的射线相对地平面的仰角。

φ为射线相对街道方向的方位角。

d_m 为移动终端与建筑物正面之间的距离。

d_r 为移动终端至射线与建筑物垂直面交点之间的斜线距离，由式（9-27）给出。

$$d_r = d_m / (\sin\varphi \cdot \cos\theta) \tag{9-27}$$

C_f 为所要求的无障碍区在第一菲涅尔区域中所占的比例。

λ为波长。

h_1、h_2、h_b、h_m、d_m、d_r 和 λ 的单位应一致，且 $h_1 > h_2$。

令 h_b=15m，h_m=1.5m，d_m=17.5m，f_c=1.6GHz，可以得到遮蔽概率，路边建筑物遮蔽示例如图 9-23 所示。

图 9-23 中虚线表示如果射线无障碍区占建筑物正面垂直方向第一菲涅尔区比例小于 0.7，则会出现屏蔽。实线表示仅当不可视距时才出现屏蔽。同时，随着仰角的变大，遮蔽概率逐渐变小。

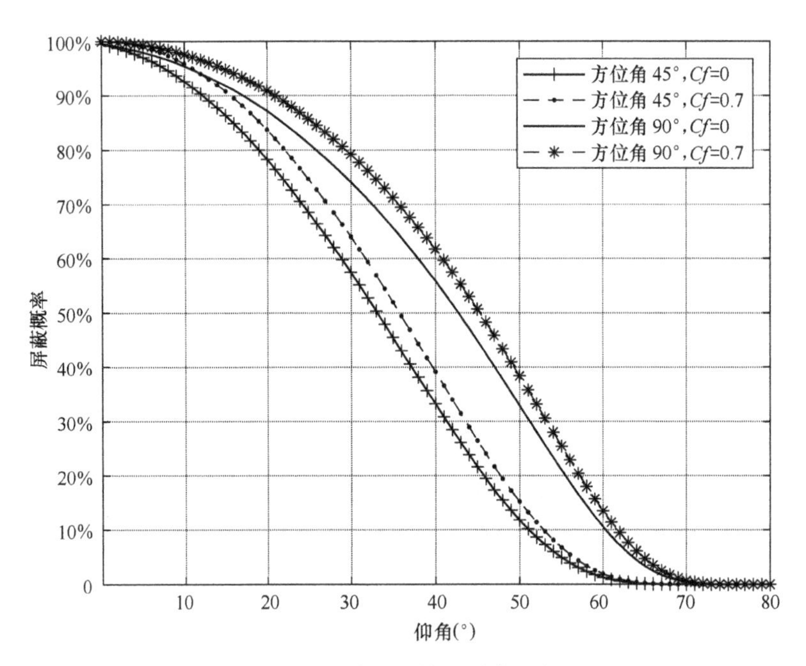

图9-23　路边建筑物遮蔽示例

路边建筑在移动卫星频段上几乎完全是吸收体，因此可以被视为衍射峰值。当卫星直射波周围 60% 的第一菲涅尔区半径受到遮挡时，将会认为建筑物严重地遮挡了信号。因此，受菲尼尔半径较窄的影响，事实上高频段的阴影效应较弱。由建筑物遮挡引起的 LOS 信号衰落，可以对障碍物进行建模。如果已知卫星仰角、建筑物高度、天线高度、天线与建筑物的距离和电磁波频率，就可以估计建筑物附件的衍射损耗。

关于菲涅尔区的相关理论可以参考 ITU-R P.526 建议书；关于路边建筑物遮蔽模型的相关理论可以参考 ITU-R P.681 建议书；关于衍射损耗的计算可以参考 ITU-R P.1812 建议书；关于建筑物和车辆内部接收环境，特别是手持终端接收环境下信号输入损耗相关传播数据问题可以参考 ITU-R P.679 建议书。

3. 植被遮蔽

美国约翰霍普金斯大学的 Goldhirsh 教授和得克萨斯大学的 Vogel 教授历经数年进行了一系列广泛而全面的传播测量，描述陆地卫星移动信道的特征。NASA 依据上述测量结果发布了经验路边阴影（ERS）模型。ITU-R P.681 建议书对 ERS 模型进行了改进，作为其移动卫星链路的路旁树木遮蔽模型。ITU-R P.681 建议书可提供频率范围在 800MHz ～ 20GHz、路径仰角在 7°～ 60°以及遍历路程在 1% ～ 80% 的路边遮蔽预测。经验模型采用车辆双向行驶在道路两侧行车道内（包括靠近和远离地面植被行车道）的平均传播条件。其计算过程如下。

① 计算 1.5GHz 衰落分布，见式（9-28）。其中，有效超过概率百分数为 $20\% \geq p \geq 1\%$，路径仰角有效范围为 $60° \geq \theta \geq 20°$。

$$A_L(p,\theta) = -M(\theta)\ln(p) + N(\theta) \tag{9-28}$$

其中，

$$M(\theta) = -0.443\theta + 34.76$$

② 将 1.5GHz 频点衰落分布（有效超过概率百分数为 $20\% \geqslant p \geqslant 1\%$）变换为频率 f（单位为 GHz）范围在 $0.8\text{GHz} \leqslant f \leqslant 20\text{GHz}$ 的函数，见式（9-29）。

$$A_{20}(p,\theta,f) = A_L(p,\theta)\exp\left\{1.5\left[\frac{1}{\sqrt{f1.5}} - \frac{1}{\sqrt{f}}\right]\right\} \tag{9-29}$$

③ 计算超过概率百分数 $80\% \geqslant p \geqslant 20\%$、频率 $0.85\text{GHz} \leqslant f \leqslant 20\text{GHz}$ 范围内的衰落分布，见式（9-30）。

$$\begin{aligned} A(p,\theta,f) &= A_{20}(20\%,\theta,f)\frac{1}{\ln 4}\ln\left(\frac{80}{p}\right), 80\% \geqslant p \geqslant 20\% \\ A(p,\theta,f) &= A_{20}(20\%,\theta,f), 20\% \geqslant p \geqslant 1\% \end{aligned} \tag{9-30}$$

④ 假定路径仰角在 $20° \geqslant \theta \geqslant 7°$ 范围内与 $\theta = 20°$ 情况下具有相同的衰落分布。

1.5GHz 路边遮蔽与路径仰角的关系如图 9-24 所示，超过概率百分数在 1% ～ 50% 变化情况下，对于相同的超过概率百分数，1.5GHz 衰落超过值与路径仰角（10°~60°）的变化关系。

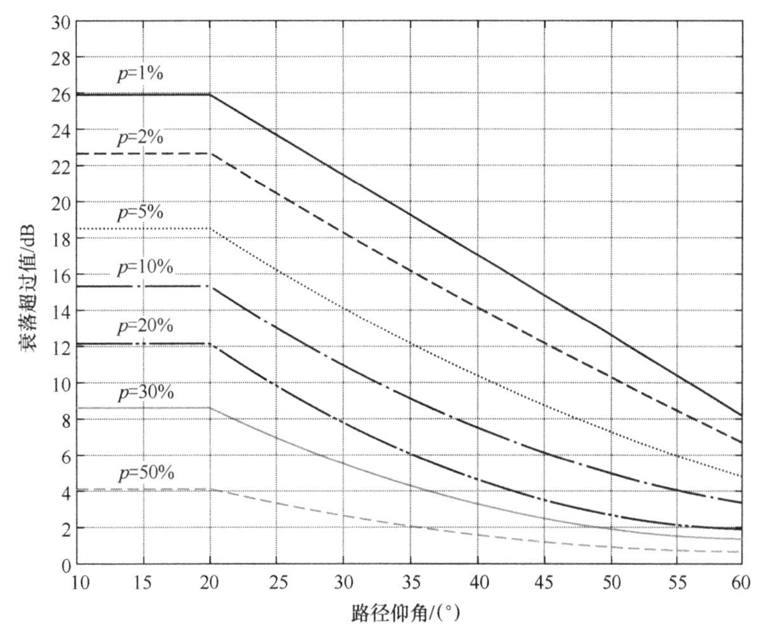

图9-24　1.5GHz路边遮蔽与路径仰角的关系

如果是星地的倾斜传播路径传播林地，卫星倾斜路径超过林地示意如图 9-25 所示。Tx 为发射机，Rx 为接收机，二者均处于林地之外。其中 d 表示植被路径长度，h_v 表示平均树高，h_a 表示接收机天线离地高度，θ 表示无线电路径仰角，d_w 表示天线与路边林地间的距离。

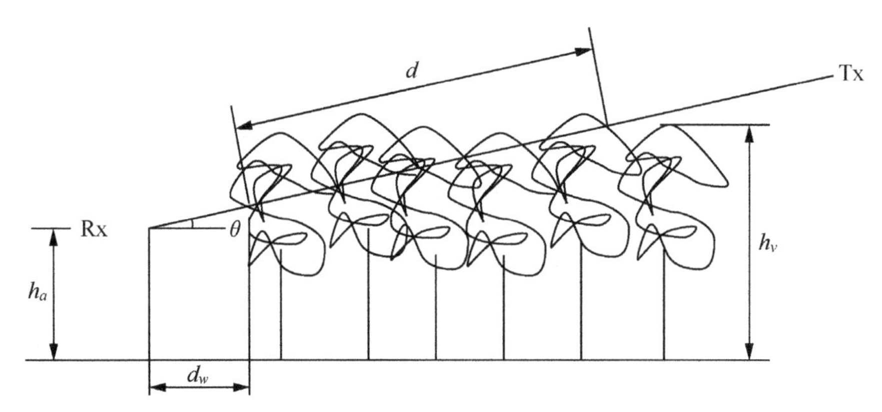

图9-25 卫星倾斜路径超过林地示意

上述传播衰减可以采用如下模型计算，见式（9-31）。

$$L(\mathrm{dB}) = Af^{B}d^{C}(\theta + E)^{G} \tag{9-31}$$

其中，

f为频率（单位为 MHz）。

d为植被深度（单位为 m）。

θ为仰角（单位为°）。

A、B、C、E和G为实证发现参数。

在奥地利的松树林地进行的拟合测量得出的结果为

$$L(\mathrm{dB}) = 0.25f^{0.39}d^{0.25}\theta^{0.05}$$

对于单个植被带的损耗（顶部绕射、边侧绕射、大地发射和穿透或散射）可以参考 ITU-R P.833 建议书。

4. 海面衰减

水上移动卫星系统地对空链路上的通信导致的传播问题与卫星固定业务中出现的传播问题有很大不同。例如，海面的反射和散射效应非常严重，在使用宽波束天线的情况下尤其如此。因此，本节分析因海面反射导致的衰落。

在频率范围为 0.8～8GHz 内，仰角满足 $5° \leqslant \theta_i \leqslant 20°$ 时，超过p% 时间的衰落深度可以表示为

$$F_d(p) = -\left[A + 10\log_{10}\left(1 + 10^{\frac{p_r}{10}}\right)\right]\mathrm{dB}$$

其中，A为超过 1～p% 时间的接收信号功率。计算超过 1～p% 时间的接收信号功率时，超过p% 时间的衰落深度可被计算为直达波信号功率和超过 1～p% 时间的接收信号功率之间的比率。海面反射衰落随频率变化如图 9-26 所示，假设接收功率服从 Nakagami-Rice 概率分布，总功率等于 0dB，A可以通过式（9-32）得到。

$$A = \frac{10^{P_r/10}}{1 + 10^{P_r/10}} \tag{9-32}$$

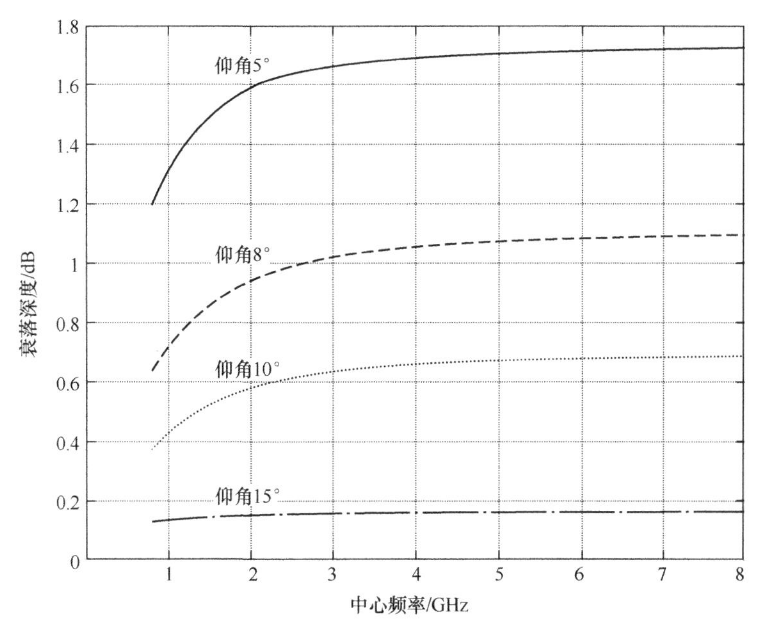

图9-26　海面反射衰落随频率变化

其中，$P_r = G + R + \eta_I(\text{dB})$，$G = -4\times10^{-4}(10^{G_m/10}-1)(2\theta_i)^2$，$G_m$表示最大天线增益值（dBi），$\theta_i$表示仰角。上述计算条件：圆极化天线，海洋波高1～3m。

$$R = 20\log_{10}|R_C|$$

$$R_C = \frac{R_H + R_V}{2}$$

$$R_H = \frac{\sin\theta_i - \sqrt{\eta - \cos^2\theta_i}}{\sin\theta_i + \sqrt{\eta - \cos^2\theta_i}}$$

$$R_V = \frac{\sin\theta_i - \sqrt{\eta - \cos^2\theta_i/\eta^2}}{\sin\theta_i + \sqrt{(\eta - \cos^2\theta_i)/\eta^2}}$$

$$\eta = \varepsilon_r(f) - \text{j}60\lambda\sigma(f)$$

其中，$\varepsilon_r(f)$表示中心频率处的表面相对介电常数；$\sigma(f)$表示中心频率处的表面电导率，单位为S/m；λ自由空间波长，单位为m。$\varepsilon_r(f)$和$\sigma(f)$均可以参考ITU-R P.527建议书。

根据ITU-R P.680建议书画出海面反射导致的衰落如上图所示，从中可以看出，随着仰角的变大，因海面反射引起的衰落逐渐变小。

9.3.4　卫星及用户天线模型

1. 抛物面天线

抛物面天线是指利用一个抛物面的反射面来改变电磁波的传播方向，从而获得所需天线特性的天线。本节以单反射面为基础进行论述。单反射面天线的反射面形状是多种多样的，射线经抛物线反射的原理如图9-27所示。图9-27（a）为圆口径正馈抛物面天线。此外，还有柱形抛物面天线、球形反射面天线等。根据不同的应用需求，反射面可以被一个或多个馈源照射。圆口径正馈抛物面天线是单反射面天线中比较典型的一种类型。如果借助一片反射镜使点源 F 到达该波前的射径 1 和射径 2 的距离相等，即要满足

$$2L = R(1+\cos\theta)$$

或

$$R = \frac{2L}{1+\cos\theta}$$

得到该反射镜表面轮廓的方程，其是焦点位于 F 的抛物线方程。

参考图 9-27（b），抛物线可定义为从抛物线上任一点到固定的焦点的距离等于该点到固定的准线的垂距。因此，图中 $PF=PQ$。类比于图 9-27（c），令 AA' 是垂直于焦轴而与准线相距 QS 的直线，由于 $PS=QS-PQ$ 且 $PF=PQ$，因而从焦点至 S 点的距离为

$$PF+PS=PF+QS-PQ=QS$$

所以，抛物面反射镜的特性是来自焦点处各向同性源的所有波经抛物线反射后，到达 AA' 线时都同向。焦点的镜像就是准线，而沿 AA' 线的反射场看来像是源自准线的平面波，BB' 平面即口径平面。

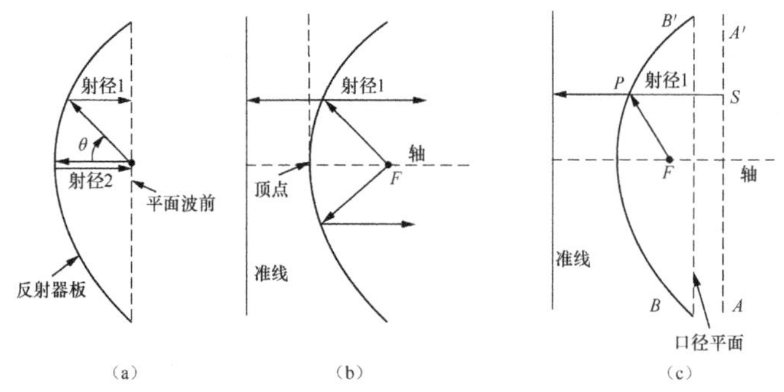

图9-27　射线经抛物线反射的原理

抛物面反射径及其源如图 9-28 所示。柱形抛物面，如图 9-28（a）所示，将位于焦点（线）上的同相线源所辐射的柱面波转换成口径上的平面波，旋转抛物面，如图 9-28（b）所示，则将来自焦点处各向同性源的球面波转换成口径上的平面波。对于单根射线或波径，抛物面则具有将来自焦点的辐射引导或校准成与轴平行之波束的性质。

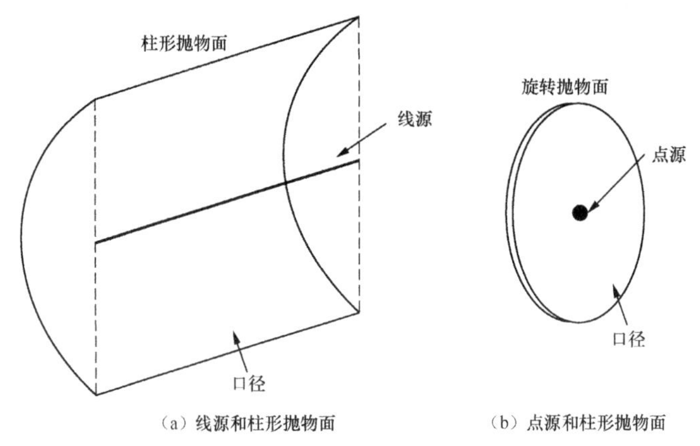

（a）线源和柱形抛物面　　（b）点源和柱形抛物面

图9-28　抛物面反射径及其源

由抛物线绕其焦轴回转而生成的表面称为旋转抛物面或抛物面。如果置各向同性源于旋转抛物面的焦点，反射镜表面与真实抛物面的偏差远小于波长，则由源辐射而被抛物面截取的那部分经反射后形成圆形口径上的平面波。抛物面反射径及其源如图 9-29 所示。

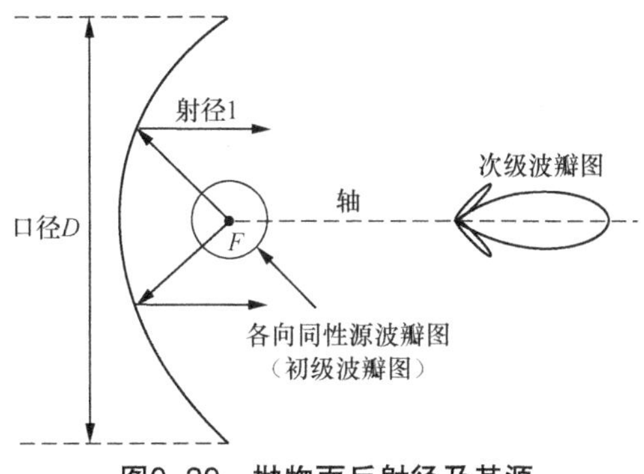

图9-29 抛物面反射径及其源

具有均匀照射口径的大型旋转抛物面发出的辐射，等于从均匀平面波照射的大金属板上相同直径圆口径的辐射。对此均匀照射口径所辐射的场波瓣图，可以用式（9-33）表示。

$$E(\phi)=\frac{2\lambda}{\pi D}\times\frac{J_1[(\pi D/\lambda)\sin(\phi)]}{\sin(\phi)} \quad (9\text{-}33)$$

其中，D 表示天线口径的直径，单位为 m；λ 表示自由空间波长，单位为 m；ϕ 表示相对于口径法线的角度；J_1 表示一阶贝塞尔函数。

辐射波瓣图的第一零点的角度 ϕ_0 由式（9-34）得到

$$\frac{\pi D}{\lambda}=\sin(\phi_0)=3.83 \quad (9\text{-}34)$$

因为当 $x=3.83$ 时，$J_1(x)=0$，于是

$$\phi_0=\arcsin\frac{3.83}{\pi D}=\arcsin\frac{1.22\lambda}{D}$$

第一零点波束宽度即此角度的 2 倍。因此，大圆口径的第一零点波束宽度为

$$\text{BWFN}=2\arcsin\frac{1.22\lambda}{D}\approx\frac{140}{D_\lambda}$$

其中，D_λ 表示口径直径为 D 的波长数，即

$$D_\lambda=\frac{D}{\lambda}$$

大圆口径的半功率波束宽度为

$$\text{HPBW}=\frac{58}{D_\lambda}$$

假设载波中心频率为 2.6GHz，口径 D=0.6m，则尺度为 0.6m 的均匀归一化场波瓣如图 9-30 所示。

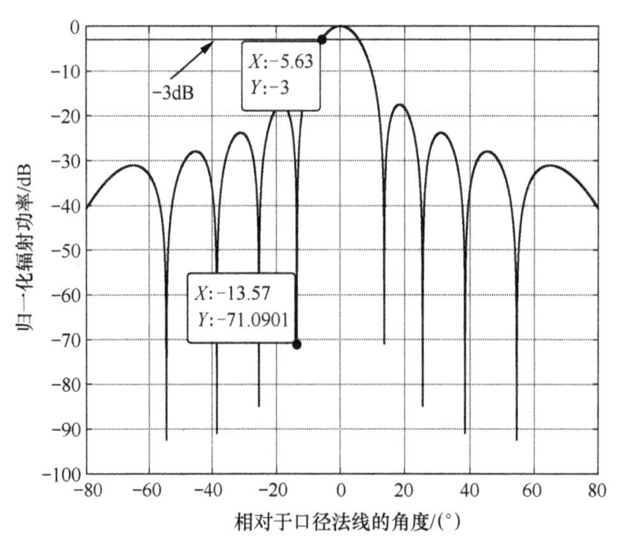

图9-30 尺度为0.6m的均匀归一化场波瓣

从图 9-31 可以看出，其 3dB 波宽约为 5.63°×2＝11.26°，第一零点的波束宽度约为 13.57°×2＝27.1°。通过理论计算其 3dB 波宽为 $\frac{58}{D_\lambda}$=11.1538°，第一零点的波束宽度 $2\arcsin\frac{1.22\lambda}{D}=26.63°$，符合预期。

2. 相控阵天线

阵由多个单阵子组成，单阵子就是常规的单个天线。每个天线都有自己的方向图，方向图是天线在不同方向辐射能力的数学描述。例如，常说的全向天线，在每个方向的辐射能力都是一致的，它的归一化方向图就是全 1，画出三维立体图就是一个光滑的球。

相控阵中一般使用定向天线。定向天线是方向图在某些方向拥有很高的辐射能量，其他方向几乎不辐射能量，该天线在正前方辐射能量，正后方几乎不辐射能量。

在单阵子方向图的基础上，把两个阵子按照一定间距放在一起，可以整体查看它们的合成方向图。

两个阵子就可以称为天线阵（虽然阵子数目少），不同间距合成的方向图并不相同。从上图可以看出，随着阵子间距变大，辐射能量的方向逐渐发散。从能量守恒的角度来看，辐射能量分散，会使指定区域得到的能量减少。因此相控阵的阵子间距一般在 0.5 左右，防止出现能量不集中。

将阵子间距设置为 0.5，随着阵子个数的增加，其覆盖范围越来越小，从能量守恒的角度来看，其能量越来越集中，这就是相控阵阵子个数越多，指向性越好的原因。

相控阵的一个重要应用是波束形成。波束形成是指将一定几何形状（直线、圆柱、方形等）排列的多元基阵各阵元输出经过处理（加权、时延、求和等）形成空间指向性的方法，也可以说是将一个多元阵经适当处理使其对某些空间方向的信号具有所需响应的方法。波束形成技术利用基阵具有方向性的原理，即当信号源在不同方向时，由于各阵

元接收信号的相位差不同，因而形成和输出的幅度不同，即阵的响应不同。一个任意多元阵，将所有阵元的信号相加得到的输出就形成了基阵的自然指向性。若有一远场平面波入射到这一基阵上，它的输出幅度将随平面入射角的变化而变化。一般只有直线阵或空间平面阵才能在阵的法线方向形成同相相加而得到最大输出，一个任意阵型的基阵不能形成同相相加。但通过适当的处理，例如将接收到的信号增加适当的时延，就可以达到同相相加的目的。对多元阵阵元接收，信号进行时延或相移，使对预定方向的入射信号形成同相相加，这就是波束形成的基本原理。

假设接收天线为线阵，线阵示意如图9-31所示，如果远场存在一点P，考虑平面波条件下，假设阵子间距为d，待测设备相对于相控阵天线的空间角为Ω，则阵子之间的路程差可以用式（9-35）表示。

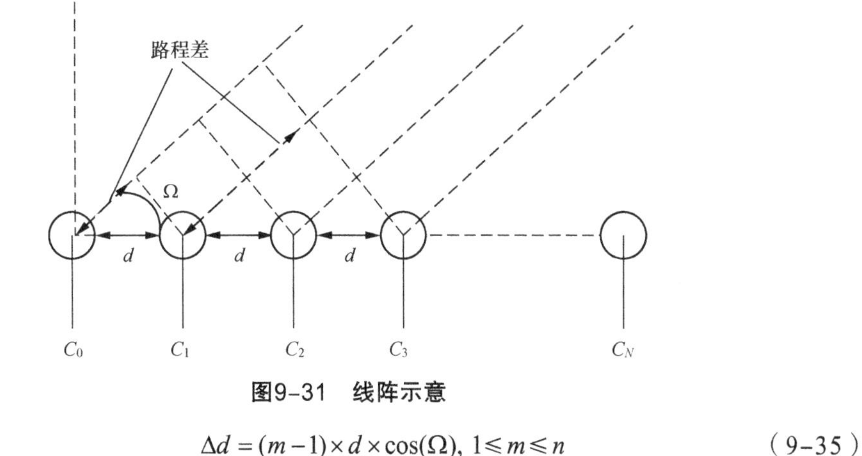

图9-31　线阵示意

$$\Delta d=(m-1)\times d\times\cos(\Omega),\ 1\leqslant m\leqslant n \tag{9-35}$$

阵子之间的相位差可以用式（9-36）表示。

$$\Delta\varphi_m=2\pi\frac{\Delta d}{\lambda}=\frac{2\pi(m-1)d\cos(\Omega)}{\lambda} \tag{9-36}$$

如果考虑天线方向图对远场P的影响，可以采用导向矢量的方式得到所有天线在P点的影响，用式（9-37）表示

$$F_p=f_m(\Omega)\mathrm{e}^{\mathrm{j}\Phi_0}\sum_{m=1}^{N}\mathrm{e}^{\frac{-\mathrm{j}2\pi(m-1)d\cos(\Omega)}{\lambda}} \tag{9-37}$$

其中$f_m(\Omega)$表示方位角为Ω时，天线方向图的分量，Φ_0表示初相。

3. MIMO 天线

MIMO天线也是一种相控阵天线，为了实现空分的效果，MIMO天线会对天线面板进行阵列的划分，即把天线分成多个子阵（相控阵），每个相控阵可以实现单独的波束赋形以达到空分的目的。

传统的相控阵天线可以采用模拟波束形成或者数字波束形成，考虑成本以及实现简单，MIMO天线一般选择混合波束形成。混合波束形成是模拟和数字波束形成技术的结合。如果子阵列中的元件数量相对较少，则产生的波束相对较宽，混合波束形成如图

9-32所示。每个子阵列可以被认为是具有某种定向辐射图的超级元件，然后使用来自子阵列的信号执行数字波束形成，产生对应于阵列全孔径的高增益窄波束。采用这种方法时，与全数字波束形成相比，混频器和ADC的数量以及数据处理负载的大小减少的幅度等于子阵列的大小，因此成本和功耗显著降低。对于32×32元件阵列，若子阵列为2×2大小，则将产生256个子阵列，其半功率波束宽度（HPBW）为50.8°或0.61立体弧度。使用来自256个子阵列的信号，可以利用DBF在合乎实际的范围内创建尽可能多的波束。对应于全孔径的HPBW为3.2°或0.0024sr。然后在每个子阵列的波束内可以创建大约254个数字波束，它们相互之间不会明显重叠。与全DBF相比，这种方法的一个限制是所有数字波束都将包含在子阵列方向图的视场内。子阵列模拟波束当然也可以进行控制，但在一个时间点，模拟波束宽度会限制最终波束的指向。

子阵列方向图通常很宽，这对于许多应用来说可能是一个可以接受的折中方案。对于其他需要更大灵活性的应用而言，需要创建多个独立的模拟波束来解决此问题。这将需要在射频前端使用更多VAP（可变功率放大器）模块，但与全数字波束形成相比，仍然可以减少ADC和混频器的数量。多个模拟波束的混合波束形成如图9-33所示。可以创建两个模拟波束以实现更大的覆盖范围，同时仍能将混频器、ADC和产生的数据流的数量减少到原来的二分之一。

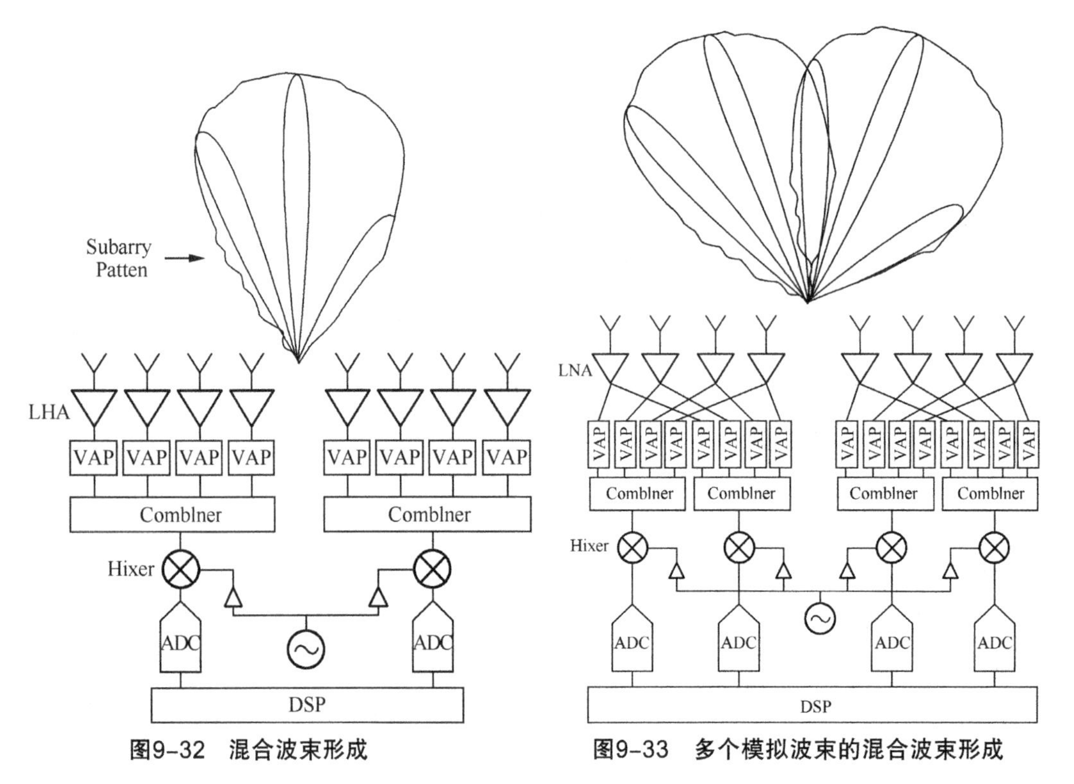

图9-32 混合波束形成　　**图9-33 多个模拟波束的混合波束形成**

与数字波束形成相比，混合波束形成还会导致旁瓣退化。当远离模拟波束中心扫描数字波束时，相位控制的混合性会引入相位误差。子阵列内元件之间的相位变化由模拟波束控制确定，无论数字扫描角度如何都保持固定。对于固定的扫描角度，数字控制

只能将适当的相位应用于子阵列的中心；当从中心向子阵列边缘移动时，相位误差会增加。这导致整个阵列出现周期性相位误差，从而降低波束增益并产生准旁瓣和栅瓣。这些影响随着扫描角度的增大而增加，与纯模拟或数字架构相比，这是混合波束形成的一个缺点。让误差变成非周期性改善旁瓣和栅瓣的退化，可以通过混合子阵列大小、方向和位置来实现。

在实际工程中，混合波束形成技术的优势非常明显。混合波束形成结合了模拟与数字波束形成技术的优点，能在削减硬件成本和信号处理复杂度的同时，逼近全数字系统所能达成的最优的性能。

混合波束形成的核心思想是：将整个大阵划分为多个小子阵，即每个天线单元不再是完全独立的。其中，每个子阵都是一个模拟波束形成阵列，而划分出的子阵数决定着整个大阵的波束形成自由度。MIMO 天线混合波束形成的不同子阵划分如图 9-34 所示。

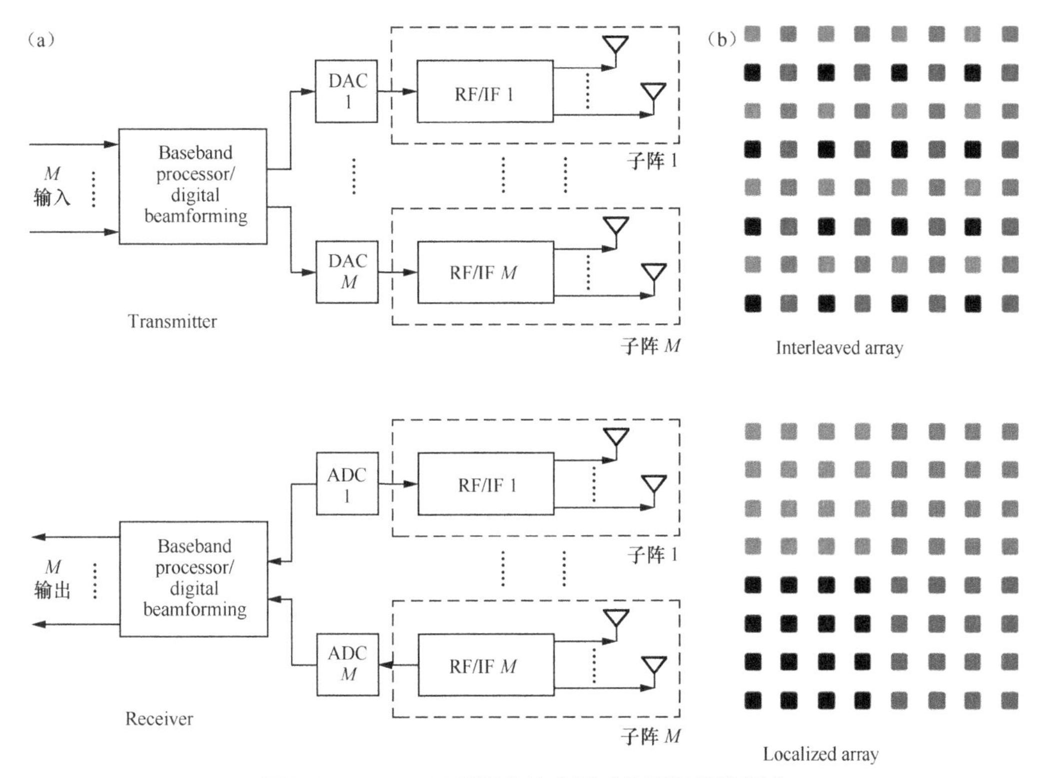

图9-34 MIMO天线混合波束形成的不同子阵划分

由于模拟波束形成仅需模拟移相器等类似器件即可实现，系统的成本会因所需的完整射频链路数目的减少而大幅降低。然而，相较于全数字波束形成阵列，混合波束形成阵列所能支持的数据流或波束数量也会降低。

在实际应用中，此类天线阵列的设计需综合考虑波束形成能力、系统复杂度、系统预算等，而这些问题都直接受到所需可控波束数目及可接受成本的影响。此外，虽然射频链路数的缩减会降低数据流的数目，混合波束形成系统的单位用户性能却可通过合理的设计来接近全数字系统。

MIMO 天线中不仅包含线阵，还包含面阵，甚至异形阵。为了更加方便地推导方向图的合成，下面介绍通用的阵列方向图合成方法。

圆阵的远场方向图合成示意如图 9-35 所示。

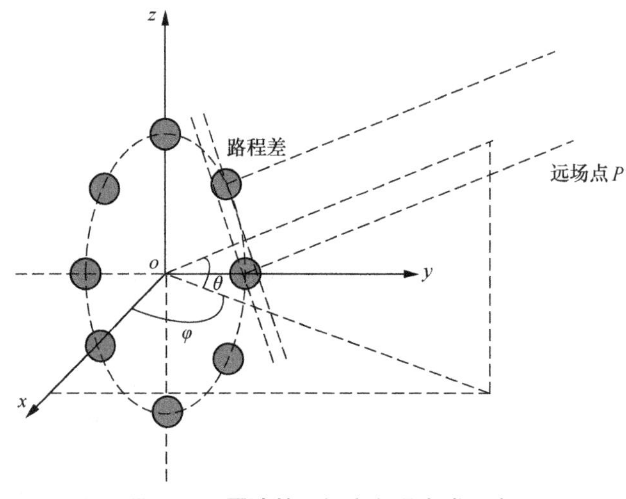

图9-35　圆阵的远场方向图合成示意

如图 9-35 所示，存在远场点 $P(\varphi,\theta)$，阵子分布在 yoz 平面，其三维坐标为 (x_m,y_m,z_m)，$1\leqslant m\leqslant N$，N 表示阵子个数。如果选择原点作为参考点，远场点 $P(\varphi,\theta)$ 的笛卡儿坐标可以表示为（ $\cos\theta\cos\varphi,\cos\theta\sin\varphi,\sin\theta$)，则各个阵子的路径差可以用式（9-38）表示。

$$\Delta d_m=\cos\theta\cos\varphi\times x_m+\cos\theta\sin\varphi\times y_m+\sin\theta z_m,\ 1\leqslant m\leqslant N \tag{9-38}$$

相位差可以用式（9-39）表示

$$\Delta\varphi_{\mathrm{m}}=2\pi\frac{\Delta d_m}{\lambda} \tag{9-39}$$

如果考虑天线方向图对远场 P 的影响，则可以采用导向矢量的方式得到所有天线在 P 点的影响，用式（9-40）表示

$$F_p=f_m(\varphi,\theta)\mathrm{e}^{j\Phi_0}\sum_{m=1}^{N}\mathrm{e}^{\frac{-\mathrm{j}2\pi\Delta d_m}{\lambda}} \tag{9-40}$$

其中，Φ_0 表示初相，$f_m(\varphi,\theta)$ 表示第 m 个阵子方位角为（ φ，θ ）时天线方向图的分量。方向图是天线在不同方向辐射能力的数学描述，是天线阵子的物理特性。

对规模巨大的相控阵天线系统而言，混合波束形成是更切合实际的选择。采用子阵大小为 4 × 4 共 16 个阵元模拟合成一路，水平方向 20 列子阵、垂直方向 18 行子阵，共 360 个子阵。利用 360 个子阵得到水平 4 波束、垂直 4 波束，共 16 个波束，波束分辨率为 1.5° 。

第10章

卫星物联网发展情况分析

物联网是继计算机、互联网和移动通信之后信息产业的又一次革命性发展，是当前热门的信息技术之一，是人类迈向“工业 4.0”时代的关键性一步。近年来，得益于传感器技术、识别技术、网络通信技术，以及云计算、大数据应用的发展与成熟，物联网行业迅速发展。随着物联网的业务范围不断扩大，人们对物联网的通信技术要求不断提高，因此，以NB-IoT和LoRa为代表的，能够面向大量连接的低功耗广域网(LPWAN)迅速发展。

随着地面移动通信和物联网技术的快速发展，万物互联、海量接入、泛在连接已成为下一代移动通信系统的重要目标。然而，由于基站建设受地理环境的影响，地面网络无法在沙漠、海洋、拥挤的城市等特殊环境下实现全面覆盖；此外，远洋物流等大量国际业务的发展也对物联网的连续覆盖范围和容量等方面提出了更高的要求。卫星通信系统作为地面通信系统的延伸与补充，能够有效解决地面通信系统的不足。基于卫星通信系统的特点，卫星物联网与传统的地面物联网相比增加了独特的优势。

① 通信网络覆盖地域广，可实现全球覆盖，传感器的布设几乎不受空间限制。

② 受天气和气候影响较小，基本上可以实现全天候工作。

③ 系统抗摧毁性强，在自然灾害与应急救援等突发情况下可以正常工作。

卫星物联网通过卫星链路传输信息，是实现广域分布海量用户泛在接入的重要手段，极大地拓展了物联网的应用领域。

10.1 国外卫星物联网系统

20 世纪 60 年代就出现了通过卫星通信系统实现数据采集、物流跟踪、报文传递、系统监控等应用场景的系统，成为卫星物联网系统的雏形。

截至 2019 年 5 月，国外部分卫星物联网星座建设情况见表 10-1。可以看出，现阶段卫星物联网基本都是低轨道卫星系统，可利用的频段资源紧张。

10-1 国外部分卫星物联网星座建设情况

星座	卫星数量 / 颗	轨道类型	波 (频) 段	组网进度	应用
Orbcomm	35	LEO	UHF、VHF	在轨 35 颗卫星，组网完成已投入使用	终端跟踪、监测、控制
全球星	48	LEO	C、L、S	在轨约 30 颗卫星，组网完成已投入使用	语音、传真、数据、短信息和定位等
Hiberhand	约 50	LEO	VHF	在轨 2 颗卫星，正在开展验证试验	跟踪或获取车辆、电力电缆、管道或精准农业传感器等数据
Fleet SpaceTechnologies	约 100	LEO	S、L	在轨 4 颗卫星，正在开展验证试验	跟踪牲畜移动、环境、土壤和水监测及供应链物流等

续表

星座	卫星数量 / 颗	轨道类型	波（频）段	组网进度	应用
Astrocast	80	LEO	L	在轨 2 颗卫星，未来投入更多卫星	物联网、机器对机器（M2M）
SAS	200	LEO	S	在轨 3 颗卫星，未来投入更多卫星	物联网、M2M、个人语音和短信
IridiumCloudConnect	75	LEO	Ka、L	在轨 75 颗卫星，组网完成已投入使用	全球覆盖的卫星物联网服务平台
InmarsatLoRaWAN	约 100	LEO	UHF	在轨 4 颗卫星，正在开展验证试验	资产追踪、农业经营及石油和天然气

1. Orbcomm

Orbcomm 系统于 1997 年投入使用，由地面段、空间段和用户段组成，上行频段使用 148 ～ 150.05MHz 频率，下行频段使用 137 ～ 138MHz 频率，馈电链路采用 OQPSK 调制方式，用户链路采用 SDPSK 调制方式[1]。

卫星系统主要经历了两代发展，第一代 Orbcomm 系统（OG1）卫星约重 45kg，载有 UHF、VHF 频段通信载荷，下行链路采用 4800 位 / 秒的 SDPSK 调制，上行链路采用 2400 位 / 秒的 SDPSK 调制，与用户单元通信。第二代 Orbcomm 系统（OG2）卫星于 2008 年开始设计，2015 年 12 月部署完成，重约 175kg，一颗 OG2 卫星相当于 6 颗 OG1 卫星，拥有更快的消息传送速度、更大的消息数据量和更高纬度的覆盖能力，同时显著增加了网络容量。此外，OG2 卫星具有自动识别系统（AIS）有效载荷，可接收和报告来自有 AIS 的船只的传输，用于船舶跟踪和其他海上航行及安全工作。

目前，Orbcomm 系统已经广泛应用于交通运输、油气田、水利、环保、资源勘探、工业物联网等领域。

2. 全球星

全球星系统是低轨道卫星移动通信系统。该系统的基本设计思想是利用低轨道卫星组成一个连续覆盖全球的移动通信卫星系统，向世界各地提供话音、数据或传真、无线电定位业务。

全球星系统空间段设计由 48 颗卫星和 8 颗备份卫星组成，分为 8 个倾角为 52° 的轨道面，每个轨道面有 6 颗卫星，轨道高度 1414km，可实现全球南北纬 70° 之间的全覆盖。

第一代全球星系统于 1998 年开始建设，2000 年投入运营，卫星约重 450kg。每颗卫星支持 2800 个双工语音信道或数据信道，终端支持最高 9.6kbit/s 的数据速率。第二代全球星系统于 2010 年开始建设，2013 年 2 月完成组网，共发射 24 颗卫星，卫星约重 700kg，通信能力比第一代全球星系统增加 40%，最高数据通信速率达到 256kbit/s。

3. Hiberband

Hiberband 是一个低功耗全球区域网（LPGAN），用于跟踪或获取来自运输车辆、电

1　OQPSK（偏置四相相移键控），SDPSK（交错差分相移键控）。

力电缆、管道或精准农业传感器等方面的数据。该网络低功耗的主要原理是其将每个地面终端调制解调器长期置于休眠状态，但会根据星座运行信息来计算下一次唤醒时间，一旦唤醒即等待卫星过顶向地面发送广播信号，再根据指令信息向卫星发射数据，从而大幅降低功耗。

2018 年 8 月 Hiber 公司和挪威 KSAT 公司签署长期合作关系，为 Hiberband 创建一个先进和可靠的地网基础设施，地面站网络由一个冗余网络和两个地面站组成，其中一个位于荷兰代尔夫特市希伯尔研究开发中心的顶层，另一个位于挪威斯瓦尔巴特群岛。

Hiber 公司在 2018 年 11 月 29 日第一颗 Hiber-1 发射升空，2018 年 12 月 3 日发射 Hiber-2。这两颗 6U 立方体卫星尺寸为 10cm × 20cm × 30cm，寿命约 3 年。Hiber-3 及以后的尺寸将缩小到 3U，并有可能根据客户需求和资金增加卫星。

4. Fleet Space Technologies

Fleet Space Technologies 公司专注于制造低成本的纳米卫星，用于跟踪牲畜移动、环境、土壤和水监测及供应链物流等领域。该公司计划打造一个超过 100 颗卫星的物联网星座，以建立全球范围的 LPWAN，并结合其 LoRaWAN 支持的门户，打造一个全球连接网络，将直接插入数百万数字传感器。

2018 年，Fleet Space Technologies 公司发射了 2 颗 1.5U 的 Proxima 和 2 颗 3U 的 Centauri 技术验证卫星。前两颗 Proxima1/2 于 2018 年 11 月 29 日发射，2 枚 Centauri1 于 2018 年 12 月 3 日发射。

5. Astrocast

Astrocast 公司是一家纳米卫星和物联网通信网络解决方案提供商，旨在开发一个由 80 颗立方体卫星组成的星座，提供全球 L 波段 M2M 服务，为物联网应用程序提供连接服务。

该星座设计分为 8 个太阳同步轨道面，Astrocast 公司系统能够提供低时延和 256 位加密信道，这些特性允许网络中的节点之间进行安全、高速的通信。

2018 年 12 月 3 日，首颗 Astrocast-1 试验卫星发射升空，随后在 2019 年 4 月 1 日 Astrocast-2 发射开空。目前两颗卫星在轨进行试验。

2018 年 9 月，Astrocast 与意大利 Leaf Space 公司签署地面站协议，为 Astrocast 提供最多 12 副天线来支持其卫星物联网，天线分布在 6 个地点，向 Astrocast 及其全球客户提供专用服务。协议中的天线将由 Leaf Space 公司负责建造和运营，Leaf Space 公司会根据 Astrocast 的项目进展开始建设和扩建其地面站网系统。

2019 年 1 月 6 日，Astrocast 公司宣布启动 3 项卫星物联网试点计划，利用卫星网络，为法国 Actia 公司、西班牙海洋仪器公司，以及瑞士淡水公司提供偏远地区通信与监视服务。

6. Skyand Space Global

Skyand Space Global 是一家通过纳米卫星计划、建造和运营电信商业网络的公司，该公司位于英国，以色列和澳大利亚为首批 3 颗试验卫星提供了全部资金。SAS 网络是

一种适用于物联网、M2M、个人语音和短信的窄带通信网络。

Skyand Space Global公司计划发射200颗卫星，最初的星座将集中南纬15°至北纬15°的赤道覆盖范围内，物联网和窄带VoIP服务将提供给赤道一带的非洲、亚洲和拉丁美洲国家。物联网服务将在北纬18°至南纬18°之间提供，而VoIP服务将在北纬15°至南纬15°之间提供。一旦这200颗卫星投入运营并产生收益，该公司打算将业务扩展到全球系统领域，提供与铱星、全球星和Inmarsat类似的服务。

7. Iridium Cloud Connect

铱星卫星通信系统最初由摩托罗拉牵头开发，初始设计理念是在地球低轨道部署77颗卫星，覆盖地球表面任何地方，满足实时通话需求。

铱星一期星座从1997年开始入轨，66颗卫星运行在780km的太空轨道上，每条轨道上除布卫星11颗外，还多布1~2颗卫星作为备用。铱星使用Ka波段与关口站进行通信，使用L波段和终端用户进行交互。每颗卫星质量在680kg左右，功率为1200W，采取三轴稳定结构，服务寿命5～8年。铱星系统采用了多波束技术，每颗卫星有48个点波束。在相同面积的区域内，铱星系统可提供的语音信道是GEO卫星通信系统的2倍。同时，铱星系统采用极地轨道。

8. 其他

国外公司计划中的其他低轨道卫星物联网系统还有：加拿大Helios Wire公司计划发射30颗卫星构建空间物联网，利用S波段30MHz带宽，支持50亿个传感器；俄罗斯SPUTNIX公司计划到2025年在近地轨道部署约200颗物联网技术卫星。

综上，由于卫星通信具有覆盖广、全天候工作及抗毁性强等优点，国外已经开始建设基于卫星通信的物联网，在数据采集、监控、跟踪定位、报文传递等方面展现出良好的应用前景。

10.2 国内卫星物联网系统

2020年4月20日，在国家发展和改革委员会举办的新闻发布会上，卫星互联网首次明确纳入“新基建”。国家发展和改革委员会新闻发言人在会上表示，“新基建”主要包括信息基础设施、融合基础设施、创新基础设施3个方面的内容，其中信息基础设施主要指新一代信息技术演化生成的基础设施，例如5G、物联网、工业互联网、卫星互联网为代表的通信网络基础设施等。

卫星物联网星座建设完成后，可服务于物流运输、重型机械、固定资产、农林牧渔等多个领域，与地面电信网络一起，为全球范围内，特别是无地面网络覆盖区域（海陆空天）的各类设备提供“万物智联”的准实时通信服务。

目前我国卫星物联网星座建设主要有3个项目，主要集中在UHF频段、VHF频段、L波段。国内卫星物联网建设情况见表10-2。

表 10-2　国内卫星物联网建设情况

星座	九天微星	天启	行云
卫星数量 / 颗	72	38	80
轨道类型	LEO	LEO	LEO
波（频）段	UHF、VHF	UHF、VHF	L
组网进度	在轨 8 颗卫星，未来将发射更多，正在进行技术验证	在轨约 14 颗卫星，组网使用	在轨 2 颗卫星，正在开展验证试验
应用	物流运输、重型机械、固定资产、农林牧渔等	地质灾害、水利、环保、气象、交通运输、海事和航空等监测	全球信息覆盖传输，为集装箱、工程机械、地灾监测等提供保障

1. 九天微星

九天微星成立于 2015 年，是从事微小卫星创新应用、通信系统研发及星座组网核心技术研发的企业。九天微星现有多颗商业通信小卫星批量在研，将持续储备批量化、低成本卫星平台生产的能力，并进行前沿技术验证。

2018 年 2 月 2 日，九天微星自主研发的首颗卫星“少年星一号”顺利升空，用于进行物联网用户链路验证。12 月 7 日，九天微星“瓢虫系列”7 颗卫星升空入轨。主星瓢虫一号为中国民营商业航天首颗百公斤级卫星，研制周期为仅为 11.5 个月。其余 6 颗为批量化生产的立方星，3 颗 6U、3 颗 3U，研制周期为 10 个月。瓢虫系列 7 颗卫星用于进行物联网系统级验证和百公斤级卫星平台验证。12 月 9 日，“瓢虫一号”能源系统、姿控系统、星务系统、测控通信系统、热控系统均稳定工作。

截至 2019 年 1 月 21 日，瓢虫系列已完成两项重要技术方案的在轨验证。一是在 6U 立方星上实现 65W 最大功率，二是在 6U 平台采用刚柔结合电池阵设计方案，后续将基于数字相控阵技术开展物联网应用场景验证。

2020 年启动星座组网和正式商用，将分阶段完成轨道高度为 700km 的 72 颗商业通信小卫星部署，用 72 颗卫星接入海量物联网终端，最终再平滑演进到宽带星座，成为我国首个正式商用的物联网星座。

九天微星物联网星座能形成一个强大的物联网数据网络，实现全球广域低功耗通信终端的准实时数据采集、数据交互助力 5G 发展，支撑工业信息化建设。物联网星座部署完成后，可服务于物流运输、重型机械、固定资产、农林牧渔等多个领域，与地面电信网络一起，为全球范围内，特别是无地面网络覆盖区域（海陆空天）的各类资产提供“万物智联”的准实时通信服务。

2. 天启星座

天启星座由 38 颗低轨道、低倾角小卫星组成，其中 36 颗采用轨道高度 900km、轨道倾角 45°，每一轨道面有 6 颗卫星，共 6 个轨道面，另外还有 2 颗太阳同步轨道卫星。

2017 年 11 月 15 日，天启卫星物联网系统核心模块成功发射并完成在轨验证。截至 2019 年 9 月，天启卫星物联网系统已成功发射 3 颗卫星并组网运行，对同一地点可提供

一天至少5次的信号传输，每次通信时长为10～15min。2019年9月8日，天启卫星物联网系统正式上线提供服务。

天启星座的一大亮点是在技术上实现了百毫瓦级终端的突破。传统卫星通信终端难以做到1W以下的功率级别，天启星座的目标是通过独特的通信体制将终端发射功率控制在100～500mW。2019年6月发射的天启三号卫星的在轨测试表明，在低倾角的条件下，终端发射功率仅需500mW仍然能保持90%以上的接入成功率，并行用户接入数量也可满足设计要求。

天启物联网星座除了能有效解决地面网络覆盖盲区的物联网应用，还广泛应用于地质灾害、水利、环保、气象、交通运输、海事和航空等行业部门的监测通信，有效解决制约智能集装箱产业发展的关键通信问题，从而极大加速这个百亿级市场的产业化进程。

3. 行云星座

"行云工程"是中国航天科工四院旗下航天行云科技有限公司计划的航天工程，该工程计划在2023年前发射80颗行云小卫星，建设中国首个低轨道窄带通信卫星星座，致力于打造最终覆盖全球的卫星物联网。

根据计划，行云科技的80颗行云小卫星，将分α、β、γ3个阶段逐步建设系统。其中在α阶段，计划建设由"行云二号"01星与02星组成的系统，同步开展试运营、示范工程建设，2019年11月19日，"行云二号"01星、02星已完成组装，将发射入轨，并开展行业试点和应用测试；在β阶段，将实现小规模组网；在γ阶段将完成全系统构建，并开拓国内及"一带一路"等国外市场。

该系统建成后，将彻底解决地面通信的"盲区""痛点"。现阶段，全球超过80%的陆地及95%的海洋，移动蜂窝网络都无法覆盖。但有了卫星物联网，这一切都将被改变。该系统为物联网通信覆盖不到的区域，包括空间、海洋、沙漠、岛屿、森林、无人区等提供数据传输等通信，在海洋船舶、集装箱、工程机械、地灾监测等领域提供真正的"全球通"通信保障服务能力。

综上，国内外已经掀起了地面物联网研究和建设的高潮，也已有关于卫星物联网的尝试，但其出发点主要基于卫星通信系统实现物联网应用，其重点在于通信链路和传输通道的设计和建设，而没有从云、网、端3个方面进行面向物联网应用的卫星物联网综合设计。因此，还不能向用户提供一个完整的物联网解决方案。

10.3　卫星物联网的发展现状分析

事实上，卫星物联网并非全新的概念，从20世纪90年代末，以铱星（Iridium）、全球星（Globalstar）、轨道通信（Orbcomm）等为代表的低轨道移动星座均支持此类服务，并持续推动应用范围和深度不断拓展。

近年来，利用低轨道立方星星座来满足日益增长的M2M和物联网需求，成为业界关注的焦点。目前，全球提出星座计划的公司已经达到20余家，多家新兴运营商均发射了多颗试验星和业务星，行业发展呈现多头并进格局。

10.3.1 传统运营商发展布局分析

从轨道分布来看，GEO 卫星、LEO 两种轨道配置均被用来提供物联网服务，且各具优势；从工作频段来看，L、S 波段是卫星物联网服务的首选频段，终端设备技术复杂度相对更低，且能够满足船舶跟踪、远程资产管理等非实时性、窄带通信业务的需求；从业务布局策略来看，传统卫星运营商大多在提供卫星移动通信服务的基础上，向低速 M2M 和物联网领域拓展，例如，Inmarsat 凭借其长期的移动通信业务资源积累，在航空、航海物联网等垂直行业内取得了明显的优势，而 Orbcomm 从成立之初就专注于该领域的业务发展，已形成成熟的工业物联网运营框架，拥有从用户终端设备到网络应用软件的一系列解决方案；从分布区域来看，传统卫星运营商的卫星物联网业务大多布局于地面通信覆盖率较差的非洲、中东、拉丁美洲等地区，以及加拿大、澳大利亚等国土面积较大或人口分散较广的国家。

10.3.2 新兴初创企业发展现状分析

从轨道分布来看，新兴初创企业均选择将系统部署在 LEO 轨道；从卫星类型来看，初创企业均选择小卫星（更多是立方星）组网来开展物联网业务，主要因为近年来小卫星研制技术日趋成熟，研制和生产成本不断降低，对初创企业缩短建设周期、降低研制成本、快速组网和迅速占领市场有较大优势；从星座规模来看，新兴初创企业拟组网的卫星数量多为数十颗或百余颗，相比卫星互联网领域的数千颗甚至上万颗的规模差距甚大，且应考虑目前卫星物联网的应用场景大多对通信时延有较高的容忍度，单星支持设备连接量很大，企业无须扩大规模来提高传输速率；从卫星制造商角度来看，初创企业倾向于选择新兴小卫星制造商来开发卫星星座，但也不乏纳米航空电子设备公司这类提供“一站式”服务的企业，该公司具备先进的小卫星制造技术，将液体化学推进技术首次应用到小卫星上。

10.3.3 互联网企业卫星物联网布局分析

除了卫星企业，全球主流互联网公司在物联网领域也有布局，并相继推出了自己的物联网云服务平台，并与卫星运营商积极开展合作，利用双方的技术形成优势互补，推动行业应用快速发展。其中，亚马逊的 AWS 平台是当今接入最广泛的云计算平台。凭借其强大的云计算技术，亚马逊已经和 Iridium 合作，旨在建设全球覆盖的卫星物联网服务平台— CloudConnect。此外，亚马逊拟发射由 3236 颗小卫星组网的星座，该星座虽然主要面向宽带互联网市场，但也可以支持卫星物联网数据的中继传输。

10.4　卫星物联网的发展趋势

1. 卫星物联网与卫星互联网协同发展

目前，卫星物联网的应用环境与卫星互联网高度重合。同时，卫星物联网目前存在以下两种网络架构。

① 卫星与传感器互联、直接采集数据。

② 卫星与传感器基站节点相连 + 基站采集传感器数据。卫星互联网将成为第二种网络架构中传输层的重要支持手段。

此外，由卫星互联网催生的消费型应用通过开放型接口连接物联网设备，为卫星物联网的推广起到积极的推动作用，未来，基于两者融合的创新型应用产品将进一步开拓卫星物联网市场。

2. 高低轨道联合提供卫星物联网新型解决方案

近年来，低成本的 LEO 物联网星座逐渐得到 GEO 卫星运营商的重视，后者加快战略投资、推动在低轨道领域的布局。

早在 2017 年，Thuraya 就已经和宇宙播报公司达成合作，扩展各自的产品和服务类型，开拓卫星物联网进入市场的通道。2018 年，Eutelsat 也宣布针对物联网市场启动星座项目，并已和物联网企业 SigFox 建立了战略合作关系。卫星物联网创企 Myriota 于 2019 年 8 月同澳大利亚最大的 GEO 卫星运营商 Optus 合作，结合高低轨道卫星各自优势，共同服务于卫星物联网市场。可以预见，高低轨道运营商合作，共同打造立体式的物联网服务模式，将为行业提供卫星物联网发展的新解决方案。

3. 卫星物联网与地面物联网将实现优势互补

类似于天基互联网与地面互联网的关系，卫星物联网首先是作为地基物联网的重要补充。卫星为地面物联网系统难以覆盖的区域提供稳定的接入服务，从而满足偏远地区、航空、航海等应用场景的物联网生态系统建设。此外，在地面通信系统基础设施遭到破坏时，由卫星提供临时性的通信服务，以维系地基物联网系统的持续性运行。Inmarsat 于 2019 年与物联网业内巨头 Actility 合作，为卢旺达打造“智慧城市”。该项目利用卫星移动通信与地面蜂窝通信的集成，在基加利全市范围内提供物联网服务，是卫星物联网与地基物联网优势互补、协同发展的范例。

4. 跨领域合作推动卫星物联网技术持续升级

未来的物联网是无线传感技术、通信技术、云计算、大数据、人工智能等技术高度集成的系统工程，很难有企业能够在每个领域都提出行之有效的物联网解决方案。目前，Iridium、Inmarsat 等传统卫星运营商，利用自身的卫星通信网络，与亚马逊、微软等互联网公司的先进云平台相结合，优化其固有的物联网解决方案，保持行业竞争力。随着卫星物联网产业链的不断完善与扩充，跨领域技术合作模式将会以更深的层次出现在卫星物联网市场中。

5. 卫星物联网市场不断细化并向智能化转型

传统卫星运营商早在 20 世纪就为航空、航海、沙漠等极端场景的用户提供资产跟踪等类似物联网的业务。随着用户终端小型化、无线传感技术智能化、时延容忍应用场景多元化，卫星物联网的应用由传统的资产监控、物流、海事等领域向精准农业、智能工业、智慧牧业等新兴方向发展。而新兴技术的爆发式发展，也正在推动着地基物联网产业边界的不断扩充。

美国北方天空研究公司（NSR）针对卫星物联网的市场需求进行了预测，全球低轨道卫星物联网市场的发展趋势如图 10-1 所示。目前所有规划中的低轨道卫星星座仍处于建设的起步阶段，卫星物联网市场的规模较小，处于千万美元以下级别。但随着各大星座的建成和使用，卫星物联网的市场规模将迅速扩大，2027 年预计将达到 1.3 亿美元，平均年增长率接近 70%。

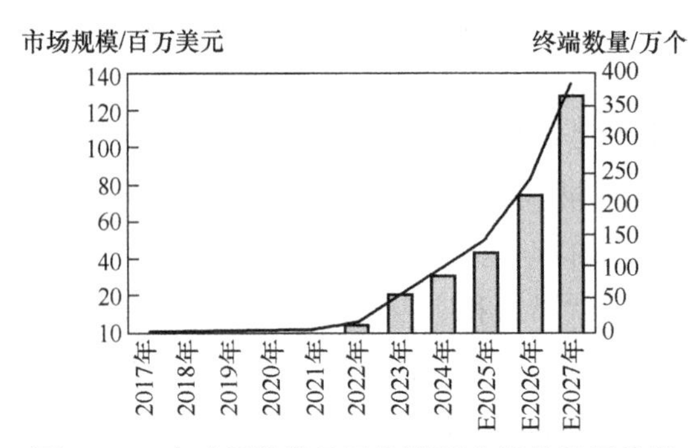

图10-1　全球低轨道卫星物联网市场的发展趋势

届时，通过卫星物联网获取应用的终端数量将在2027年突破370万个，在全部卫星物联网终端数量中的占比将达到三成以上。

从市场规模来看，根据英国市场研究公司 ABIResearch 的预测，到 2024 年将有 2400 万台设备通过卫星实现物联网接入，而由此产生的卫星物联网产业链将得到进一步的完善与发展。麦肯锡公司预测，卫星物联网的产值在 2025 年预计可达 5600 亿美元至 8500 亿美元。根据 NSR 预测，未来 10 年，亚洲将成为卫星物联网收入复合增长率超过 10% 的唯一区域，且到 2027 年将成为卫星物联网市场收入最高的区域之一，并将缩小与北美市场的差距。2027 年全球各地卫星物联网市场分布预测如图 10-2 所示。

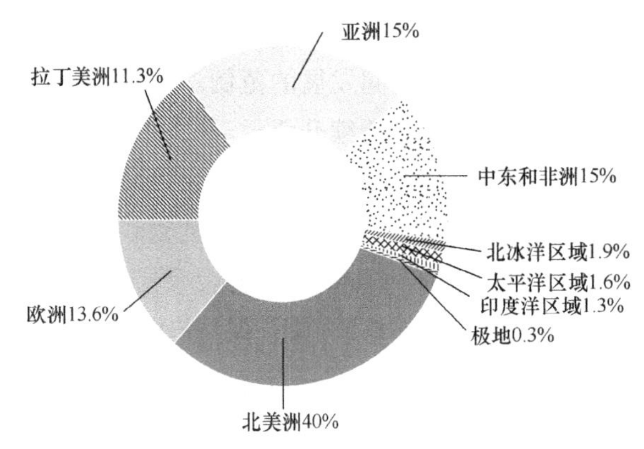

图10-2　2027年全球各地卫星物联网市场分布预测

10.5　卫星物联网的技术挑战与关键技术

10.5.1　卫星物联网的技术需求

卫星物联网相对于现有的基于公网基础设施的物联网在服务的连续性、泛在顽存、弹性灵活性 3 个方面具有较大优势，在远洋物流、电力能源设施监测与维护、环境监测、抢险救灾等行业应用专网领域具有较好的应用前景。

一是服务的连续性方面，人口密集区域是部署陆地网络主要的考虑因素，目前全球部分地区没有陆地，因而也没有移动通信网络覆盖，这导致跨国网络运营商漫游接入的复杂问题，例如远洋物流、陆地长途货运、航空运输等物流平台无法利用地面的 4G/5G 移动通信网络提供连续性的物联接入服务。而基于 5G 技术体制的低轨道星座卫星物联网可以提供全球范围的物联接入能力，与地面网络形成互补，有效满足上述服务连续性的需求。

二是服务的泛在顽存方面，在海洋环境监测、远海维权监测、地质灾害监测与抢险救灾专网应用方面，卫星物联网不需要在人迹罕至的海上或山区等复杂地理条件下部署基础设施，相比地面网络具有更高的经济价值和更佳的容灾抗毁能力。

三是服务的弹性灵活性方面，在某些能源电网基础设施广域协同控制、海量物联终端软件升级等应用场景下，采用地面的专网基站进行广播发送，存在能效低下、同步协同困难等问题。广域多播能力是卫星网络的天然优势，一个卫星波束的覆盖范围相当于上千个地面物联网节点（基站）的覆盖范围，能较好地满足上述场景对通信网络的需求。

10.5.2　卫星物联网技术挑战

与地面物联网相比，卫星物联网的特殊性主要是传输信道不同，即利用低轨道通信卫星作为中继来实现物联网信息的传输。因此，采用低轨道卫星实现物联网主要面临以下技术挑战。

① 一个地面基站的覆盖范围一般在数千米量级，而一颗卫星的覆盖范围通常在数千千米量级，需要服务的终端数量巨大。

② 由于低轨道卫星围绕地球做高速运动，卫星波束将以每秒几千米的速度掠过地面，不仅会引发较大的多普勒频移，而且容易导致网络连接关系的动态变化和频繁切换。

③ 地面物联网终端的通信距离一般是千米量级，而卫星物联网终端的信号传播距离通常是上千千米量级，会导致产生非常大的传播损耗和较长的传播时延，对低功耗设计和通信协议造成不利影响。

④ 受限于其体积、重量和能源，卫星的频率资源、功率资源和处理能力也都受限。此外，低轨道卫星物联网必然面临频谱资源受限、万物互联的安全可信问题等。

⑤ 存在严重同频干扰的情况下，需要考虑如何满足物联网终端小型化、低功耗、低

成本、大连接的要求。因为低轨道卫星物联网的波束覆盖范围大，覆盖区域时变具有动态性，所以必须做到全球频率协调才能避免同频干扰；如果无法做到全球频率协调，要争取在重点服务区域进行频率协调，获得干扰保护，从而支持小终端；在没有频率协调的情况下，技术体制要做到既不干扰别人，也不怕被干扰。

⑥ 地面物联网主要由终端移动引发移动性切换，卫星物联网中移动性切换的触发是双向的。从终端侧来看，包括终端的位置移动（例如个体移动、传感设备随汽车、动车移动等），及终端业务需求的移动。从网络侧来看，包括卫星节点的高速运动，导致星地、星间链路的断续连通及网络状态的移动，例如信道状态的变化、网络拥塞等。进一步地，终端侧业务与移动场景的复杂性会加剧双移动中的移动性管理难度。卫星物联网的业务类型众多，传输的数据类型、持续时长、业务量、频率、峰值时段等个性化显著。终端移动范围与速度差异化明显，从个体低速移动到飞机超高速运动，移动范围从小区内可延伸到整个地球。相对于地面物联网主要由终端移动引发移动性切换，双移动现象中的移动性管理更复杂。

因此，需要针对低轨道卫星物联网的特点解决以下关键技术。

（1）低轨道卫星物联网体系架构设计

针对LPWA的应用需求和低轨道星座卫星通信系统的技术特点，结合地面蜂窝移动通信和物联网的设计思想和发展趋势，从感知、网络和应用不同层面进行低轨道卫星物联网的体系架构设计。

（2）海量用户随机接入方法

针对LPWA物联网海量连接的需求，结合卫星资源有限性和共享性的特点，以解决卫星“传输距离远、资源能力有限”与物联网用户“海量连接、低功耗广域”之间的矛盾、满足用户随遇接入的需求为目标，研究海量用户接入方法，重点解决海量连接条件下用户上行链路随遇接入策略和面向全球应用的下行链路用户寻址策略。

（3）大容量并发信号可靠接收技术

卫星覆盖范围广泛，一个波束内可能包含大量的终端，信号碰撞是一种常态，多址接入方式则必须接受这种碰撞。采用自干扰消除是一种有效的碰撞解决方案，但对于大容量并发信号来说，可能找不到不发生碰撞的信号，即没有干净的副本。利用信噪比差异和已知的信号特征参数，通过信号分离技术检测具有最强信噪比的信号，通过信号重构和信号抵消技术，在原有的混合信号中消除已解出的信号，从而降低碰撞对系统性能的影响。

（4）资源动态管控策略

针对物联网业务种类多、业务特征和工作环境差异性大、电磁环境复杂，难以事先预知的特点，通过研究资源动态管控策略，以满足不同应用、用户和工作环境对于网络通信方式、传输能力、安全性的不同要求；研究面向任务和网络预测的系统资源预留和管理方法，提升网络资源利用率，并满足特殊用户和应用的服务质量需求。

（5）低轨道卫星物联网传输体制

针对电磁频谱资源严重不足和多系统同频工作的现实，应面向小型化、低功耗、低

成本应用需求，结合当前地面主流物联网技术（如 NB-IoT、LoRa）和卫星信号传播距离远、终端分布范围广、应用场景差异性大的特点，通过分析不同用户和应用的终端形态、技术需求、工作环境和应用场景，重点研究频谱共享策略和免配置自适应传输体制，实现对用户的随需覆盖和对资源的高效利用。

（6）低轨道卫星物联网高效可信协议

针对低轨道卫星物联网终端分布范围广、信号传输时延高、工作条件不可控、可维护性欠佳等特点，技术人员研究适合卫星物联网的高效通信协议，以消除较大时延、终端开机时间短、处理能力弱对协议性能产生的不利影响；提出轻量级安全防护机制，解决终端存储处理能力有限、大部分时间不在线、使用环境不可控对信息安全造成的不利影响。

10.5.3 卫星物联网空口适应性设计

1. 多普勒频移补偿技术

在卫星通信中，特别是低轨道卫星通信，多普勒频移比较大，会影响频率同步，进而影响系统性能。考虑卫星物联网主要工作在 L 波段（2GHz 以下），多普勒频移值与变化率见表 10-3。

表 10-3 多普勒偏移值与变化率

最大多普勒频移 /kHz	归一化多普勒频移	最大多普勒频移变化率 /（$Hz \cdot s^{-1}$）	LEO 轨道高度 /km
±48	0.0024	544	600
±41	0.002	258	1175
±40	0.002	180	1500

系统的频率误差部分包含多普勒频移偏差和时钟晶体振荡器偏差，多普勒偏移需要考虑终端的移动和卫星的移动所带来的影响，而时钟的频率误差还包含卫星、终端部件引起的晶体振荡器误差。多普勒偏移的估计和补偿分为闭环和开环两种模式，闭环模式指的是终端不具备星历信息和 GNSS 的定位能力，因而需要基站对频率偏差进行指示，而开环模式则依赖于星历信息和 GNSS 定位能力，终端可以基于星历信息和位置信息进行多普勒计算，进而获得实际的多普勒偏移值，提前进行多普勒补偿，开环模式比较适合物联网终端应用，可有效降低终端的复杂度及成本。

对于每个波束，假设将波束中心设为参考点，卫星基站侧需要补偿波束中心点的下行多普勒偏移，物联网需要处理的多普勒偏移是终端所在的位置相对于波束中心点的多普勒偏移值，称之为多普勒残差，残差值比多普勒偏移绝对值小得多，取决于小区半径大小，处于 L 波段，数值一般为 1 ～ 2kHz。

对于多普勒残差的估计和补偿，当星历信息和位置信息较为准确时，终端可以估算相应的多普勒差值，从而进行补偿，如果星历信息存在一定偏差时，下行可以通过同步信号进行信号跟踪和补偿，消除下行的多普勒偏移。卫星基站侧需要进行基于波束中心点的多普勒频移后，补偿上行的多普勒偏移，每个终端仅进行对于波束中心的多普勒预补偿，剩余补充由卫星基站根据中心点情况进行补偿。

2. 低轨道卫星长时延信道补偿设计

（1）长时延相对补偿和绝对补偿过程

低轨道卫星物联系统的时延补偿可以采用相对补偿和绝对补偿。相对补偿是指用户特定定时提前，即物联终端仅补偿小区内相对于参考点的差异时延部分，卫星基站侧维护公共部分时延。公共时延是指卫星基站到覆盖区公共参考点的链路时延，物联网终端相对时延是终端根据自身的位置和公共参考点推算的传输时延。低轨道卫星时延分析见表10-4。

表10-4　低轨道卫星时延分析

LEO 轨道高度仰角 10°	LEO600			LEO1500		
	EOC 路径	最大路径差	UE 特定 TA 最大值	EOC 路径	最大路径差	UE 特定 TA 最大值
星下点和 EOC 路径及差分单向时延	1932km	1332km	4.44ms	3647km	2147km	7.158ms
时延离散与最大时延相比（弯管模式）	31.26%			27.8%		
时延离散与最大时延相比（星载基站模式）	67%			58.9%		

终端时延补偿步骤如下。

① 终端获取网络通知的参考点信息。

② 基于星历信息和位置信息获得卫星的距离，并计算和参考距离的差值。

③ 终端补偿定时差值并发送上行窄带物理随机接入信道（NPRACH）的信号。

基站时延补偿步骤（以再生模式为例）如下。

① 基于公共参考位置计算用户链路的参考距离和参考时延。

② 根据用户链路的参考时延调整基站的定时，然后检测上行 NPRACH 的信号，获取残留的定时差值。

随机接入信号发送和相对定时补偿如图10-3所示，物联网终端以初始定时补偿信息（TA）发送 NPRACH 的信号后，获得 NPRACH 响应信息，其中指示终端所需的额外的（TA）补偿信息，最后终端基于初始（TA）和额外（TA）获得总的上行用户特定（TA）。

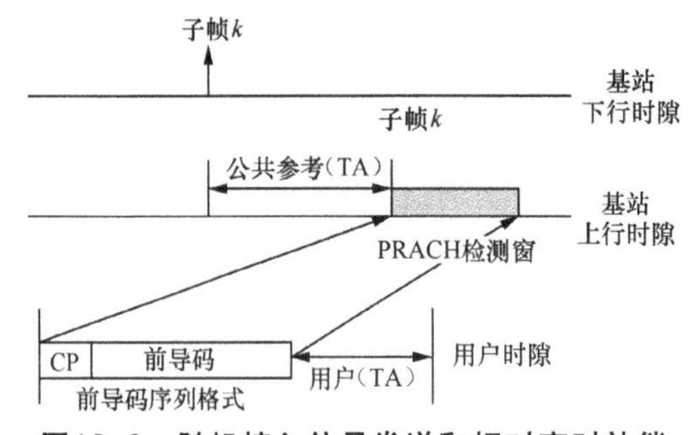

图10-3　随机接入信号发送和相对定时补偿

（2）PRACH 增加设计

因为物联网终端采用开环设计模式，所以终端包括星历信息，并具备定位能力。虽然能获得相对准确的频率和定时估计信息，但是还需要考虑鉴于卫星运动和终端移动造成的多普勒残差、定时估计造成的时延估计残差，以及星地信道信噪比低等问题对随机接入带来的影响，需要接入信道 NPRACH 前导码，采用增强发送方案设计。

为了应对定时估计造成的时延估计残差，需要足够大的循环前缀（CP），建议 CP 的取值应考虑能应对 100km 的时延估计残差，同时为了降低 CP 的开销，可以采用 CP 插入设计，对于 k 个重复的长度为 $k \times N$ 的前导码符号组，只添加一个长度为 Ncp 的冗余 CP，形成一个前导码符号组，并且对前导码符号组在子载波间进行随机跳重复发送，以应对星地低信噪比传输环境，提高单次接入过程成功概率。可以看出，k 的数值越大，CP 的开销越低，但是 k 的取值应当在信道相干时间允许的范围内，否则会导致载波间干扰的恶化。

10.5.4 海量物联接入技术

ITU 定义的 5G 三大场景之一就是 mMTC。这意味着，在未来，移动蜂窝网络中将会部署大量的机器类通信设备。海量以上行通信为主的物联网设备部署在移动通信网络中必然会引起网络拥塞等问题，从而影响网络的接入性能。因此，无论是在地面物联网还是在卫星物联网中，如何大幅提升系统对设备的接入能力成为技术人员迫切需要解决的问题。

对于海量终端接入网络而言，其设备数量巨大，小区内同时发送的接入请求数量增加，会导致随机接入前导码不足，随机接入过程中发生前导码碰撞的概率也会急剧升高，从而引起无线接入网络拥塞。而无线接入网络拥塞则会导致系统的成功接入率降低，且没有成功接入的终端会在以后的接入时隙继续发送前导码，将进一步加剧网络的拥塞，同时造成增加中观接入时延，因此解决无线接入网络拥塞问题是提升系统接入能力和缩短设备接入时延的关键所在。

目前，国内外已有大量针对机器类终端接入的研究工作，大部分集中于随机接入控制机制的优化和改进。主要体现在 3GPP 所提出的分类接入机制、专属退避机制、分时接入、寻呼机制、随机接入信道分配等多个方面。分类接入的主要思想是通过控制接入网络中的设备数量来缓解网络拥塞，并通过对基本机制进行改进以提升其他性能（例如，时延、接入成功率等）。退避机制的主要思想是基于时隙 ALOHA 在碰撞发生之后退避一段时间后再接入，具体的退避方式包括针对不同类型设备使用的单独退避、以实现单个时隙内最大吞吐量为目标的 S-ALOHA 等。分时接入的主要对象是时延容忍类物联网设备，通过对这些设备分别设置单独的接入时隙以实现分开接入，同时避免大量设备同时接入而造成网络拥塞。寻呼机制主要是针对具有定时上传数据特点的物联网设备，由基站或者特定的 MTC 设备发起随机接入过程，减少网络中随机接入前导码的竞争，可在一定程度上缓解网络拥塞。

目前，国内外学术界也在积极讨论面向地面 5G 移动通信系统的海量接入技术，包括非正交多址接入技术和免调度接入技术。在低传输速率下，非正交接入相对正交接入能有更高的节点“过载率”，相同频谱下可以支持更多的接入；而在免调度接入方式下，只有当用户需要发送数据时才进入激活状态并发送数据，不发送数据时即进入休眠状态，这样能简化物理层设计和流程，节省信令开销，降低节点功耗和成本。非正交和免调度相结合，可以很好地解决链接密度、信令开销、终端复杂度和功耗问题，最终低成本、低功耗、高效地实现 5G 海量接入场景。

10.5.5 移动性管理关键技术

为了有效应对双移动、广域覆盖和需求非均匀等因素对卫星物联网移动性管理带来的新挑战，现从移动性管理架构、移动性预测技术和移动性管理增强技术 3 个方面展开讨论。

（1）移动性管理架构

传统卫星网络的移动性管理技术更多地借鉴了 IP 网络模式，采用集中式的移动性管理架构，难以支持双移动、广域覆盖和需求非均匀等因素引发的复杂移动性管理场景，面临扩展性低、信令开销大和管理力度缺乏等问题。以卫星为切换锚点、地面网关为位置锚点，采用标识与位置分离的思路，可设计分布式的移动性管理架构，该架构能够实现对移动终端动态、分布式的位置管理。以地面控制中心为控制器负责路由、切换和资源分配，生成高轨道同步卫星广播转发流表。以低轨道卫星为交换机的软件定义多层卫星网络架构近年来受到关注，基于该架构，可考虑软交换的卫星切换策略，同时维持两条链路，保证终端始终通信状态，终端切换后可以触发控制器，全局更新转发流表。

针对地面站单控制器方案存在的单点失效、扩展性弱和时延高等问题，可以考虑使用分级控制方案。基于软件定义的卫星网络移动性管理架构如图 10-4 所示，管理平面

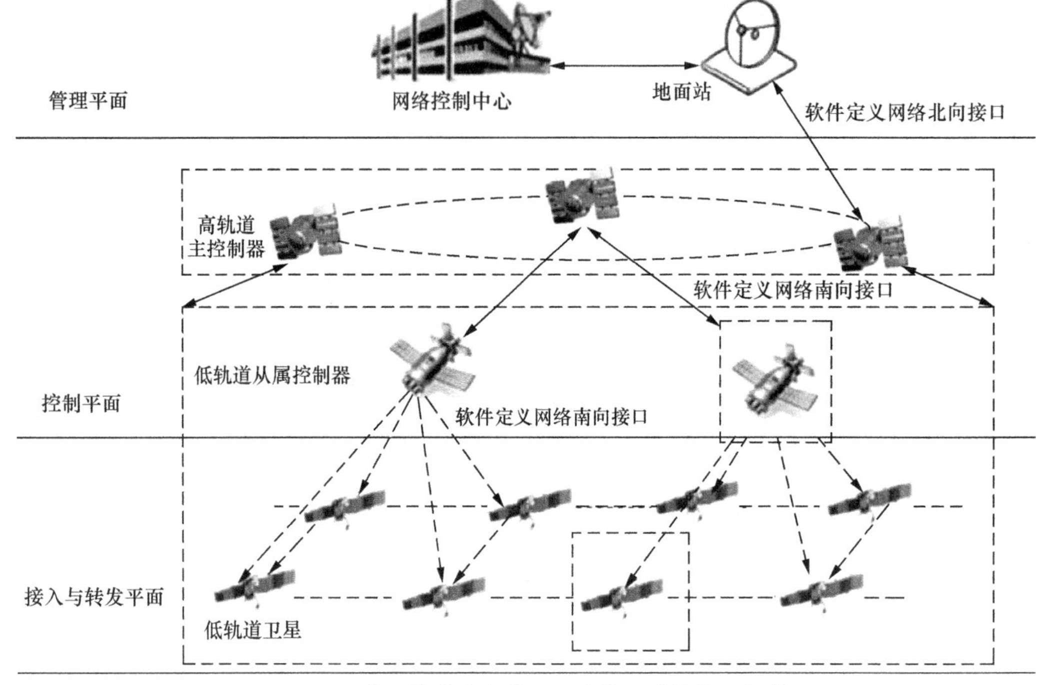

图10-4　基于软件定义的卫星网络移动性管理架构

负责网络的管理、维护和移动性管理策略生成，部署在地面网络控制中心。控制平面可采用分级控制方案，包括高轨道主控制器和低轨道从属控制器。一方面，GEO卫星的网络主控制器根据地面控制中心生成的移动性管理策略进行切换管理，LEO的网络从属控制器一方面补充GEO卫星无法覆盖的极地地区的移动性管理；另一方面，可根据业务分布及服务质量需求灵活配置并部署，以适应需求非均匀的特点。接入与转发平面负责终端接入控制和数据转发，由LEO构成。

（2）移动性预测技术

采用移动性预测进行切换判决是一种降低切换时延的有效方法，其能够提前预测移动终端的位置，为移动终端预留网络资源并实现预切换，从而保证服务质量。一方面，可以预测卫星运动，有助于在端点之间选择最优切换路径，避免不必要的切换；另一方面，可以通过对个性化业务、多样化移动场景和复杂切换环境的预测，提高切换效率。在物联网业务特征研究方面，目前已有文献给出了车联网、智能家居、智能农业、智能安防等典型物联网业务的特征参数，针对物联网终端数据分组发送次数频繁、小数据通信的特性，对物联网中MIM业务流进行建模。针对业务特征、移动场景的研究能够为移动性预测提供有效的技术支持，综合终端侧移动与业务的预测和网络侧的运动与状态，是应对双移动现象的一种可行性解决方案。

（3）移动性管理增强技术

面向海量物联网终端，对于业务时延不敏感的物联网终端，由于上行数据发送无线信号质量较差，会严重影响终端能耗，可根据业务的时间容忍程度配置不同的传输时延。对具有弱移动特征的物联网终端，通过调整移动性管理的频率或简化管理过程来降低信令数量。对具有群组特性的物联网终端，网络可以统一管理整个组，降低冗余的信令。

面向下一代网络泛在连接，可以利用异构融合网络（地面蜂窝网、无线局域网、卫星网络）各自的优势，增强对终端的移动性支持。一方面，终端可以选择在最佳服务网络中切换；另一方面，终端可同时保持与多个无线接入网络的连接，对于不同的应用可使用不同的网络连接。

10.6　卫星物联网应用分析

10.6.1　卫星物联网的应用领域

农业管理、工程建筑、海上运输和能源行业将成为卫星物联网最重要的应用方向，并将对相关行业的发展模式产生重大影响。卫星物联网的应用领域有以下5种。

① 海洋、森林、矿产等资源的监视与管理。

② 森林、山体、河流、海洋等地区灾害的监测、预报。

③ 深海、远海的海洋监测管理，海上浮标、海上救生等。

④ 交通、物流、输油管道、电网等监控管理。

⑤ 野外环境下对珍稀动物的跟踪监测。

农业应用方面，可以通过卫星物联网收集大面积农场的土壤成分、温度、湿度等数据，经过科学分析后得出利于农产品生产的最优方案。

工程应用方面，卫星物联网能够实现偏远地区土木工程项目的远程监控。卫星物联网在土木工程行业的应用将主要由拉丁美洲、中东、非洲和亚洲等发展中经济体推动。

海运应用方面，卫星物联网能够全程跟踪海上船舶和集装箱，提高货运效率。根据麦肯锡预测，卫星物联网在集装箱跟踪中的进一步集成应用将产生巨大的经济效益。

能源应用方面，通过卫星物联网监控天然气、石油和风能等能源在市场上下游的流动数据，可以得到投资回报比更高的解决方案。另外，水资源监控可以提高缺水地区的水资源利用率，有助于该地区的可持续发展。

10.6.2 卫星物联网的业务特点

根据业务特点的不同，卫星物联网的业务分为四大类。

① 数据采集（参数采集类）：低速、非时敏。

② 数据采集（图像 / 视频采集类）：高速、时敏 / 非时敏。

③ 数据广播：低速 / 高速、时敏 / 非时敏。

④ 指挥控制 / 交互：低速、时敏。

以布设在输油管道、输电线路、海洋浮标、森林草原、边境海岛等区域的传感器监测的采集类数据为例介绍其业务特点。此类数据由于内容主要是一些格式固定的参数信息，数据量小，通常在比特量级。因此，对传输带宽、传输速率、硬件要求不高，终端容易做到小型化，适合大范围布设，用户数量比较多。不同应用的业务特性差异性比较大，包括静态参数（管道状态、输电线路覆冰情况、海水温度、洋流速度）、位置或移动特性（浮标运动状态、野生动物运动轨迹等）、图像或视频应用特性（边境视频监控、野生动物图像、海底遥感信息等）。典型参数采集类物联网业务的主要模型参数见表 10-5。

表 10-5　典型参数采集类物联网业务的主要模型参数

参数指标		参数值		
激活频率	事件触发	静止参数特性	位置或移动特性	视频应用特性
单次数据量		10 ～ 50byte	10 ～ 50byte	流
平均带宽需求		600bit/s	600bit/s	128kbit/s
移动速度 /（$km \cdot h^{-1}$）		无	0 ～ 20	无
位置精度		无	米级	无
QoS		中	高	高
通信连续性		否	否	是
忙时时段 /h		0 ～ 24	0 ～ 24	0 ～ 24

10.7　发展展望和潜在技术

10.7.1　卫星互联网发展趋势与展望

（1）与地面 5G 深度融合，加速 6G 布局

从 20 世纪 90 年代开始，随着移动卫星通信的发展，关于卫星与地面移动通信相互融合的讨论与尝试从未停止。地面移动通信系统为用户提供了便捷的服务，然而在山地、荒漠及海上等地区，由于基站架设困难，卫星通信系统成为地面移动通信系统的补充和延伸。随着地面移动通信系统的不断演进，卫星与地面的相互融合也随之不断发展。

3GPP、ITU、CCSA 在内的标准化组织成立了专门工作组着手研究星地融合的标准化问题，讨论卫星接入下一代移动网络的场景和技术，重点研究场景和相关系统参数、信道模型等信息。业内的部分企业与研究组织也投入星地一体化的研究工作，Sat5G、中国信息通信研究院、中国卫通、银河航天等单位初步试验验证了卫星通信与 5G 体制融合的可行性和效果。

相较于 5G，6G 将在传输速率、网络容量、传输时延等关键环节实现巨大提升。6G 时代的网络覆盖和业务服务范围将向空间拓展，天星地网将构成一个整体，向用户提供无感的一致性服务，采用协同的资源调度、一致的服务质量、星地无缝地漫游。

（2）应用更加多样化且与多种技术融合

基于卫星的广覆盖、不受地理灾害影响的特点，以及卫星能力的提升，卫星互联网系统的应用场景将越来越丰富，除为传统通信卫星服务的地面电信运营商、政府、企业等部门提供天基的干线传输应用外，个人应用逐步成为卫星通信的应用主体之一。同时，服务内容也正在从视频广播和话音业务转向数据业务、物联网等业务。卫星通信系统通过搭载多功能载荷，可实现卫星数据采集与交换、遥感测量、航空航海监视、导航增强等多种功能。

通过与 5G、工业互联网、物联网、大数据等紧密结合，未来卫星互联网的应用场景将会非常丰富。除了传统意义上的广播电视、内容投送、宽带接入、基站中继等领域，智能交通、智慧能源、森林防护、草场保护、环境监测、海洋开发、远程教育、边防安全、应急指挥等领域都是卫星互联网可以进一步开拓的市场空间。

10.7.2　卫星互联网潜在技术

1. 总体架构技术

（1）按需部署

天地融合网络采用服务化的网络架构，核心网网元和网络功能可以根据业务和组网需求进行按需部署，根据不同的部署场景和网络传输能力，将不同网络功能在天基和地基核心网间进行柔性分割，例如在控制面和数据转发面之间进行分割。

（2）虚拟化

利用NFV和编排控制技术，通过感知服务质量、用户需求和网络状况等信息，重新定义网络架构、网元功能。卫星可基于NFV技术自适应部署部分核心网功能，实现按需的灵活组网配置，保障网络整体服务质量。

（3）云边协同

由于卫星的功率和计算能力受限，针对计算密集型应用，应根据卫星能力和用户需求，将计算任务卸载到云服务器或者是网络边缘，降低对卫星的能耗要求，同时保证用户的服务质量。

（4）星地分布式编排

采用分布式主从编排控制技术。其中，考虑到卫星的处理能力，编排主控制器应位于地面，负责协调分布式从编排控制器并完成星地网络全局视图构建，实现全网资源统一管理和编排、网络拓扑发现和维持、负载均衡和路由决策等。

2. 无线技术

（1）同步技术

在低轨道卫星互联网中，受卫星轨道高度和移动速度影响，传输时延和频偏极大。传统的地面通信同步技术难以直接应用于卫星通信系统，因此需要进行增强。以下是两种增强方案。

定时补偿方案：定义一个参考点，由网络指定终端补偿时延的数值，当参考点在地面网关时，终端补偿全部时延，当参考点在卫星时，终端仅补偿服务链路的时延。

频率补偿方案：网络周期性广播高精度星历信息，用户链路可以通过星历信息和终端的位置信息计算相应的多普勒频移。馈电链路由于缺乏地面网关的位置信息，需要由基站补偿多普勒频移。

（2）寻呼技术

对于5G NR，每个基站每秒可以寻呼12800个UE。而在卫星互联网中，由于卫星的广覆盖、大连接特征，单卫星下覆盖用户数量远大于地面小区数量，因此基于地面的寻呼容量无法满足需求。

可以使用软跟踪区更新方案解决这一问题：网络在NR NTN小区中针对每一个PLMN广播多达12个以上的TAC，包括相同或不同的PLMN。系统信息中的TAC变化受网络控制，可能与地面光束的实时照明不完全同步。

（3）HARQ重传技术

卫星轨道高度在500km以上，单向传输时延至少为14.2ms，这会造成HARQ反馈不及时、HARQ进程不足等问题。以下是两种解决方案。

下行链路：可以启用或禁用HARQ反馈，但在SPS去激活场景下，要求始终发送HARQ反馈。

上行链路：网络可为UE的每个HARQ过程配置UL HARQ状态，确定允许重传模式或非重传模式。

（4）新型多址接入技术

卫星具有广覆盖特征，单卫星、波束覆盖范围内的用户数量庞大。现有的正交多址方式可供划分的物理资源块是有限的，频谱利用率不够高，因此难以满足海量终端泛在接入需求。需要通过研究功率域非正交多址接入技术、稀疏码多址接入技术、多用户共享接入等非正交多址接入技术，提高系统的频谱效率和吞吐量。

（5）波形调制技术

卫星通信多采用单载波波形，峰均较好，且对多普勒频移的影响相对平稳，但是其对互联网业务的适应性较差，无法采用更精细的颗粒度进行资源调度。

而地面的 OFDMA 等多载波波形对于频偏十分敏感，频率同步十分困难，因此需要针对卫星互联网网络特性研究 DFT-S-OFDM、GFDM 等波形调制技术。

（6）多星多波束协同传输

在地面通信中，MIMO 能够极大地提高无线通信频谱利用率和传输可靠性。但是在卫星互联网中，单颗卫星上的多天线装置难以满足 MIMO 技术对信道隔离的要求。可利用多颗卫星的波束形成立虚拟多天线系统，实现多星多波束协作传输，在降低星间干扰的同时提高网络的容量和频谱效率。

（7）波束管理技术

在卫星通信中，通常一个卫星通过多个波束对地面提供服务，多波束间共享卫星的带宽和功率，不同波束的覆盖区域一般有部分重叠。为了降低波束间的干扰，可以采用频率复用的方式，使相邻波束占据不同的带宽。

当地面业务需求分布不均时，卫星需要对不同波束的资源进行调度，以动态满足不同地区的需求，从而优化整体的资源配置。为了将传统卫星通信中的一些波束管理技术应用到 5G 卫星通信系统中，需要进一步地优化信令和协议。

卫星还可考虑业务波束为窄波束，控制波束为宽波束的设计方案，并与跳波束及载波聚合等多种技术相融合。

3. 网络技术

（1）卫星互联网按需柔性网络架构

面向卫星联网全域泛在通信需求，针对大时空尺度场景下的网络鲁棒性、广域时间敏感服务、资源绿色集约等问题，开展 6G 卫星接入网络架构设计。

（2）终端一体化设计

现有地面终端和卫星终端差异较大，在 5G/6G 系统中，由于采用统一的空口设计，将对终端芯片进行一体化设计。更重要的是，随着天线技术的发展，适合多频段的终端天线和射频技术将更为成熟。因此，终端的一体化设计是空天地一体化的重要环节，用户将能自由地在不同的网络中切换和漫游，享受空天地海的无缝覆盖和连续的业务服务。

（3）端到端切片技术

卫星互联网系统中同时存在互联网、物联网等多种不同等级的业务需求，需要引入切片技术，以更好地满足不同服务等级的保障。但由于卫星互联网架构的时延变化特征，以及网络资源的有限性，需要灵活调配处理不同的网络资源，实现系统的带宽、存储和处理资源得到最优利用，推进业务模式由资源运营向网络运营、服务运营的转变。

（4）星地协同传输

在6G网络中，地面移动通信与卫星通信的业务覆盖范围、业务类型和采用频段愈加重叠，二者之间势必存在很大干扰。为了提升网络性能，实现星地协同传输已成为通信系统发展的必然趋势。通过对系统中时间、空间、频率、功率等多维资源进行统一调度，实现资源的最优化配置，以满足未来广域智能连接的业务需求。

参考文献

[1] 3GPP TR 38.811 v15.2.0："Study on New Radio(NR) to support non-terrestrial networks (Release 15)", 2019-06.

[2] 3GPP TS 38.401："NG-RAN；Architecture description(Release 15)", 2019-07.

[3] 3GPP TS 37.340："NR；Multi-connectivity；Overall description", 2019-05.

[4] 3GPP TS 37.324 V15.0.0："E-UTRA and NR；Service Data Adaptation Protocol(SDAP) specification(Release 15)", 2018-09.

[5] 3GPP TS 38.420："NG-RAN；Xn general aspects and principles", 2020-07.

[6] R2-1904297 "Tracking Areas Considerations for Non Terrestrial Networks(NTN)", Vodafone, Submitted to RAN2 #105 bis, 2019-03 .

[7] R2-1905302, "Tracking area management and update for NTN LEO", Ericsson, ZTE, Thales, Xian, China, 8-12 April 2019, 2019-04.

[8] R2-1905301, "Feeder link switch for transparent and regenerative LEO", Ericsson, InterDigital, Thales, Xian, China, 8-12 April 2019, 2019-04.

[9] Radar System Engineering, Lecture 9, Antennas, Robert M. O' Donnel, IEEE New Hampshire Section, 2010-01.

[10]R1-1913404 "System Level Calibration Results for NTN on DL transmissions", Thales, submitted to RAN1#99, 2019-11.

[11] R1-1913405 "System Level Calibration Results for NTN on UL transmissions", Thales, submitted to RAN1#99, 2019-11.

[12] R1-1911858 "Discussion on performance evaluation for NTN", Huawei, HiSilicon, submitted to RAN1#99, 2019-11.

[13] R1-1913244 "Calibration Results and first System-Level Simulations for NTN", Nomor Research GmbH, submitted to RAN1#99, 2019-11.

[14] R1-1913351 "Link Budget Results for NTN", Thales, submitted to RAN1#99, 2019-11.

[15] R1-1904765 "Considerations on the simulation assumption and methodology for NTN",

ZTE, submitted to RAN1#96bis, 2019-03.

[16] R2-1814877 “Considerations on NTN deployment scenarios”, Nokia, Nokia Shanghai Bell, submitted to RAN2#103bis, 2018-09.

[17] R1-1912610 “System simulation results and link budget for NTN”, ZTE, submitted to RAN1#99, 2019-11.

[18] R1-1909693 “Simulation Assumptions for Multi Satellite Evaluation”, Nokia, Nokia Shanghai Bell, submitted to RAN1#98, 2019-09.

[19] R1-1912123 “Physical layer control procedure in NR-NTN”, MediaTek Inc., submitted to RAN1#99, 2019-11.

[20] R1-1912347 “Discussion on physical layer control procedures”, Sony, submitted to RAN1#99, 2019-11.

[21] R1-1912469 “Physical layer control procedures in NTN”, Samsung, submitted to RAN1#99, 2019-11.

[22] R1-1912724 “On physical layer control procedures for NTN”, Ericsson, submitted to RAN1#99, 2019-11.

[23] R1-1913016 “Considerations on Physical Layer Control Procedure in NTN”, Nokia, Nokia Shanghai Bell, submitted to RAN1#99, 2019-11.

[24] R1-1912611 “Discussion on the physical control procedure for NTN”, ZTE, submitted to RAN1#99, 2019-11.

[25] R1-1911859 “Discussion on physical layer control procedures for NTN”, Huawei, HiSilicon, submitted to RAN1#99, 2019-11.

[26] R1-1907277 “Physical Layer Procedures for NTN”, Qualcomm Incorporated, submitted to RAN1#97, 2019-05.

[27] R1-1907028 “On physical layer control procedures for NTN”, Panasonic, submitted to RAN1#97, 2019-05.

[28] R1-1906324 “Physical layer procedure enhancement for NTN”, CATT, submitted for RAN1#97, 2019-05.

[29] R1-1906871 “Discussion on the physical control procedure for NTN”, ZTE, submitted to RAN1#97, 2019-05.

[30] R1-1912902 “Discussion on beam management and polarization for NTN”, Panasonic, submitted to RAN1#99, 2019-11.

[31] R1-1912955 “Physical Layer Procedures for NTN”, Qualcomm Incorporated, submitted to RAN1#99, 2019-11.

[32] R1-1912164 “Physical layer control procedure enhancement”, CATT, submitted to

RAN1#99, 2019-11.

[33] R1-1908049 "Discussion on Doppler compensation, timing advance and RACH for NTN", Huawei, HiSilicon, CAICT, submitted to RAN1#98, 2019-08.

[34] R1-1908591 "PRACH design and timing advance", CATT, CAICT, submitted to RAN1#98, 2019-08.

[35] R1-1909107 "On frequency compensation, uplink timing and random access in NTN", Ericsson, submitted to RAN1#98, 2019-08.

[36] R1-1909400 "Discussion on the TA and PRACH for NTN", ZTE, submitted to RAN1#98, 2019-08.

[37] R1-1910064 "Discussion on Doppler compensation, timing advance and RACH for NTN", Huawei, HiSilicon, submitted to RAN1#98bis, 2019-10.

[38] R1-1909479 "Summary of 7.2.5.3 on UL timing and PRACH for NTN", ZTE, submitted to RAN1#98, 2019-09.

[39] R1-1911284 "Summary of 7.2.5.3 on UL timing and PRACH for NTN", ZTE, submitted to RAN1#98bis, 2019-10.

[40] R1-1913312 "Summary of 7.2.5.3 on UL timing and PRACH for NTN", ZTE, submitted to RAN1#99, 2019-11.

[41] R1-1913017 "Doppler Compensation, Uplink Timing Advance and Random Access in NTN", Nokia, Nokia Shanghai Bell, submitted to RAN1#99, 2019-11.

[42] R1-1912903, "Timing advance and PRACH design for NTN", Panasonic, submitted to RAN1#99, 2019-11.

[43] R1-1912212 "On PRACH sequence for NTN", Intel Corporation, submitted to RAN1#99, 2019-11.

[44] R1-1912612 "Discussion on the TA and PRACH for NTN", ZTE, submitted to RAN1#99, 2019-11.

[45] R1-1912725 "On NTN synchronization, random access, and timing advance", Ericsson, submitted to RAN1#99, 2019-11.

[46] R1-1912956 "RACH Procedure and UL Timing Control for NTN", Qualcomm Incorporated, submitted to RAN1#99, 2019-11.

[47] R1-1912124 "PRACH design for NTN scenario", MediaTek Inc., submitted to RAN1#99, 2019-11.

[48] R1-1911860 "Discussion on Doppler compensation, timing advance and RACH for NTN", Huawei, HiSilicon, submitted to RAN1#99, 2019-11.

[49] R1-1912165 "PRACH design and UL timing management", CATT, submitted to

RAN1#99, 2019–11.

[50] R2–1916351 “[108#06][NTN] Earth fixed vs. Earth moving cells in NTN LEO”, Thales, 2019–12.

[51] 3GPP TS 38.321 “NR; Medium Access Control(MAC) protocol specification”, 2018–09.

[52] 3GPP TS 38.331 “NR; Radio Resource Control(RRC); Protocol specification”, 2018–10.